BIBLIOTHÈQUE
DES MERVEILLES

PUBLIÉE SOUS LA DIRECTION

DE M. ÉDOUARD CHARTON

LES TÉLÉGRAPHES

A LA MÉMOIRE

DE

M. J.-CH. D'ALMEIDA

A QUI CE LIVRE

DEVAIT ÊTRE DÉDIÉ

Marseille, 30 novembre 1880.

A.-L. TERNANT.

INTRODUCTION

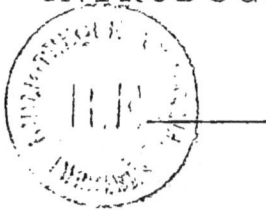

O nature, c'est là ta genèse sublime.
Oh! l'éblouissement nous prend sur cette cime!
Le monde, réclamant le sort que Dieu lui doit,
Vibre; et, dès à présent, grave, attentif, le doigt
Sur la bouche, incliné sur les choses futures,
Sur la création et sur les créatures,
Une vague lueur dans son œil éclatant,
Le voyant, le savant, le philosophe entend
Dans l'avenir, déjà vivant sous ses prunelles,
La palpitation de ces millions d'ailes.

            V. Hugo, *Châtiments.*

Nous n'avons pas à apprendre à nos lecteurs que les télégraphes n'ont d'autre but que de communiquer la pensée à de très-grandes distances. Le meilleur télégraphe est celui qui accomplit cette opération dans un temps aussi court que possible.

Pour porter au loin la pensée, il est nécessaire de l'exprimer en signes qui frappent au loin les sens.

Pour la porter rapidement, les signes sensibles qui ex-

priment la pensée doivent se former rapidement comme
elle et se succéder sans délai.

La science dont l'application forme l'art télégraphique comporte donc l'étude de trois problèmes principaux :

1° Rechercher quel est l'agent physique qui se transmet le plus rapidement à la plus grande distance en
laissant à nos sens l'impression de son action ;

2° Former un système de signaux transportant rapidement les impressions de cet agent et les variant de
même ;

3° Exprimer la pensée, au moyen de ces signaux, de
la façon la plus prompte, la plus claire et la plus générale possible.

Ces trois problèmes se subdivisent en une infinité de
questions importantes et ardues, dignes d'être l'objet
d'études spéciales et d'expériences nombreuses, pouvant
occuper la vie d'un homme et enrichir la science de découvertes nouvelles. Mais pour ramener ces faits à la
pratique de l'art télégraphique, il faut que toutes ces
questions soient étudiées et résolues simultanément ; si
l'on en perd une seule de vue, il est à peu près certain
qu'on n'aboutira qu'à des combinaisons inapplicables.

Les agents que la télégraphie peut employer sont au
nombre de quatre :

1° Le mouvement de translation. (La télégraphie pneumatique est le type le plus parfait de ce mode de transmission.)

2° Le son. (La télégraphie acoustique aidée de l'électricité a produit le téléphone.)

3° La lumière. (Les télégraphes optiques, appliqués

INTRODUCTION

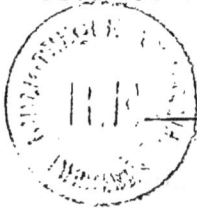

> O nature, c'est là ta génèse sublime.
> Oh! l'éblouissement nous prend sur cette cime!
> Le monde, réclamant le sort que Dieu lui doit,
> Vibre ; et, dès à présent, grave, attentif, le doigt
> Sur la bouche, incliné sur les choses futures,
> Sur la création et sur les créatures,
> Une vague lueur dans son œil éclatant,
> Le voyant, le savant, le philosophe entend
> Dans l'avenir, déjà vivant sous ses prunelles,
> La palpitation de ces millions d'ailes.
>
> V. Hugo, *Châtiments*.

Nous n'avons pas à apprendre à nos lecteurs que les télégraphes n'ont d'autre but que de communiquer la pensée à de très-grandes distances. Le meilleur télégraphe est celui qui accomplit cette opération dans un temps aussi court que possible.

Pour porter au loin la pensée, il est nécessaire de l'exprimer en signes qui frappent au loin les sens.

Pour la porter rapidement, les signes sensibles qui expriment la pensée doivent se former rapidement comme elle et se succéder sans délai.

La science dont l'application forme l'art télégraphique comporte donc l'étude de trois problèmes principaux :

1° Rechercher quel est l'agent physique qui se transmet le plus rapidement à la plus grande distance en laissant à nos sens l'impression de son action ;

2° Former un système de signaux transportant rapidement les impressions de cet agent et les variant de même ;

3° Exprimer la pensée, au moyen de ces signaux, de la façon la plus prompte, la plus claire et la plus générale possible.

Ces trois problèmes se subdivisent en une infinité de questions importantes et ardues, dignes d'être l'objet d'études spéciales et d'expériences nombreuses, pouvant occuper la vie d'un homme et enrichir la science de découvertes nouvelles. Mais pour ramener ces faits à la pratique de l'art télégraphique, il faut que toutes ces questions soient étudiées et résolues simultanément ; si l'on en perd une seule de vue, il est à peu près certain qu'on n'aboutira qu'à des combinaisons inapplicables.

Les agents que la télégraphie peut employer sont au nombre de quatre :

1° Le mouvement de translation. (La télégraphie pneumatique est le type le plus parfait de ce mode de transmission.)

2° Le son. (La télégraphie acoustique aidée de l'électricité a produit le téléphone.)

3° La lumière. (Les télégraphes optiques, appliqués

surtout aux armées en campagne et à la marine, fournissent un moyen avantageux de communication, là où
le télégraphe électrique ne peut être employé.)

4° L'électricité, qui forme, au moyen du télégraphe
électrique, le mode le plus prompt et le plus complet
pour la transmission rapide des dépêches à très grande
distance.

Le *mouvement de translation* opéré par les chemins de
fer (en leur supposant leur plus grande vitesse pratique),
ne permet pas une vitesse assez grande pour franchir la
distance rapidement. C'est le moyen de transport le plus
rapide de nos correspondances manuscrites, mais il ne
peut être assimilé à la télégraphie.

Les tubes pneumatiques ont assisté considérablement
la télégraphie à petite distance dans les grands centres,
et le mouvement rapide qu'on peut imprimer, par la
pression, à un courant d'air enfermé dans un tube souterrain dépasse, d'ailleurs, de beaucoup la vitesse des
chemins de fer.

On peut déjà prévoir que ce mode de transmission rapide pourra être étendu à de grandes distances, et nous
verrons sans doute, dans un temps prochain, des tubes
pneumatiques à relais, pouvant franchir sans arrêt des
distances considérables. La vitesse de la poste aux lettres
pourra de la sorte être augmentée dans des proportions
importantes.

Le *son* offre, au premier aperçu, des ressources de vitesse plus grandes que le mouvement de translation.
Chacun sait qu'il parcourt, dans l'air, 340 mètres par
seconde, et sa transmission est plus rapide encore à travers l'eau et les corps solides.

Néanmoins, si le son a été appliqué à la télégraphie par les anciens, il n'a guère été employé que comme simple signal de convention, et sous cette forme n'a jamais dépassé les distances d'un myriamètre. Il était réservé à notre siècle de produire le *téléphone*, qui transporte le son articulé de la parole à des distances électriques considérables, et il est permis d'espérer qu'avec le temps et les perfectionnements qu'on apporte chaque jour à cet ingénieux et intéressant appareil, la voix pourra franchir des distances aussi grandes que celles parcourues par le télégraphe électrique.

La *lumière* est l'agent naturel qui se transmet le plus promptement, après l'électricité. C'est aussi celui que nos sens, seuls ou armés de télescopes, perçoivent le mieux et à la plus grande distance. Sa vitesse est telle qu'on ne saurait l'exprimer par la plus petite fraction de temps, même dans son trajet sur la ligne télégraphique la plus étendue.

Soit qu'on emploie les lumières artificielles, pour transmettre les signaux, soit qu'on utilise la lumière directe ou diffuse du soleil, pour présenter aux regards des rayons lumineux ou des corps opaques, il n'est besoin d'établir aucun conducteur spécial entre les stations; les signaux se transportent de l'une à l'autre d'eux mêmes et avec la rapidité de la pensée. Après l'électricité, la lumière offre donc toutes les garanties de rapidité, de variété, de sécurité et d'économie que la télégraphie peut obtenir d'elle, car les accidents atmosphériques viennent souvent interrompre la succession des signaux qu'elle produit. Malgré cet inconvénient, les signaux optiques restent encore à l'ordre du jour, et ren-

dent même, dès à présent, de grands services à la marine
et aux armées en campagne.

L'*électricité* est le véritable agent du télégraphe, et
c'est surtout à elle que la télégraphie doit son développement actuel. De même qu'elle s'est adjoint les phénomènes de l'acoustique, elle promet de s'adjoindre aussi
ceux de l'optique et de s'assimiler d'autres agents pré-
cieux de la physique. Il faut donc espérer que l'extension de la portée du sens de la vue suivra de près celle
du sens de l'ouïe, et que l'électricité nous réserve d'étendre considérablement notre centre actuel de vie maté-
rielle et intellectuelle.

La science a certainement bien des découvertes à nous
révéler, et les quatre agents physiques dont nous venons
d'examiner rapidement les effets sont, sans doute, destinés à se combiner de manière à fournir à l'humanité
l'agent télégraphique le plus parfait.

Nous nous proposons de passer en revue, dans les pages
qui suivent, les divers systèmes télégraphiques basés sur
les quatre agents physiques dont nous venons de parler,
et nous donnerons, bien entendu, la meilleure part au
télégraphe électrique.

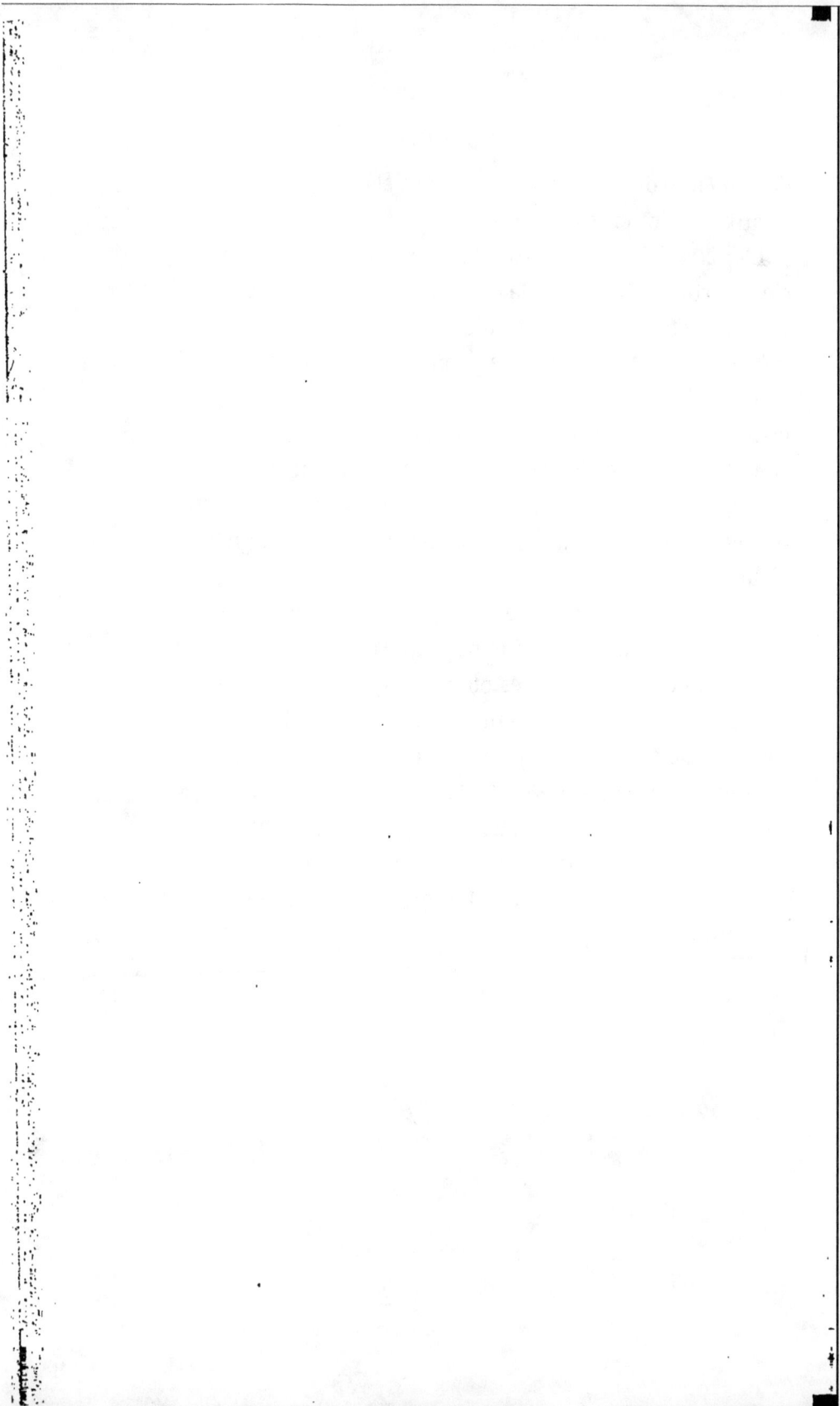

LES TÉLÉGRAPHES

PREMIÈRE PARTIE

TÉLÉGRAPHIE OPTIQUE. — TÉLÉGRAPHIE ACOUSTIQUE.
TÉLÉGRAPHIE PNEUMATIQUE.

CHAPITRE PREMIER

TÉLÉGRAPHIE OPTIQUE.

Système des anciens. — Diverses méthodes ayant précédé le télégraph
de Chappe. — Télégraphe aérien. — Héliographe de Leseurre. — Héliographe de Mance. — Son application au service de l'armée anglaise en
Afghanistan. — Système proposé par sir William Thomson pour le signalement des phares.

> Que fais-tu, mon vieux télégraphe,
> Au sommet de ton vieux clocher,
> Sérieux comme une épitaphe,
> Immobile comme un rocher ?
> Hélas ! comme d'autres, peut-être,
> Devenu sage après la mort,
> Tu réfléchis, pour les connaître,
> Aux nouveaux caprices du sort.
> NADAUD.

Dans son Art des signaux, publié à Hanau en 1795, le major
Boucherœder assure que l'art de la Télégraphie remonte à
l'époque de la construction de la tour de Babel, en l'an du
monde 1756. Cette structure aurait eu surtout pour but d'éta-

blir un point central de communications avec les différentes contrées alors habitées par les hommes.

L'Écriture rapporte aussi que l'on se servit de colonnes de feu et de fumée pour conduire les Israélites à travers le désert, lors de leur fuite en Égypte.

L'idée de donner une signification à l'apparition de feux sur des hauteurs est si naturelle, qu'on en trouve la trace chez différentes peuplades sauvages de l'Afrique.

L'histoire et la poésie ont conservé certaines traditions qui prouvent que l'art de la télégraphie était usité aux grandes époques des temps héroïques.

Annibal fit élever des tours d'observation en Afrique et en Espagne pour transmettre des signaux phrasiques. Les Romains suivirent cette méthode et établirent, partout où ils étendirent leur conquête, des communications rapides qui servaient à maintenir leur empire sur les peuples vaincus. On trouve encore en France des vestiges de ces tours. Celles d'Uzès, de Bellegarde, d'Arles, de la vallée de Luchon, étaient sous la garde de vedettes qui faisaient passer avec rapidité des avis de toutes les contrées voisines.

Le télégraphe représenté sur la colonne de Trajan est la seule description d'un poste télégraphique romain qui nous soit parvenue. Ce poste est entouré de palissades; son second étage a un balcon, et le bâtiment est couronné par une petite tour.

Les Arabes et les Asiatiques pratiquaient l'art de parler au moyen de signaux visuels, et les Chinois avaient élevé des machines à feu sur la grande muraille, longue de cent quatre-vingt-huit lieues, pour donner l'alarme à toute la frontière qui les séparait des Tartares, lorsque quelque horde de ce peuple les menaçait. Ils employaient, ainsi que les Indiens, des feux si brillants qu'ils perçaient le brouillard, et que ni la pluie ni le vent ne pouvaient les éteindre. Les Anglais, ayant rapporté de l'Inde la composition de ces feux, s'en servirent dans les opérations

faites en 1787, pour la jonction des observatoires de Paris et de Greenwich.

Ces opérations, conduites par MM. Cassini, Méchain et Legendre d'un côté, le général Roy et M. Blagden de l'autre, permirent non seulement d'établir une triangulation parfaite au moyen de boîtes à feu et même de lampes ordinaires à réflecteur, mais il y eut, en outre, un échange de signaux entre les deux rives du Pas-de-Calais. La possibilité d'une communication télégraphique à travers la Manche était donc démontrée dès 1787.

François Kessler, un chaud partisan des sciences occultes, a été le précurseur du télégraphe optique, maintenant adopté dans l'armée. Il renfermait son télégraphe dans un tonneau contenant une lampe avec son réflecteur. Devant le tonneau se trouvait une trappe mobile, que l'on pouvait lever et abaisser au moyen d'un levier. La trappe soulevée une fois indiquait la première lettre de l'alphabet, deux fois c'était la lettre B, trois fois le C, et ainsi de suite. Nous verrons plus tard comment les signaux de l'alphabet Morse peuvent être reproduits au moyen de systèmes analogues. Le système alphabétique était en honneur à l'époque dont nous parlons, et il a prévalu jusqu'à nos jours. En 1684, le célèbre Robert Hooke décrivit, devant la Société royale de Londres, son système de signaux formés de planches de diverses formes, peintes en noir, qu'on pouvait élever au milieu de châssis. La télégraphie au moyen de corps opaques est restée en usage dans la marine, surtout pour indiquer aux navigateurs les hauteurs et les mouvements des marées dans les ports. A cet effet, on hisse sur un appareil composé d'un mât et d'une vergue, des ballons formés de bandes noires. Ces ballons se détachent parfaitement en noir sur le ciel.

Un ballon placé à l'intersection du mât et de la vergue annonce une profondeur d'eau de 3 mètres dans toute la longueur du chenal. Chaque ballon placé sur le mât, au-dessous du premier, ajoute un mètre à cette hauteur d'eau; placé au-dessus, il en

ajoute deux. Hissé à l'extrémité de la vergue, un ballon représente 0m.25, quand il est vu à gauche du mât, et 0m.50, quand il
est vu à droite du navigateur. Il suffit donc de six ballons pour
indiquer les hauteurs d'eau de 0m.25 en 0m.25 depuis 3 mètres
jusqu'à 8m.75.

Ces signaux peuvent se faire la nuit en substituant des fanaux
aux ballons et moyennant l'adoption d'un feu coloré, afin de marquer le point essentiel à distinguer, où la vergue s'appuie sur le
mât.

Pour indiquer le mouvement de la marée, on emploie un pavillon blanc avec croix noire et une flamme noire en forme de gui-
don. Ces pavillons se hissent dès qu'il y a 2 mètres d'eau dans le
chenal, et sont amenés dès que la mer est redescendue à ce même
niveau. Pendant toute la durée du flot, la flamme est au-dessus
du pavillon; au moment de la pleine mer et pendant la durée de
l'étale, la flamme est amenée; enfin la flamme est au-dessous du
pavillon pendant le jusant.

Lorsque l'état de la mer interdit l'entrée du port, tous ces signaux sont remplacés par un pavillon rouge également hissé au
sommet du mât.

Cette digression nous a un peu écarté de l'historique des télégraphes visuels; mais nous n'avons pas cru inutile de donner
les détails qui précèdent.

Les Curiosités de la littérature de Bertin nous rapportent que
le marquis de Worcester prétendit avoir découvert cent machines
nouvelles, et qu'il demanda à Charles II d'Angleterre une certaine somme d'argent pour les publier. Elle lui fut refusée. On a
dit que le télégraphe et les machines à vapeur faisaient partie de
ces inventions, mais il ne nous est rien resté du résultat de ces
recherches (¹).

On connaît les expériences d'Amontons et celles de Marcel,
vers la fin du dix-septième siècle.

(¹) M. H. Dircks a publié un recueil de ces inventions. Londres. Bernard
Quaritch, 1865. — *Life of the Marquis of Worcester.*

Les machines et les dessins de ces inventeurs ont été perdus, et Marcel n'a même pas laissé de description de son système. Il voulait que sa méthode ne fût publiée qu'après avoir été adoptée par le roi ; mais, à cette époque, Louis XIV était vieux et le mémoire de Marcel resta sans réponse. Depuis, l'auteur de l'*Origine de tous les cultes*, présenta au ministre, en 1723, un projet de télégraphie alphabétique. Ce ne fut que dix ans plus tard qu'il en fit l'essai à Ménilmontant, pour correspondre de sa maison à celle d'un ami qu'il avait à Bagneux. Quand le télégraphe de Chappe fut présenté à l'Assemblée législative, en 1792, Dupuis, qui en était membre, abandonna son travail.

En 1783, Linguet avait proposé au ministère un moyen de transmettre, aux distances les plus éloignées, des nouvelles de quelque espèce et de quelque longueur qu'elles fussent, avec une rapidité presque égale à l'imagination. Ce projet, qui devait tirer Linguet de la Bastille, fut expérimenté devant des commissaires nommés par le ministre. Il ne fut pas adopté et aucune trace n'en est restée.

Monge paraît aussi avoir proposé, avant Chappe, un télégraphe à signaux qui fut installé sur le pavillon central des Tuileries, mais on ne s'en servit jamais.

Beaucoup de physiciens s'étaient donc occupés de l'art des signaux, avant que Chappe et ses frères introduisissent leur système de télégraphie optique en France. Presque tous ceux qui les avaient précédés s'étaient contentés de faire passer quelques mots entre deux stations, et c'est une des causes qui les avaient empêchés de réussir. Mais pour transmettre en peu de temps, et à de grandes distances, une certaine quantité de signaux, il faut évidemment multiplier les stations. Les frères Chappe, après avoir expérimenté entre eux un appareil rudimentaire de correspondance par signes, consistant en une règle en bois tournant sur un pivot, et portant à ses extrémités deux règles mobiles de moitié plus petites, s'occupèrent pendant un certain temps de faire des essais électriques pour la transmission des signaux.

Claude Chappe, le plus ingénieux des cinq frères, avait imaginé de correspondre ([1]) par le secours du synchronisme de deux pendules harmonisées, marquant électriquement les mêmes valeurs. Il plaça et isola des conducteurs à de certaines distances ; mais la difficulté de l'isolement, l'expansion latérale du fluide électrique dans un long conducteur, l'intensité qui eût été nécessaire et qui est subordonnée à l'état de l'atmosphère, lui firent regarder son projet de communication par l'électricité comme chimérique.

Il est curieux de noter que Claude Chappe ait tenu un moment entre ses mains cette électricité qui devait plus tard détrôner son système.

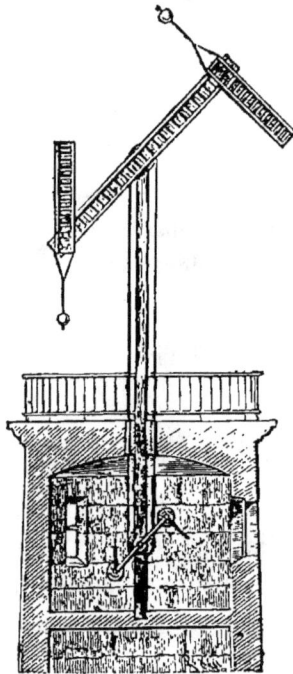

Fig. 1.

Quoi qu'il en soit, après de nombreuses péripéties, Claude Chappe avait fini par compléter un système de télégraphie visuelle, se répétant de stations en stations au moyen d'une machine composée de trois pièces, à sa partie supérieure, et dont chacune d'elles se meut séparément. La plus grande de ces pièces, qui est un parallélogramme très allongé, aux extrémités de laquelle sont ajoutées les deux autres, peut prendre quatre positions : devenir horizontale, verticale, être inclinée à gauche ou à droite, sur un angle de quarante-cinq degrés. Les pièces qui se meuvent sur ses extrémités, et que l'on nomme ailes, sont disposées de manière à prendre chacune sept positions, par rapport à la pièce principale, savoir : en formant soit au-dessus, soit au-dessous d'elle,

([1]) Rapport de Lakanal à la Convention nationale en l'an II.

un angle de 45°, un angle droit, un angle obtus, et enfin en coïncidant avec elle. Les trois pièces forment de la sorte 196 figures différentes, qui doivent être considérées comme autant de signes simples, à chacun desquels on attache une valeur de convention. On conçoit qu'en plaçant ainsi dans une direction quelconque une suite de machines de cette espèce, dont chacune répète les mouvements de celle qui précède, on transmet au bout de cette ligne les figures faites à la première station, et par conséquent les idées qu'on y attache, sans que les agents intermédiaires en prennent connaissance; et, pour qu'on puisse s'assurer que le signal a été exactement donné au-dessus de la maisonnette, on a placé dans l'intérieur, à la partie inférieure des poteaux qui soutiennent le télégraphe, un répétiteur servant de manivelle, qui donne le mouvement, et prend simultanément, en le donnant, la figure que l'on veut tracer à la partie supérieure.

Tel est le système de Claude Chappe, qu'il fit heureusement prévaloir grâce à l'aide de son frère Ignace, nommé membre de l'Assemblée législative en octobre 1791. Aidé de son parent Delaunay, ancien consul de France à Lisbonne, il composa un vocabulaire secret de 9,999 mots, dans lequel chaque mot était représenté par un nombre. Ce furent ces résultats que Claude Chappe présenta, le 22 mars 1792, à la barre de l'Assemblée législative où il fut admis. Dans le discours qu'il fit à cette occasion, il ne demandait à l'Assemblée, en cas de réussite, qu'à être indemnisé des frais que son expérience pourrait occasionner.

L'examen de sa machine fut confié à un comité; mais ce ne fut que le 1er avril 1793 que le rapporteur de ce comité, Romme, conclut à l'adoption du système télégraphique de Claude Chappe. Romme terminait son rapport en demandant à l'Assemblée de voter les fonds nécessaires à l'établissement d'une première ligne d'essai. La Convention vota la faible somme de 6 000 francs, prescrivant en même temps au comité de nommer une commission sous les yeux de laquelle le nouvel appareil devrait fonctionner.

Les membres de cette commission étaient Arbogast, Daunou et Lakanal, et c'est à ce dernier que Claude Chappe dut de voir son télégraphe finalement adopté par la Convention. Une expérience faite le 12 juillet 1793 avait si admirablement prononcé en faveur de la perfection du système de Chappe, qu'aucune hésitation n'était plus permise. Lakanal, nommé rapporteur de la commission, produisit une impression profonde sur l'assemblée lorsqu'il lut son rapport devant elle, le 26 juillet 1793. Il concluait en proposant d'accorder à Claude Chappe le titre d'*ingénieur-télégraphe* avec les appointements d'un lieutenant du génie, et d'examiner quelles étaient les lignes de correspondance que le comité de salut public désirait établir dans l'intérêt de la République. La Convention convertit en décret les propositions de Lakanal. Adoptant officiellement le télégraphe de Chappe, elle ordonna au comité de salut public de faire établir une ligne de correspondance composée du nombre de postes nécessaires. Chappe, nommé *ngénieur-télégraphe*, reçut la paye de 5 livres 10 sous par jour, afin que sa position fût assimilée à celle de lieutenant du génie.

Le comité de salut public, comprenant que le télégraphe de Chappe devait permettre aux chefs d'armée de correspondre rapidement entre eux, décida que les télégraphes seraient surtout établis aux abords des villes assiégées, et que les lignes partiraient de l'extrémité des frontières, c'est-à-dire de Lille et de Landau, pour aboutir à Paris.

Cette ligne fut prête à fonctionner en fructidor an 2 (août 1794), et les circonstances dans lesquelles la première dépêche fut signalée à la Convention méritent d'être rapportées.

La ville de Condé venait d'être reprise sur les Autrichiens. Le jour même, c'est-à-dire le 1er septembre 1794, à midi, une dépêche partie de la tour Sainte-Catherine, à Lille, arrivait de station en station jusqu'au dôme du Louvre, à Paris, juste au moment où la Convention entrait en séance.

Carnot monta à la tribune, et d'une voix vibrante il annonça qu'il venait de recevoir par le télégraphe la nouvelle suivante :

» Condé est restitué à la République ; la reddition a eu lieu ce matin à six heures. »

Cette nouvelle fut accueillie par un tonnerre d'applaudissements, et il n'y eut qu'un cri en l'honneur de l'invention nouvelle, si brillamment inaugurée pour l'honneur et le salut de la patrie.

Le télégraphe aérien de Chappe subit diverses vicissitudes sous le Directoire et l'Empire. Cependant, sous ces gouvernements, comme sous celui de la Restauration, de nombreuses lignes furent établies en France ; mais Claude Chappe n'avait pas vu ces développements de sa chère invention. Dégoûté du peu de cas que l'empereur paraissait faire de son télégraphe, cruellement éprouvé, d'ailleurs, par une maladie chronique de la vessie, il s'abandonna au désespoir, et se coupa la gorge le 25 janvier 1805. Outre le monument typique qui lui a été élevé au Père-Lachaise, il existe dans la cour intérieure de l'administration des lignes télégraphiques, sise rue de Grenelle-Saint-Germain, et sous la haute tour des signaux d'où sont parties tant de dépêches historiques, il existe, disons-nous, un petit monument qui marque l'endroit où Claude Chappe commit son suicide.

Les frères de Claude, Ignace et René, furent nommés administrateurs, aux appointements de 8 000 francs par an. Ils durent se résigner à donner leur démission en 1830, lorsqu'une ordonnance royale du mois d'octobre eut nommé M. Marchal administrateur provisoire des télégraphes, et à dater de cette époque, jusqu'en 1848, la télégraphie aérienne subit un temps d'arrêt. M. Ferdinand Flocon fut nommé, à cette époque, administrateur des télégraphes, et remplacé en 1849 par M. Alphonse Foy, qui l'avait d'ailleurs précédé sous Louis-Philippe. Ce fut ce dernier qui eut l'honneur d'introduire la télégraphie électrique en France. Il imposa toutefois à M. Bréguet la construction d'un appareil français reproduisant les signaux du télégraphe aérien. Ce problème ardu fut résolu de la façon la plus élégante par M. Bréguet ; mais l'appareil à signaux devint bientôt uniquement alphabétique, c'est-à-dire que les signaux du télégraphe aérien furent promptement réduits aux vingt-cinq lettres de l'alphabet, augmentées de chiffres et autres signaux qui se retrouvent dans tous les autres systèmes.

La télégraphie aérienne servit encore à nos troupes pendant la guerre de Crimée, et M. l'inspecteur Carette l'utilisa en cette occasion comme télégraphe de campagne. La télégraphie sous-marine, alors à peine âgée de deux ans, avait d'ailleurs été apportée en Crimée par les Anglais, qui avaient relié Varna à Balaclava par un fil de gutta-percha nu submergé dans la mer Noire, et qui dura environ six mois. La vieille et la nouvelle télégraphie se trouvaient donc en présence dans cette circonstance. La télégraphie aérienne avait fait son temps, et disparut complètement depuis.

Les nations européennes ont eu, elles aussi, des télégraphes aériens ou visuels qui, bien qu'inférieurs au système de Chappe, ont pu rendre des services importants aux communications lointaines. Il n'est pas nécessaire de relater ici ces inventions, qui sont similaires au télégraphe aérien.

Notre époque n'a pas abandonné la télégraphie visuelle. Des systèmes de communications optiques ont été récemment appliqués, surtout pendant les dernières guerres, et les tentatives faites par la télégraphie administrative française en 1870 ont permis des communications entre le Havre et Honfleur, après la rupture du câble sous-marin, et dans certains autres endroits, notamment entre Paris et ses forts détachés. Les Prussiens se servirent aussi de signaux verts et rouges pendant le siége de Belfort. Le comité d'initiative pour la défense nationale de Marseille proposa, en novembre 1870, au gouvernement de Tours, un système de signaux de nuit basé sur l'émission de rayons brefs ou longs permettant l'emploi du code Morse. Cette proposition fut étudiée à Tours par la commission spéciale nommée à cet effet. L'auteur avait en vue de communiquer de Paris au dehors par-dessus la première ligne d'investissement des armées prus-

Fig. 2. — Télégraphe aérien.

siennes. Cette première ligne ne dépassant pas alors un rayon d'environ quarante kilomètres, les communications eussent été possibles si l'on avait su se décider à temps. L'étendue considérable donnée à la seconde ligne d'investissement fit abandonner le projet par son auteur. Dans l'intervalle, M. Lissajous, parti de Paris en ballon avec un projet similaire, apportait à la province une preuve de l'entente qu'il eût été si facile d'établir. Il fit construire par M. Santi, l'habile opticien de Marseille, des appareils de télégraphie optique reposant sur les mêmes principes, mais qui sont restés sans emploi, du moins pendant la guerre. Ces appareils ont été repris depuis par la télégraphie militaire, et servent actuellement à notre armée.

L'administration des télégraphes militaires fait faire des expériences journalières à l'école militaire de Saumur, et chaque année on expérimente plus en grand, au camp de Saint-Maur; pour le présent, on a adopté le modèle présenté par M. le colonel

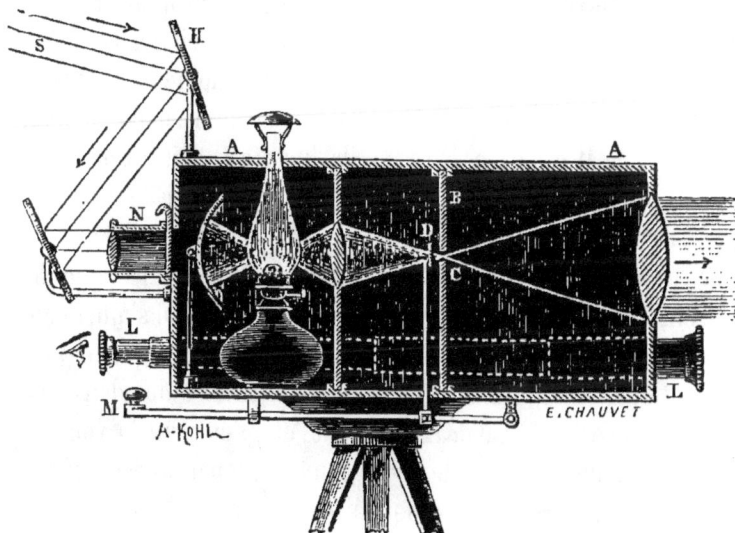

Fig. 3.

Mangin; en voici la description. Une boîte rectangulaire A est divisée en deux parties égales par le diaphragme B, qui est percé

d'un trou rond très petit en C. La partie antérieure de la caisse
possède sur la face une lentille convexe. Suivant les cas, ces len-
tilles ont 0^m.14, 0^m.24 et 0^m.35 de diamètre. Les deux premiers
diamètres sont les plus usités. Devant le trou C est placé un obturateur D, pouvant se mouvoir sur un axe de façon à découvrir
ou à obstruer l'orifice au moyen d'une manette à balancier aboutissant au dehors au manipulateur M. Il suffit de donner un petit
coup à la manette sur la boîte pour que l'obturateur se soulève;
il retombe ensuite en place par son propre poids. La seconde
chambre de la caisse comprend une lampe et un réflecteur qui
renvoie vers elle les rayons de lumière qui se trouveraient autrement perdus. On comprend aisément le jeu de l'appareil de nuit :
il suffit, en effet, d'imprimer à la manette des mouvements longs
ou brefs pour émettre des éclats longs et brefs reproduisant les
traits et les points du code Morse. Une lunette L, placée à l'extérieur de la boîte sert à la recherche de la station correspondante.
Il suffit de balayer l'horizon avec l'appareil, en lui imprimant de
légers mouvements verticaux, pour trouver sans peine le rayon de
lumière permanent qui les désigne. Car, au moment de la recherche, les deux stations soulèvent d'une façon permanente leur
obturateur D. Il est nécessaire que la lunette L soit absolument
parallèle au rayon de lumière émis par la lampe. Elle est donc
fixée à la caisse d'une façon permanente, et possède d'ailleurs des
vis de rappel qui permettent, en fixant un point quelconque de
l'horizon, d'en obtenir l'image sur un verre dépoli qui s'ajuste au
fond de la seconde chambre comme dans un appareil photogra-
phique. Lorsque cette image se trouve à la croisée des deux fils
perpendiculaire et vertical de cette plaque, et qu'on peut la voir en
même temps dans la lunette, le parallélisme des appareils est parfait.

On se sert du même appareil pour le jour, mais alors la lampe
est enlevée, et l'on ajuste à sa place une lentille destinée à con-
centrer les rayons du soleil au foyer même de la lampe. Dans les
appareils dont la lentille de face a 0^m.14 de diamètre, deux petits
miroirs plans, qui s'ajustent à la main, dirigent convenablement

Fig. 4.

à sa place la lumière solaire. Le mouvement solaire diurne nécessite dans ce cas une modification du plan des miroirs ; mais
ici elle se fait de cinq en cinq minutes, au moyen d'une légère
rectification qu'on opère facilement avec la main. Dans les appareils plus grands, un héliostat fixe, situé sur la partie supérieure
de la caisse, et muni d'un appareil d'horlogerie qui permet au
miroir de suivre le mouvement apparent du soleil, dirige également la lumière solaire à son foyer principal. Dans les temps
sombres, on peut très bien communiquer de jour avec l'appareil
de nuit, la lampe à pétrole suffisant à donner des signaux per-
ceptibles, même à la distance de 20 kilomètres.

On a essayé de nombreux appareils au camp de Saint-Maur.
Un, entre autres, à lumière polarisée, dont les signaux sont produits par la polarisation de la lumière chaque fois qu'un prisme
est introduit dans le rayon par la station correspondante. Il en
résulte que le jet permanent de lumière, restant toujours fixe, ne
permet pas aux étrangers qui le perçoivent de saisir les signaux.

Un système italien à feux vert et rouge a aussi été essayé avec
succès. Là encore le rayon de lumière fixe n'est pas éclipsé, mais
bien coloré par l'introduction dans le faisceau lumineux des len-
tilles verte ou rouge, que l'opérateur tient à la main et manœuvre
comme des baguettes de tambour.

Enfin, M. Mercadier a produit un appareil dans lequel la com-
bustion de la lampe est considérablement activée par un jet
d'oxygène. Un appareil de ce genre, inventé par M. Walker,
existe depuis longtemps en Angleterre ; on le construit à Silver-
town, et il comprend même l'appareil nécessaire à la production de l'oxygène en campagne.

Dans tous ces systèmes, la vitesse des transmissions s'élève
de 12 à 15 mots par minute et peut être portée à 20 mots par
des employés expérimentés.

On avait manifesté la crainte que l'impression des signaux
visuels sur la rétine imposât une grande lenteur de transmission : c'est là une appréhension dont la pratique a démontré

l'erreur. Le collage qui se produit quelquefois dans les signaux n'est dû qu'à une mauvaise manipulation. De même qu'un employé qui transmet au Morse, sur un câble un peu long, doit être parfaitement pénétré des effets produits sur la ligne par l'émission des courants et régler sa manipulation en conséquence, de même aussi l'opérateur du Morse visuel doit espacer ses signaux de manière à les rendre très nets à la vision. A cet égard, la manette de l'appareil du colonel Mangin nous semble mal construite, et pourrait être aisément modifiée de manière à présenter absolument la forme et les effets de la clef Morse ordinaire.

L'héliographe inventé par M. Leseurre, inspecteur des lignes télégraphiques, a été utilisé pour la première fois en Algérie.

Le maréchal Vaillant a exposé cet appareil devant l'Académie des sciences (Comptes rendus, séance du 16 juin 1856). M. Leseurre a d'ailleurs décrit lui-même son appareil dans le numéro d'octobre 1855 des Annales télégraphiques. M. Leseurre, qui mourut malheureusement en 1864 (¹), à Pau, âgé seulement de trente-six ans, avait surtout en vue l'établissement de télégraphes dans le sud de l'Algérie, où il n'était guère possible alors de construire des lignes électriques ou même des télégraphes aériens.

Le soleil, dont la continuelle présence créait, dans le sud de l'Algérie, un sol exceptionnel, inaccessible aux procédés télégraphiques ordinaires, offrait aussi une source de signaux exceptionnelle, plus puissante que les moyens aériens du système Chappe. Des miroirs, empruntant au soleil sa lumière, peuvent lancer des éclairs qui, convenablement dirigés, forment et peuvent même écrire des signaux.

La puissance de cette source de signaux est sans autre limite que la rotondité de la terre et l'absorption de lumière qui se produit par les couches atmosphériques du sol.

(¹) Jules Leseurre fut admis à l'École Polytechnique en 1848, et entra en 1851 dans l'Administration des lignes télégraphiques. Il contracta en Algérie les germes du mal mortel auquel il succomba en février 1864.

Mais pour que son emploi soit réellement utile, il faut qu'un appareil simple, d'une manœuvre sûre et rapide, permette à des hommes d'une intelligence ordinaire de renvoyer la lumière exactement dans une direction donnée.

M. Leseurre avait résolu ce problème d'une façon très élégante. La figure ci-jointe donne une idée de son appareil, que

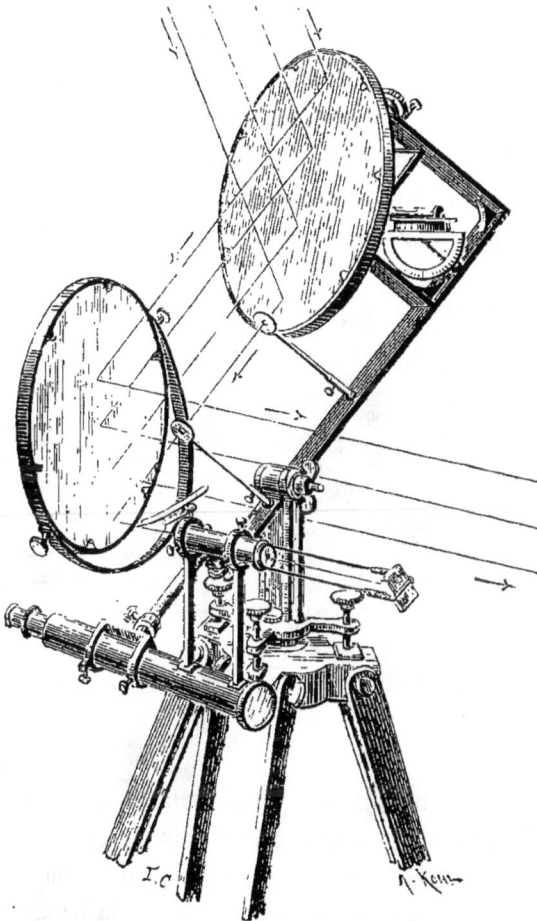

Fig. 5.

nous allons, d'ailleurs, décrire. Afin de pouvoir correspondre auss bien aux premières et aux dernières heures du jour qu'en plein

midi, M. Leseurre, se rappelant que le soleil, dans son mouvement diurne, décrit un cercle autour de l'axe polaire, avait placé,
dans la direction polaire, un axe portant un miroir dont la normale faisait avec cet axe un angle égal à la moitié de la distance
du soleil au pôle. En faisant tourner cet axe sur ses coussinets,
chaque fois que, dans ce mouvement, la normale du miroir pas-
sera dans le méridien actuellement occupé par le soleil, le faisceau réfléchi jaillira vers le pôle.

En plaçant un second miroir, dont le centre se trouve sur le
prolongement de l'arbre du premier et dont la direction soit telle
qu'il réfléchisse vers la station correspondante les rayons solaires réfléchis une première fois suivant la direction polaire, ce
second miroir, de position évidemment fixe, complète l'appareil.

Fig. 5 bis.

Rien de plus simple alors que la manœuvre; il suffit de faire
exécuter à l'arbre du miroir mobile autant de rotations qu'on
veut produire d'éclairs. M. Leseurre avait aussi imaginé un écran
formé de persiennes mobiles. Si les lames de la persienne étaient
ouvertes, le faisceau passait, sinon il était arrêté. Une manette a
manœuvrait l'ensemble des lames.

Quant à la masse de lumière réfléchie, elle ne change pas
pendant la journée, puisque l'inclinaison du miroir tournant sur

le rayon réfléchi reste constante et égale. Mais comme la déclinaison solaire varie chaque jour, M. Leseurre avait disposé, en avant du miroir tournant, une lunette dont l'axe optique était bien parallèle à celui du miroir. En observant les rayons réfléchis à l'aide de cette lunette, on s'assure que le centre de l'image solaire vient se placer sur le point de croisée des fils. Le réglage est facilité par l'addition, dans le réticule, de deux fils parallèles à l'essieu du miroir, et distants du point de croisée d'un rayon de l'image solaire. On reconnaît, en effet, très simplement qu'aux environs de la position d'éclair, le soleil réfléchi paraît décrire, lorsque le miroir se meut, une bande parallèle à l'essieu du miroir.

L'appareil de M. Leseurre n'a pas fonctionné en Algérie d'une façon définitive, mais il fut essayé, avec des résultats parfaits, à l'Observatoire de Paris, en présence du directeur de cet établissement, du ministre de la guerre et du directeur général des lignes télégraphiques.

L'appareil pouvait enregistrer les signaux Chappe, au moyen de conventions, aussi bien que les émissions longues et brèves qui constituent l'alphabet Morse.

Reprenant l'idée de Leseurre, M. Henri C. Mance, électricien du télégraphe sous-marin du golfe Persique, est parvenu à faire adopter aux armées anglaises combattant dans l'Afghanistan un système similaire qui paraît avoir rendu d'excellents services.

L'instrument, posé sur un trépied léger mais solide, consiste en un plateau mobile susceptible de mouvements rapides ou lents qui lui sont communiqués par un écrou tangentiel. Un miroir, supporté par une tige aboutissant à un arc de demi-cercle sur lequel il pivote, est percé au centre de façon à viser l'avant de l'appareil par l'arrière. Sur le plateau, une clef Morse ordinaire est reliée à la partie supérieure du miroir concentrique par une tige d'acier qui peut s'allonger ou se raccourcir à volonté et qui est destinée à communiquer ses mouvements au miroir. L'appareil peut d'ailleurs être réglé suivant les mouvements du soleil et l'endroit vers lequel on désire diriger les signaux. Le levier de la clef Morse change l'inclinaison du miroir, de façon à lancer les rayons solaires réfléchis sur un point donné. Le miroir peut, d'ailleurs, être mû à la main et ramené ainsi à sa position correcte ou approximativement. La révolution complète du miroir sert, comme dans le système de Leseurre, à balayer l'horizon d'un faisceau de lumière solaire qui attire l'attention de la station correspondante.

A environ quatre mètres en avant de l'appareil, se trouve une mire servant de repère entre le centre de l'héliographe et la station correspondante. Sur cette mire se trouvent deux haussières

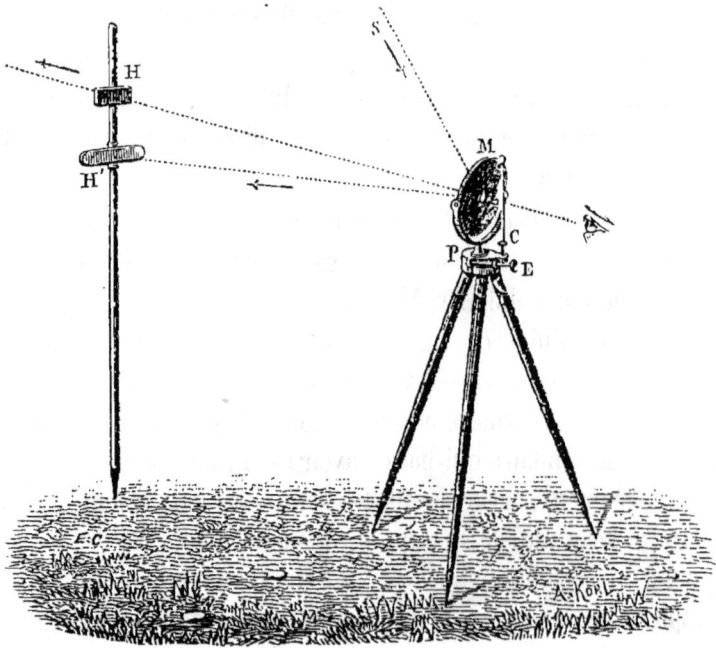

Fig. 6,

dont l'une est élevée ou abaissée, jusqu'à ce que le miroir et la station correspondante se trouvent en ligne avec elle. La seconde porte une traverse en bois, d'environ un pied de long, placée à

angle droit avec la mire. Quand l'appareil est au repos, c'est sur
cette pièce de bois que vient se porter le rayon de soleil réfléchi
par le mirroir. Mais aussitôt que la clef Morse est mise en mouvement, ce rayon est transporté sur la haussière supérieure placée
dans la ligne de communication. L'employé qui transmet, en
voyant la haussière supérieure s'éclairer chaque fois qu'il presse
la clef, peut être sûr que ses signaux parviennent exactement à
la station correspondante. Les signaux de cet appareil ont pu être
perçus à 50 milles de distance, en Angleterre; aux Indes et dans
les climats similaires ils se perçoivent à 70 et 100 milles anglais
de distance, et la rotondité de la terre paraît être le seul obstacle
à leur portée. Les modifications à apporter à la direction du miroir, par suite du mouvement diurne du soleil, peuvent s'opérer
pendant la transmission même au moyen d'ajustements spéciaux.

On remarquera que la haussière supérieure oblitère les rayons
lumineux à la station correspondante, lorsque la clef Morse est
pressée. Le système transmet donc ses signaux par oblitération,
c'est-à-dire que les rayons solaires réfléchis par le miroir indiquent constamment à la station correspondante la position du
poste opposé, mais que du moment où cette lumière disparaît,
c'est parce que l'on transmet. C'est à peu près là toute la nou-
veauté du système; l'application de la clef Morse à un système
de correspondance lumineux date de plus loin, et avait été pratiquée, dès 1863, par la flotte chargée de la pose des câbles
sous-marins du golfe Persique. MM. Lissajous et Ternant avaient,
d'ailleurs, proposé des systèmes de télégraphie optique à lumière
mise en évidence par une clef Morse, en 1870, et l'application
que M. Henri C. Mance en a faite à son système date au plus
tôt de 1877 (¹).

L'appareil héliographique de M. Mance ne pèse que six livres
anglaises et peut être transporté par un soldat. Il a l'avantage
de pouvoir servir entre une avant-garde et un corps d'armée,
et il a remplacé, dans le Zoulouland et l'Afghanistan, les signaux

(¹) Expédition Jowaki-Affridi.

à drapeau de l'armée anglaise entre les corps détachés. Il a été utilisé partout où le télégraphe électrique n'a pu être employé, et, bien qu'il ait parfois fait défaut par suite de l'absence du soleil, il a pu souvent servir, même sous un ciel nuageux, à de petites distances.

Sir W. Thomson a récemment examiné, dans une conférence faite à la « Ship-Master's Society », les divers genres de signaux lumineux actuellement en usage pour permettre de distinguer les phares.

Il a émis l'opinion que, ni les feux tournants de durée déterminée, ni les feux à éclats séparés par intervalles de trois à quatre minutes, n'étaient suffisants pour assurer la sécurité des navires, et qu'il en était de même des feux colorés.

Pour vaincre la difficulté, sir W. Thomson propose d'employer un système d'éclipses lumineuses produites par des écrans tournants ou un appareil mécanique à extinctions intermittentes. Le système serait basé sur l'alphabet Morse, et chaque phare serait représenté par une lettre. L'éminent physicien a d'ailleurs cité, à l'appui de sa thèse, les bons résultats obtenus avec ce système, depuis trois ans, au phare de « Holly Wood Bank », sur le banc de Belfast, où les signaux consistent en deux courtes éclipses suivies d'une longue, et sont produits à l'aide d'un anneau de cuivre tournant qui porte une série d'écrans et qui est mis en mouvement par un engrenage.

En effet, ce système paraît très rationnel : un phare, qui enverrait ainsi des signaux intermittents formant, par exemple, la première ou les deux premières lettres de son nom d'après l'alphabet Morse, serait immédiatement reconnu par tout marin qui sait déjà à l'avance à peu près dans quelle région il se trouve; et l'on pourrait former ainsi aisément un code international de signaux dont l'utilité paraît évidente pour la sécurité de la navigation.

En un mot, c'est là un système qui s'impose et qui ne peut tarder à être adopté, d'autant plus que son adaptation aux phares existants n'offre aucune difficulté et ne peut causer qu'un supplément de dépenses insignifiant.

Il en sera de même, sans doute, dans la marine. On finira évidemment par établir la lumière électrique sur tous les bâtiments où se trouve une machine à vapeur, et l'emploi de signaux intermittents dans le système Morse, pour caractériser chaque navire et sa nationalité, paraît devoir présenter une grande utilité, soit pour les manœuvres en escadre, soit pour les correspondances à distance dans les ports, soit enfin pour éviter les collisions terribles qui ne sont encore que trop fréquentes.

Ainsi donc, soit en télégraphie, soit dans le service des phares, soit dans la marine, l'emploi de signaux lumineux intermittents paraît indispensable, et la production de ces signaux à l'aide d'écrans mobiles, comme on le fait actuellement dans la télégraphie militaire, peut s'effectuer sans peine et sans inconvénients pratiques.

CHAPITRE II

Système des anciens. — Tubes acoustiques. — Télégraphe à ficelle. — Téléphones. — Compagnies téléphoniques.

> Et j'entendis. . . . .
> . . . .
> Me parler à l'oreille une voix, dont mes yeux
> Ne voyaient pas la bouche.
>
> V. Hugo.

L'historien Diodore rapporte qu'un roi de Perse communiquait de Suze à Athènes par la voix des sentinelles qu'il avait placées de distance en distance. Les dépêches parcouraient en un jour trente journées de marche.

Kircher en 1550 et Schwenter en 1636, ont fait des traités sur les signes auriculaires, et proposaient de traduire en notes de musique les lettres de l'alphabet.

Bernouilli raconte, dans ses *Voyages*, qu'il a vu à Berlin un instrument formé de cinq cloches, pouvant exprimer toutes les lettres de l'alphabet.

On raconte aussi qu'Alexandre le Grand avait trouvé le moyen de se faire entendre par toute son armée, à quatre lieues de distance, au moyen d'un porte-voix (*tuba stentorophonica*). La figure de cet appareil aurait été conservée au Vatican.

Le chevalier de Morland avait inventé des trompettes parlantes donnant au son beaucoup d'intensité. Une d'elles fut présentée au roi d'Angleterre, en 1670, qui permit l'audition de paroles prononcées à un mille et demi de distance, malgré le vent contraire. Deux ou trois autres de ces trompes avaient été perfectionnées à ce point par Morland, que le gouverneur de Deale écrivit au ministre de la marine que l'on pouvait s'entendre avec des bâtiments situés à trois milles anglais du rivage. Morland n'a laissé que des descriptions incomplètes de ses trompes acoustiques. Il établit pourtant que les tuyaux doivent être élargis graduellement et le son augmente en avançant vers l'extrémité du tube.

Dom Gantey a fait, en 1782, des essais sur la propagation du son avec les tuyaux qui conduisent l'eau de la pompe de Chaillot, et il assurait qu'avec trois cents tuyaux de mille toises chacun, on ferait passer, en cinquante minutes, les dépêches à cent cinquante lieues.

Dom Gantey, fit paraître, en 1783, un prospectus imprimé à Philadelphie, dans lequel on voit qu'il avait proposé à l'Académie des sciences deux moyens absolument nouveaux « pour » faire parvenir une dépêche avec la plus grande célérité. »

Ces deux découvertes furent soumises à l'examen de l'Académie des sciences, et MM. de Condorcet et de Milly, commissaires nommés pour les examiner, insérèrent dans leur Rapport du 15 juin 1782, sur la première découverte, que le moyen présenté leur avait paru praticable, ingénieux et nouveau ; « qu'il » n'avait aucune analogie avec les moyens connus, et qu'on » pouvait donner, par ce moyen, un signal à trente lieues en » quelques secondes, sans stations intermédiaires ; que l'appareil » ne serait ni cher, ni incommode ; qu'ils avaient mis au bas du » *Mémoire* de dom Gantey les raisons de leur opinion sur la pos- » sibilité de ce moyen dont l'auteur voulait garder le secret. » Ce secret a été, en effet, enfermé sous un cachet, sous lequel il repose sans doute encore dans les archives de l'Académie des Sciences.

Les mêmes commissaires furent nommés pour faire un Rapport sur le second moyen ; mais Gantey les pria d'en suspendre l'examen jusqu'à ce qu'il se fût procuré l'argent nécessaire pour faire des expériences en leur présence. Il ouvrit une souscrip-

tion, qui fut insuffisante pour subvenir aux frais que devait occasionner l'épreuve qu'il voulait faire, et le Rapport ne fut pas
présenté.

M. Biot s'est occupé de quelques-unes des recherches que
dom Gantey se proposait de faire. Il a lu à l'Académie des
sciences un *Mémoire*, qui contient le récit de plusieurs belles
expériences sur la propagation du son à travers les corps solides
et à travers l'air dans des tuyaux très allongés. Il y fait connaître que la propagation du son est plus rapide à travers les corps
opaques qu'à travers l'air, et il apprécie la différence de cette
vitesse avec une sagacité et une précision qui prouvent combien
nos modernes physiciens mettent de soin et d'exactitude dans
leurs observations.

Le son peut rendre de très grands services à la télégraphie.
C'est un fait bien connu des agents du télégraphe, que le bruit
de la clef Morse ou de l'appareil de réception permet la lecture
des dépêches en cours de transmission par l'effet seul de l'audition. Il y a même là un moyen de contrôle et de surveillance pour
les chefs des bureaux télégraphiques qui ne le négligent pas.
M. Neale, électricien de la Compagnie des chemins de fer du
North Staffordshire, perfectionnant les appareils américains,
qui tous permettent la lecture au son, a récemment inventé un
appareil télégraphique, à l'usage des chemins de fer, dans lequel
l'audition de la dépêche se trouve ainsi substituée à la lecture.
Il s'est naturellement préoccupé de renforcer et de rendre plus
net le son produit. A cet effet, il a transmis le mouvement à une
lame de fer qui vient frapper d'un côté une pointe métallique,
et de l'autre côté un pivot en bois, donnant lieu ainsi à deux
sons distincts. Le tout est renfermé dans une caisse qui renforce
le son. Un employé, placé en un point quelconque du bureau où
se trouve l'appareil, écrit la dépêche à mesure qu'il l'entend, et
cela sans même lever les yeux sur l'instrument. Le signal
d'appel peut être entendu de l'extérieur du bureau, les portes
étant fermées, ce qui dispense de l'emploi d'une sonnerie

d'appel et présente des avantages marqués pour les petites stations.

Tous les moyens imaginés par les hommes pour correspondre au moyen de la transmission du son n'ont pas été mis en pratique. Il existe un petit appareil, le *Téléphone à ficelle,* que le physicien Robert Hooke paraît avoir imaginé dès 1667.

Il dit à ce propos : « En employant un fil tendu, j'ai pu
» transmettre instantanément le son à une grande distance et
» avec une vitesse aussi rapide que celle de la lumière, du
» moins incomparablement plus grande que celle du son dans
» l'air. Cette transmission peut être effectuée non-seulement
» avec le fil tendu en ligne droite, mais encore quand ce fil
» présente plusieurs coudes. »

Cet appareil simple pouvait rendre de grands services à l'humanité, depuis l'époque de son invention ; il n'a servi que de jouet aux enfants et de moyen de correspondance aux amoureux, et encore n'est-ce que tout récemment qu'on l'a mis en usage en Europe. Il paraît toutefois avoir été utilisé même par des peuples sans grande civilisation, et on en retrouve la trace parmi les sauvages de l'Amérique et dans l'extrême Orient.

Nous en avons vu faire, dans les Pyrénées, une application qui mérite d'être rapportée. Deux chasseurs à l'isard, éloignés l'un de l'autre par une élévation à pic, étaient à l'affût et communiquaient entre eux au moyen d'un téléphone à ficelle, dont le fil conducteur avait environ 120 mètres. Le guetteur placé en bas pouvait aisément surveiller les isards sans éveiller leur défiance, et communiquait leurs mouvements à son correspondant jusqu'à ce qu'il pût lui indiquer le moment où sa proie serait à sa portée. Il paraîtrait que ces montagnards se servaient du téléphone à ficelle depuis le jour où, l'ayant vu en opération à Tarbes, l'idée leur était venue de l'appliquer à leur chasse.

Le téléphone à ficelle a-t-il donné l'idée du téléphone électromagnétique ? cela est incertain, et ce n'est qu'en 1854 que M. Bourseul pensa que la parole pourrait être transmise électriquement. Mais avant d'aborder le téléphone, il nous revient que, depuis longtemps, les employés du télégraphe chargés de la construction et de la réparation des lignes, peuvent correspondre entre eux, à distance, au moyen des poteaux plantés sur la voie. En frappant, un de ces poteaux avec une pierre et en espaçant les coups de façon à reproduire les signaux du Morse, il nous a été souvent permis de transmettre des ordres à des distances de plusieurs kilomètres.

C'est un fait bien connu des surveillants du télégraphe ; et les poteaux étant fréquemment accessibles à nos lecteurs, ils pourront aisément se procurer ce moyen de correspondre. Les vibrations sonores se propagent à la vitesse d'environ 5 127 mètres par seconde dans le fil de fer qui sert à la construction des lignes télégraphiques, tandis qu'elles se traînent misérablement à une vitesse de 333 mètres par seconde dans l'air.

Les tuyaux acoustiques, tels qu'on les emploie dans presque tous les grands établissements, sont à proprement parler des téléphones. On les construit généralement en métal, et, lorsque les distances ne sont pas très grandes, la voix se porte d'une extrémité à l'autre avec toutes ses inflexions et ses nuances. On peut toujours distinguer et reconnaître la voix des personnes qu'on a déjà fréquemment entendues.

Le diamètre des tuyaux est ordinairement de 3 centimètres pour les longueurs moyennes ; mais à mesure que la longueur augmente ou que les coudes se multiplient, la voix s'entend moins bien. De plus, par les tassements continuels des maisons, les tubes subissent des déplacements, des disjonctions, et souvent, au bout d'un certain temps, ils ne laissent plus rien entendre.

En augmentant le diamètre des tubes avec la longueur, on rend la communication possible à grande distance, mais il y a dès lors une question de dépense à considérer.

M. Casanova a établi, pendant le siège de Paris, un tuyau acoustique de 600 mètres entre l'avancée de Billancourt et la porte de Versailles (fortifications de Paris). C'était un tuyau de laiton enterré dans le sol ; les ordres se transmettaient sur le ton ordinaire de la conversation, tout à fait comme si les deux correspondants avaient été en présence l'un de l'autre. Nous ne savons malheureusement pas quel était le diamètre de ce tube (¹).

En général, un porte-voix ne peut être entendu que par un seul auditeur qui applique son oreille au cornet par lequel se termine le tube acoustique.

M. Niaudet, dans son ouvrage intitulé : *Téléphones et Phonographes*, auquel nous faisons de nombreux emprunts, rapporte avoir vu, dans son enfance, de grands entonnoirs de 30 centimètres à leur grand diamètre, servant d'embouchures à des porte-voix établis chez M. Bréguet ; ces entonnoirs étaient attachés au plafond d'une pièce, dans toute laquelle on pouvait entendre les sons amenés par le tuyau. Quand on voulait répondre, on n'avait qu'à se tourner dans la direction de cette embouchure et à parler plus ou moins haut suivant les cas. Dans la journée, les bruits extérieurs rendaient cet appareil quelque peu confus ; mais, dans le silence de la nuit, le moindre bruit fait dans la pièce en question était reçu à l'autre bout du porte-voix ; celui des pages d'un livre tournées, celui de la plume grinçant sur le papier, étaient entendus.

On voit par là qu'il faut se défier des porte-voix, car ils permettent souvent à une personne indiscrète d'entendre ce qui se dit dans une pièce où ils aboutissent.

Les porte-voix sont toujours accompagnés d'un sifflet avertisseur qui permet d'appeler le correspondant. Presque toutes les combinaisons télégraphiques doivent être complétées par un système d'appel préalable. Les télégraphes optiques seuls n'ont pas ce moyen d'avertissement préliminaire, et demandent par conséquent une attention soutenue sur le point d'où partent les signaux.

Les téléphones électriques ont été décrits magistralement par

---

(¹) A. Niaudet : *Téléphones et Phonographes.*

M. le comte Dumoncel, dans son ouvrage intitulé : *le Télé-phone* ([1]), et par M. Alfred Niaudet dans son livre : *Téléphones et Phonographes*. Nous ne voulons pas récapituler ici ces ou-vrages ; il nous suffira d'exposer le principe des appareils télé-phoniques, et de décrire les systèmes pratiques employés dès à présent par les compagnies des téléphones, à New-York, Londres et Paris.

Comme historique, c'est en 1844 que Page découvrit qu'un son musical accompagne toujours le changement des forces ma-gnétiques, dans une barre d'acier balancée ou suspendue de ma-nière à pouvoir rendre des vibrations acoustiques.

En 1861, M. Phil. Reis de Friedrichsdorf, près de Hom-bourg, découvrit qu'un diaphragme vibrant peut être mis en mou-vement par la voix humaine de manière à transmettre à distance, par un électro-aimant, le rythme et la hauteur des sons vocaux.

En 1874, Elisha Gray inventa une méthode de transmission électrique au moyen de laquelle l'intensité des sons, aussi bien que leur hauteur et leur rythme, pouvaient être reproduits à distance. Il conçut plus tard l'idée de contrôler la formation des ondes électriques au moyen des vibrations d'un diaphragme sus-ceptible de se prêter à toutes les modifications de la voix humaine. Il résolut ainsi le problème de la transmission et de la repro-duction de la parole articulée par un conducteur électrique.

En 1876, le professeur A.-G. Bell inventa la forme du télé-phone si connu, dans lequel la transmission et la reproduction de la voix articulée se forment au moyen de courants magnéto-élec-triques superposés. Dans la même année, Dolbear conçut l'idée de substituer des aimants permanents aux électro-aimants et aux piles précédemment employés, et d'utiliser le même appareil pour la transmission et l'audition des sons au lieu de deux instruments de construction différente.

En 1877, Edison appliqua au téléphone la découverte qu'il

([1]) *Bibliothèque des Merveilles*. Paris. Hachette et Cie. 3e édition.

avait faite, quelques années avant, de la variation de résistance qu'éprouvent le charbon et autres conducteurs inférieurs lorsqu'on les soumet à un changement de pression. Par ce moyen, il put non seulement varier la force du courant de pile en unisson avec l'élévation ou l'abaissement des émissions vocales, mais aussi obtenir une articulation plus distincte et plus élevée.

Depuis, MM. Gower, Pollard, Hughes, A. Bréguet, Crossley, Paul Lacour, Preece, Blake, et tant d'autres, ont contribué au développement de cette invention que sir William Thomson n'a pas hésité à appeler la *merveille des merveilles.*

Dans ce petit instrument, à peine plus gros que le cornet d'un porte-voix ordinaire, l'interlocuteur parle à son correspondant en faisant vibrer une plaque de fer solide. Cette voix opérant sur l'électro-aimant engendre un courant d'électricité qui, parcourant la ligne jusqu'à la station correspondante, excite le magnétisme d'un aimant fixé dans le circuit, et met en vibration une plaque de fer semblable à celle contre laquelle on parle. Cette plaque parle à celui qui écoute, elle parle si nettement que si trois personnes parlent ou chantent ensemble à un bout, chacune de leurs voix peut être distinguée à l'autre extrémité, et l'on peut les entendre comme si elles étaient présentes. N'est-ce pas là le couronnement de l'édifice? et n'est-on pas forcé d'admirer le génie des inventeurs qui nous permet de parler ainsi à un ami, malgré des distances considérables, et d'entendre le son d'une voix familière ou les accents aimés d'une personne avec laquelle nous pouvons désormais nous entretenir en dépit de l'éloignement?

Et pourtant que ne devons-nous pas attendre encore du télégraphe et des applications de la physique, et surtout de l'électricité, ce merveilleux agent dont la nature entière est imprégnée? Si, au lieu de plaisanter Charles Bourseul, en 1854, alors qu'il démontrait la possibilité d'un moyen de correspondance aujourd'hui réalisé, on eût encouragé ce jeune inventeur, dont l'idée fût appliquée par Reis cinq ans à peine plus tard, nous devrions sans doute à un Français l'invention du téléphone. L'avenir nous apportera bien d'autres surprises auxquelles nous sommes d'ailleurs préparés. Déjà l'électro-motographe ou motophone d'Edison, mettant en jeu une force supplémentaire au moyen d'artifices convenables, amplifie le son de la voix humaine et augmente son intensité de manière à la rendre perceptible à toute une audience.

Les compagnies de téléphones n'en sont encore qu'à leur période d'installation en France, et les progrès qu'elles apportent ne pénètrent que lentement et difficilement dans la masse du public qui ne voit pas toujours clairement son intérêt. Le monopole des gouvernements européens tend à disparaître, et il ne faudra pas le regretter, car il a été souvent un obstacle au développement des grandes inventions, et il a opprimé les inventeurs. Le développement considérable des inventions télégraphiques en Amérique et en Angleterre est dû entièrement à l'absence de ce monopole, et si l'Angleterre a fait récemment la faute d'annexer le réseau intérieur et le service des télégraphes à celui des postes, en rachetant les grandes compagnies du Royaume-Uni, elle n'a pu songer à retirer des mains des compagnies privées l'immense réseau du télégraphe sous-marin qui reste, à l'éternel honneur de l'Angleterre, le type accompli de ce que peut créer l'industrie humaine quand on ne lui met pas d'entraves.

Deux compagnies recherchent en ce moment les faveurs du public français pour les correspondances téléphoniques dans les grands centres.

La première de ces compagnies a englobé avec le téléphone Gower le transmetteur microphonique de Blake qui, avec le téléphone Bell, devait au début servir de base à une troisième entreprise.

Les deux compagnies qui subsistent ont commencé leur service et poursuivent rapidement l'achèvement de leur réseau ([1]). La

___

([1]) Ces deux compagnies viennent de fusionner.

compagnie générale des téléphones a, la première, livré des communications à ses abonnés au moyen du téléphone Gower, et c'est par elle que nous allons entamer la revue de ce genre d'établissements électriques.

Le téléphone Gower ne présente, en fait, rien de nouveau comme principe, mais les conditions de l'instrument ont été si bien étudiées que ce système a pu permettre à un téléphone Bell, *sans pile*, de parler assez haut pour se faire entendre dans toute une salle ; et, de plus, il renferme lui-même son avertisseur. Ces résultats avantageux sont dûs à ce que M. Gower s'est affranchi un peu des premières idées théoriques que l'on a émises sur le téléphone, et qui ont paralysé ses progrès pendant quelque temps. En effet, au lieu d'étouffer les vibrations fondamentales de la plaque vibrante d'un téléphone Bell, comme on avait cherché à le faire jusque-là, M. Gower s'est efforcé, au contraire, de les augmenter en fixant assez solidement cette lame vibrante sur le couvercle de l'embouchure, pour qu'étant frappée elle puisse émettre un son. Il a rendu cette lame plus épaisse, et a renfermé le tout dans une boîte cylindrique, sonore, en métal. Il a donné également à l'aimant une forme particulière dans laquelle les deux pôles se trouvent placés l'un vis à vis de l'autre, et à très petite distance, comme dans le système d'électro-aimants de Faraday.

Cet aimant a été construit avec beaucoup de soins, et possède une force assez considérable pour porter cinq kilogrammes. Il est disposé au fond de la boîte cylindrique, et ses pôles, terminés par des noyaux de fer oblongs entourés d'hélices de fil très fin, se trouvent placés au centre du diaphragme.

On verra dans la figure 8 la disposition de cet aimant, dont les pôles nord-sud contiennent les bobines. La figure M représente le diaphragme.

L'avertisseur est constitué, du moins pour le poste de transmission, par une ouverture pratiquée dans le diaphragme, et derrière laquelle se trouve fixée une anche d'harmonium. Pour le faire fonctionner, on adapte à l'embouchure de l'appareil un tube acoustique : quand on souffle dans ce tube, l'anche est mise en vibration, et cette vibration, étant communiquée directement au diaphragme du téléphone, lui fait produire des courants induits, assez énergiques pour fournir sur l'appareil récepteur un son relativement fort qui ressemble assez à l'appel des cors des tramways. Pour obtenir la transmission de la parole, il suffit de parler devant l'embouchure du cornet acoustique, comme on le fait dans les systèmes ordinaires.

La figure 8 représente cette disposition, et la figure T montre l'ouverture de l'anche s'adaptant sur le diaphragme, ainsi que l'anche elle-même L. Cette figure s'adapte sur le système du diaphragme M, comme il est indiqué en A.

L'appareil peut, du reste, être combiné de manière à reproduire la parole à haute voix, ou simplement à voix basse, comme dans les systèmes ordinaires. Quand il doit reproduire la parole à haute voix, l'embouchure de l'appareil récepteur doit être munie d'un porte-voix, comme dans le phonographe d'Edison, et il faut parler dans le transmetteur en appliquant la bouche contre l'embouchure du tuyau acoustique; naturellement la parole doit être alors exprimée sur un ton très élevé.

Quand l'appareil doit servir de téléphone ordinaire, on substitue au porte-voix du récepteur un tuyau acoustique que l'on place contre l'oreille; alors les paroles prononcées à voix très basse dans le transmetteur sont entendues avec une grande amplification; on peut même, si l'appareil transmetteur est muni du porte-voix dont il a été question, entendre les paroles prononcées à voix ordinaire à plus de douze mètres de l'appareil transmetteur. Ces effets sont réellement très intéressants, et on peut arriver à ce résultat incroyable d'échanger une conversation sans se déranger de son fauteuil, l'appareil étant placé à plusieurs mètres. Dans ce cas, par exemple, il faut que le correspondant parle et écoute dans le tube acoustique adapté à l'appareil (fig. 7).

La compagnie générale des téléphones n'a en rien modifié cet appareil pour l'exploitation publique. Chaque abonné possède na-

Fig. 7. — Communication téléphonique.

turellement un téléphone installé dans une pièce choisie, où il se trouve constamment quelqu'un, ou du moins à une place pas trop éloignée de l'endroit où l'on se tient, afin que l'appareil soit

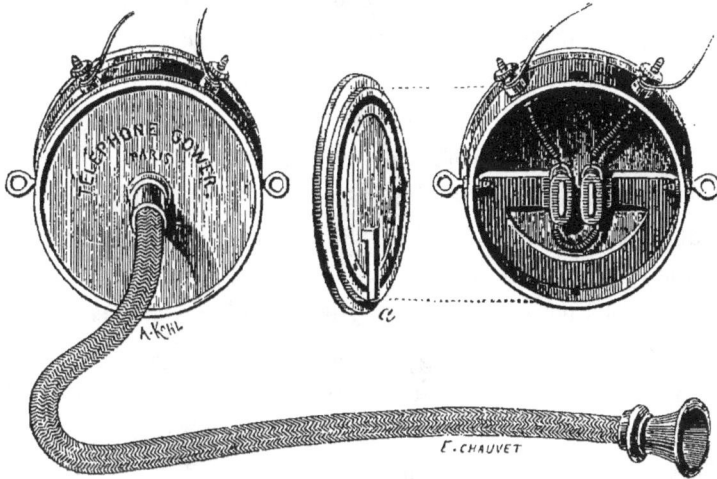

Fig. 8

toujours entendu. Je dirai tout à l'heure comment, dans les cas difficiles, dans les endroits bruyants ou peu fréquentés, on a résolu la difficulté.

A Paris, où le réseau est établi (¹), l'abonné est relié par un fil conducteur isolé au poste central qui se trouve 66, rue Neuve-des-Petits-Champs. Le réseau est en partie aérien (provisoirement), l'autre partie est souterraine et passe dans les égouts. L'installation est faite par les soins des agents de l'État. Cette opération s'est trouvée très retardée par les conditions climatériques de l'affreux hiver que nous venons de subir.

Le choix des fils est une question très importante; on sait, en effet, que deux lignes placées l'une à côté de l'autre sans précaution s'influencent mutuellement, de façon que l'on entend dans la seconde les mots qui passent sur la première, inconvénient

(¹) Ces détails sont empruntés à la *Lumière électrique*, de même que les figures.

extrêmement grave. Les enveloppes de plomb et autres procédés jusqu'ici employés ne suffisent point à surmonter l'obstacle. M. Gower y est, paraît-il, arrivé par un mode d'isolation particulier, qui semble devoir être solide et peu coûteux. Par mesure d'ordre, les fils sont tous de couleur différente dans des câbles différents eux-mêmes, en sorte que, si un accident survient à une communication, on peut sur tout son parcours retrouver, par exemple, le fil bleu du câble noir et rouge.

Arrivés au poste central, les faisceaux s'épanouissent, les câbles se déroulent, les fils se distribuent chacun à leur place, et c'est ici que les difficultés commencent.

Pour nous en rendre compte, supposons le système en action. Afin de simplifier, chaque abonné est désigné par un numéro d'ordre; c'est, si vous voulez, le numéro 5 qui désire parler. Il prend son téléphone et souffle afin de faire résonner le signal; il faut qu'au poste central on l'entende.

La première idée est de munir le fil de chaque abonné au poste central d'un signal téléphonique; l'un d'eux souffle, l'employé du poste l'entend et lui répond. On l'entend, c'est fort bien; mais cela ne suffit pas, il faut le reconnaître. Supposons l'employé à son bureau, au milieu de trente, cent téléphones : l'un d'eux parle, lequel est-ce? Il faudrait supposer que chacun donne une note spéciale, et que l'employé a l'oreille assez fine pour le reconnaître au son. On ne peut exiger une pareille sagacité musicale. De plus, si l'employé n'a pas bien entendu, s'il s'est trompé, le signal fini, il n'y a plus de trace; il faut qu'il attende qu'on le renouvelle, n'ayant aucun indice permettant de reconnaître le numéro qui vient d'appeler. Il faut évidemment que, lorsque l'abonné numéro 5 appelle, il produise au bureau central un signal visible et durable qui dise clairement et constamment : « Le numéro 5 attend. »

Avec la pile, cela est simple, et nous verrons, en parlant du téléphone Édison, comment on opère; mais le téléphone Gower n'en a point et n'en veut point avoir, il doit garder sa simplicité.

C'est qu'en effet, si l'emploi de la pile a des avantages, il a de gros inconvénients. Une pile renforce le son transmis; elle simplifie les signaux, dit-on. Cela est vrai; mais, d'autre part, la pile est coûteuse; on a beau la choisir durable, elle ne peut l'être que si le courant est suspendu à propos. Que l'abonné oublie de tourner son commutateur, sa pile est usée en une nuit; le lendemain, silence inexpliqué, recherches, etc. Quand on peut s'en passer, cela vaut mieux à bien des égards. Mais la difficulté qui nous occupe devient alors sérieuse. C'est à M. Ader que l'on en doit la solution, et c'est par un signe visible que l'appel des corpondants se manifeste.

Un signe visible, c'est le déplacement d'une pièce, la chute de quelque chose, un changement de couleur. En tout cas, c'est un mouvement, c'est ce qu'il fallait obtenir du téléphone. Or, en fait de mouvement, celui-ci ne peut fournir que des vibrations, il fallait les transformer. La figure 9 fera voir comment on y arrive. A est l'aimant d'un téléphone, et le fil qui vient de l'abonné s'enroule sur ses bobines BB. La plaque vibrante du téléphone est réduite à la petite languette R fixée contre S. Le disque blanc, qui porte le mot *Répondez*, est le signal. Dans sa position figurée, il est caché; mais son poids tend à le faire tomber, et s'il tombe, il apparaîtra par une fenêtre percée dans le couvercle de la boîte, qui a été enlevé sur la figure pour laisser voir le mécanisme.

Dans l'état figuré, il ne peut pas tomber; en effet, il est attaché en haut à un levier L, et celui-ci est muni d'un petit crochet pendant C engagé dans un trou carré O percé dans la languette R (voir la coupe figurée à droite). Il importe de remarquer la forme de ce petit crochet. En regardant l'extrémité où se trouve la lettre C, on verra qu'elle a la figure d'un petit triangle formant une sorte de plan incliné tiré en haut par le poids du disque, et tendant constamment à se dégager pour peu que la languette R s'éloigne. Naturellement, le signal porte le numéro de l'abonné dont il reçoit le fil. Si c'est notre abonné numéro 5, resté depuis si longtemps dans l'attente, il peut appeler maintenant, tout est prêt. Il souffle, en effet, dans son signal. Qu'arrive-t-il? Par suite des courants électriques relativement énergiques qui passent dans les bobines B, la languette R entre en vibration ; à chacune de ses pulsations elle quitte le crochet C, et celui-ci en profite pour remonter un peu. Au bout

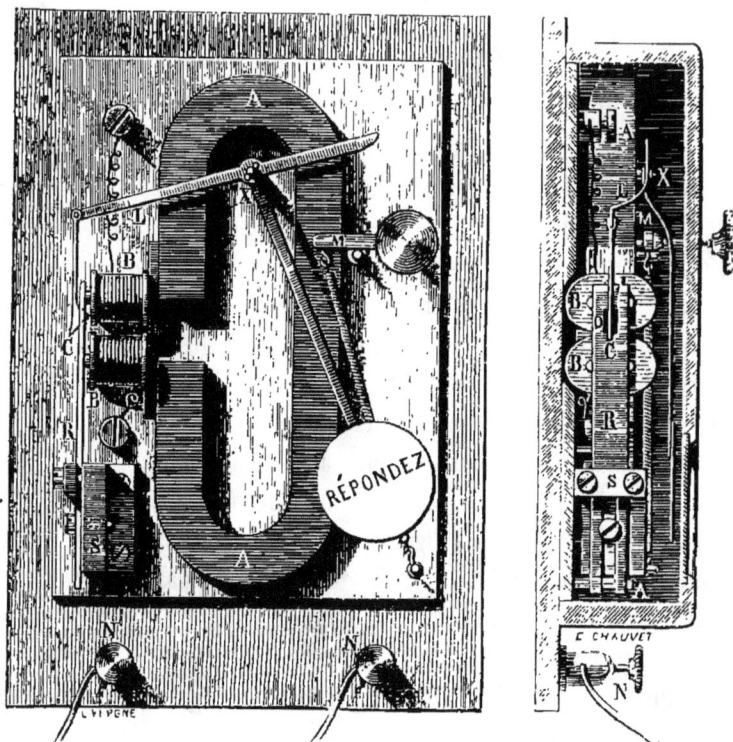

Fig. 9.

de quelques vibrations il est complétement libre, le disque *Répondez*, qui n'est plus retenu, tombe, et, paraissant devant la fenêtre, fait voir que l'abonné numéro 5 vient d'appeler et attend.

Cela n'est-il pas remarquablement ingénieux ? Et, notez ceci, le disque ne se montre que si l'on fait marcher le cornet ; il ne tombe pas si l'on parle, les vibrations produites par la parole sont insuffisantes. Il met ainsi en lumière la différence des vibrations plus spécialement moléculaires qui proviennent de la parole articulée, avec les vibrations plus sensibles qui naissent du son musical.

Au reste, la forme définitive de l'appareil n'est pas tout à fait celle qu'indique la figure. Ainsi fait, il est tellement sensible qu'un choc suffirait à le déclancher (¹).

Le crochet C, au lieu de la disposition indiquée ci-dessus, et qui est reproduite dans la figure de gauche du diagramme ci-contre (fig. 10), présente en réalité la disposition indiquée par la figure de droite du même diagramme. Il faut, pour qu'il se dégage, que les vibrations de la plaque R, qui est inclinée, le chassent en quelque sorte, ce qui a parfaitement lieu. De plus, entre autres modifications, l'aimant n'a qu'une bobine, l'autre bout, au lieu de bobine, porte la plaque R elle-même, dont les vibrations sont ainsi amplifiées. Tel qu'il est, l'appareil fonctionne très bien. Il est un peu délicat, peut-être, mais on ne pouvait sans doute rien chercher de bien robuste, étant donnée la faible amplitude des mouvements qu'il s'agissait d'utiliser. On lui a ajouté comme accessoire une sonnette électrique qui peut lui être facultativement adjointe, en sorte que si l'employé est obligé de quitter son bureau, il met ses signaux en circuit local avec la sonnerie, et si l'un des disques tombe il la fait partir, et, bien que hors de vue, l'agent est prévenu qu'on a appelé et vient voir qui demande la communication. Dans la pratique, on réunit ces signaux par six dans une boîte dont l'ensemble présente la forme de la figure 11.

Ainsi, grâce au joli appareil de M. Ader, l'abonné numéro 5 n'attendra pas indéfiniment, l'oreille à son téléphone. Un employé s'occupera sans délai de lui répondre. Mais nous ne sommes pas au bout de nos peines. Ce n'est pas avec l'employé que le numéro 5 veut s'entretenir, c'est avec un abonné de sa connaissance, qui

(¹) On a dû renoncer à l'emploi de cet appareil très-ingénieux, mais beaucoup trop délicat.

4

porte le numéro 9. Il faut prévenir ce correspondant, et enfin
les mettre en relation. Cette opération, si facile à énoncer, ne

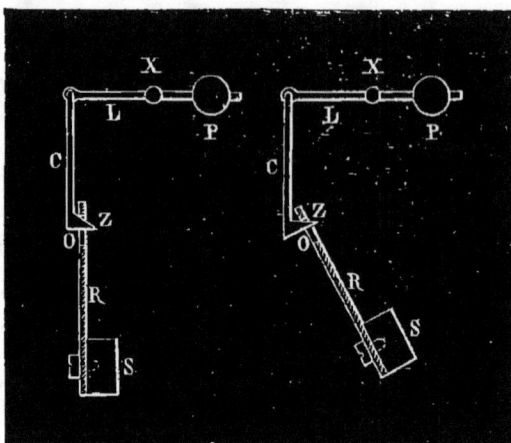

Fig. 10.

l'est pas tant à réaliser. Les difficultés augmentent en même
temps que le nombre des abonnés s'accroît. Voici comment ces
difficultés disparaissent dans le système de la Compagnie générale des téléphones.

On commence par diviser les abonnés en groupes de trente

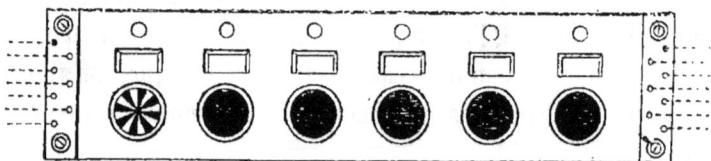

Fig. 11.

au plus. Dans chaque groupe sont réunies les personnes qui ont
entre elles les plus fréquentes relations. Un employé est spécialement attaché à chaque groupe. C'est évidemment une disposition rassurante, bien qu'elle puisse paraître dispendieuse.
Les systèmes américains ont des *switch-men* qui desservent de

nombreuses lignes, ce qui est sans doute plus économique, mais par contre offre moins de garanties.

L'employé chargé d'un groupe a devant lui un système de commutateur suisse semblable à celui qui est figuré ci-dessous. La figure 12 suppose qu'il n'y a que dix correspondants rattachés au système. En réalité, il y en a de vingt à trente. La partie supérieure au commutateur est une boîte renfermant autant de signaux du système Ader qu'il y a de lignes et portant leurs numéros ; les cercles sont les petites fenêtres où le disque d'appel se montre. Au-dessus est la sonnerie électrique, qui peut être rattachée au déclanchement et établir le court circuit d'un pile locale. Le commutateur I établit cette communication quand cela est utile. Mais notre employé est présent ; il a vu le signal fait par l'abonné numéro 5. Il se sert alors de la partie inférieure du système, le commutateur suisse. Comme on le voit, chaque abonné y est représenté par une bande de métal portant son numéro. Derrière la tablette de bois qui porte en dessus ces bandes verticales, d'autres bandes horizontales, figurées légèrement, croisent les premières sans les toucher ; mais il suffira d'enfoncer une cheville métallique dans un des trous de la bande de dessus pour la relier à la bande de dessous. Chaque bande a sa cheville. Pour le moment, elles sont toutes au bas du tableau sur la ligne marquée terre. L'employé détache la cheville du numéro 5, et, l'élevant d'un rang, il l'enfonce dans la bande 5 sur la ligne horizontale marquée *tél.*, ou téléphone. Il est alors en communication avec l'abonné numéro 5, et, prenant lui-même son instrument, figuré à droite, il demande : « Vous avez appelé, Monsieur ? A quel numéro désirez-vous parler ? — Au numéro 9, répond l'abonné. — Bien, Monsieur, je vais le prévenir. » L'employé, ayant effacé le signal du numéro 5, déplace maintenant la cheville de la bande 9 et la porte de la terre à la bande *tél.*, comme il avait fait pour le numéro 5. Il est alors en communication avec le second abonné, et, faisant retentir son signal, il l'appelle.

Si cet abonné n'est pas trop loin de son téléphone, cet appel suffira; sinon, s'il se fait beaucoup de bruit chez lui, il conviendra d'y établir un signal Ader, muni, s'il le faut, d'une sonnerie. Dans presque tous les cas, un signal téléphonique est suffisant. Par l'un ou l'autre moyen, l'abonné numéro 9 est pré-

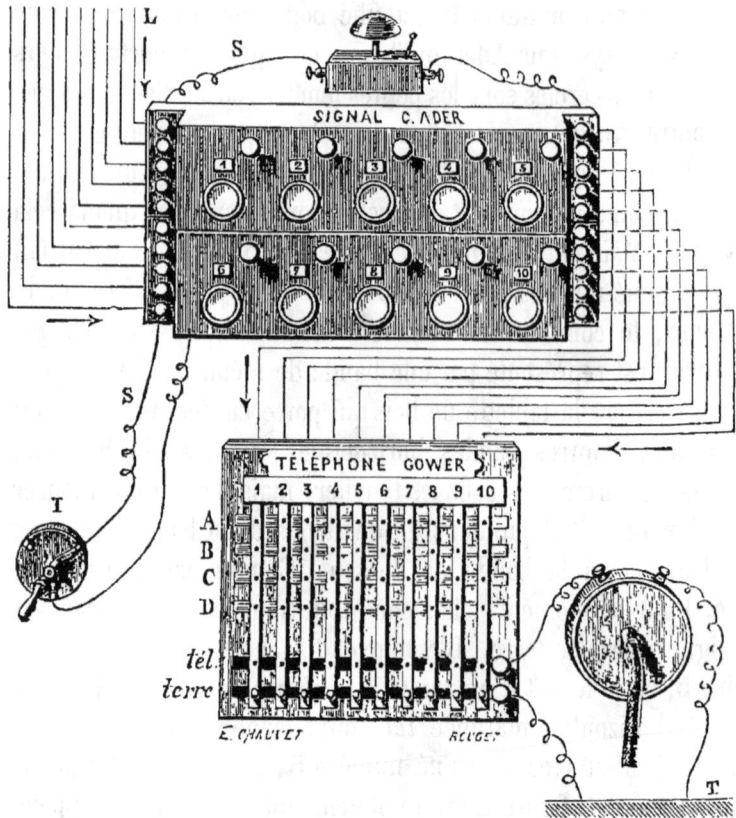

Fig. 12.

venu, il répond : « Qui m'appelle? — Monsieur, dit l'employé, le numéro 5 vous demande; je vous mets en communication avec lui. » Puis, revenant au numéro 5 : « Monsieur, dit-il, le numéro 9 a répondu : vous êtes en communication. » Prenant alors les deux chevilles des numéros 5 et 9, il les enfonce chacune sur sa ligne verticale dans une même ligne horizontale, la prémière, par exemple. A partir de ce moment, 5 et 9 communiquent ensemble, et le bureau central ne communique plus avec eux. Remarquez que les signaux des numéros 5 et 9 sont effacés au tableau d'appel, et que, la parole ne suffisant pas à les mettre en mouvement, ils resteront ainsi tant qu'on ne fera que parler. Lorsque les numéros 5 et 9 ont terminé, ils soufflent tous les deux. Leurs deux signaux apparaissent, ce qui montre à l'employé qu'ils n'ont plus besoin de leurs lignes; celui-ci ôte les chevilles, les remet à la ligne Terre, et l'opération est terminée.

On conçoit pourquoi le commutateur, à travers toutes ses lignes verticales, a reçu plusieurs lignes horizontales. Supposons, en effet, que pendant la conversation de 5 et 9, 3 et 7 veuillent aussi parler entre eux. Les chevilles de 5 et 9 sont sur la première ligne horizontale; si l'on y mettait aussi celles de 3 et 7, les quatre téléphones seraient réunis, ce qui amènerait la plus complète confusion. Mais en plaçant 3 et 7 sur une autre ligne, la seconde, par exemple, l'inconvénient disparaît. Aucune erreur n'est possible, toute ligne qui porte une cheville est occupée.

Toute cette description suppose que les correspondants sont dans le même groupe. S'ils n'y sont pas, l'opération, un peu plus compliquée, sera pourtant analogue. Reprenons. L'abonné 5 appelle et dit qu'il désire parler au numéro 83. L'employé ne l'a pas dans son groupe A qui ne va que jusqu'à 30; le second groupe B s'arrête à 60. C'est donc le groupe C qui contient le numéro demandé. L'employé du premier groupe répond qu'il va faire appeler le numéro 83; puis il choisit parmi les lignes horizontales de son commutateur placées vers le bas (elles ne sont pas figurées au dessin, mais elle seraient entre la ligne D et la ligne *tel.*) une ligne qui soit libre, par exemple la ligne horizontale 6, et il y place la cheville. Il prend alors une fiche, y inscrit ceci : « L'abonné 5, groupe A, ligne 6, demande abonné 83, groupe C », et l'envoie à l'employé du groupe C. Celui-ci appelle l'abonné 83, et, après sa réponse, place aussi sa cheville sur la ligne 6; puis il envoie la fiche à un troisième employé, chargé d'un commutateur spécial appelé grand commutateur. Celui-ci fait pour les groupes ce que les autres font pour les lignes. Au reçu de la fiche, il met en communication les groupes A et C, par la ligne 6, et les deux abonnés peuvent causer; quand ils ont fini, ils en donnent le signal, et on enlève toutes les fiches pour les remettre à la ligne terre.

Voilà sans doute un ensemble d'appareils et de dispositions qui offre toutes garanties. L'expérience seule peut nous apprendre s'il répondra à ce qu'on en attend.

On trouvera ci-contre, figure 13, une vue d'ensemble du bureau central qui contient ces appareils. On voit les petites cases où se trouvent les employés chargés de chaque groupe et les mécanismes qui lui appartiennent. Vers le fond est le grand commutateur.

Il y a en ce moment à Paris (¹) cinquante lignes en exercice, et la Compagnie générale des téléphones est en instance pour établir des lignes dans d'autres grands centres.

Alors qu'en France le service des communications téléphoniques se limite à Paris, en ce moment on compte actuellement dans le nouveau monde quatre-vingt-cinq villes qui se servent de ces installations. A Chicago, il y a 3000 abonnés, 600 à Philadelphie, autant à Cincinnati, un nombre sans cesse croissant à New-York, et le chiffre des personnes abonnées aux compagnies téléphoniques en Amérique dépasse 70000.

Voici comment fonctionne le service du téléphone à New-York (²).

Si nous pénétrons dans la grande salle du *Merchant's Telephone Exchange*, établi 198, Broadway, nous verrons une série de *switchmen* (fig. 14) occupés à établir les communica-

---

(¹) Avril 1880.
(²) Les informations et les figures relatives aux Compagnies téléphoniques américaines ont été empruntées au *Scientific american*.

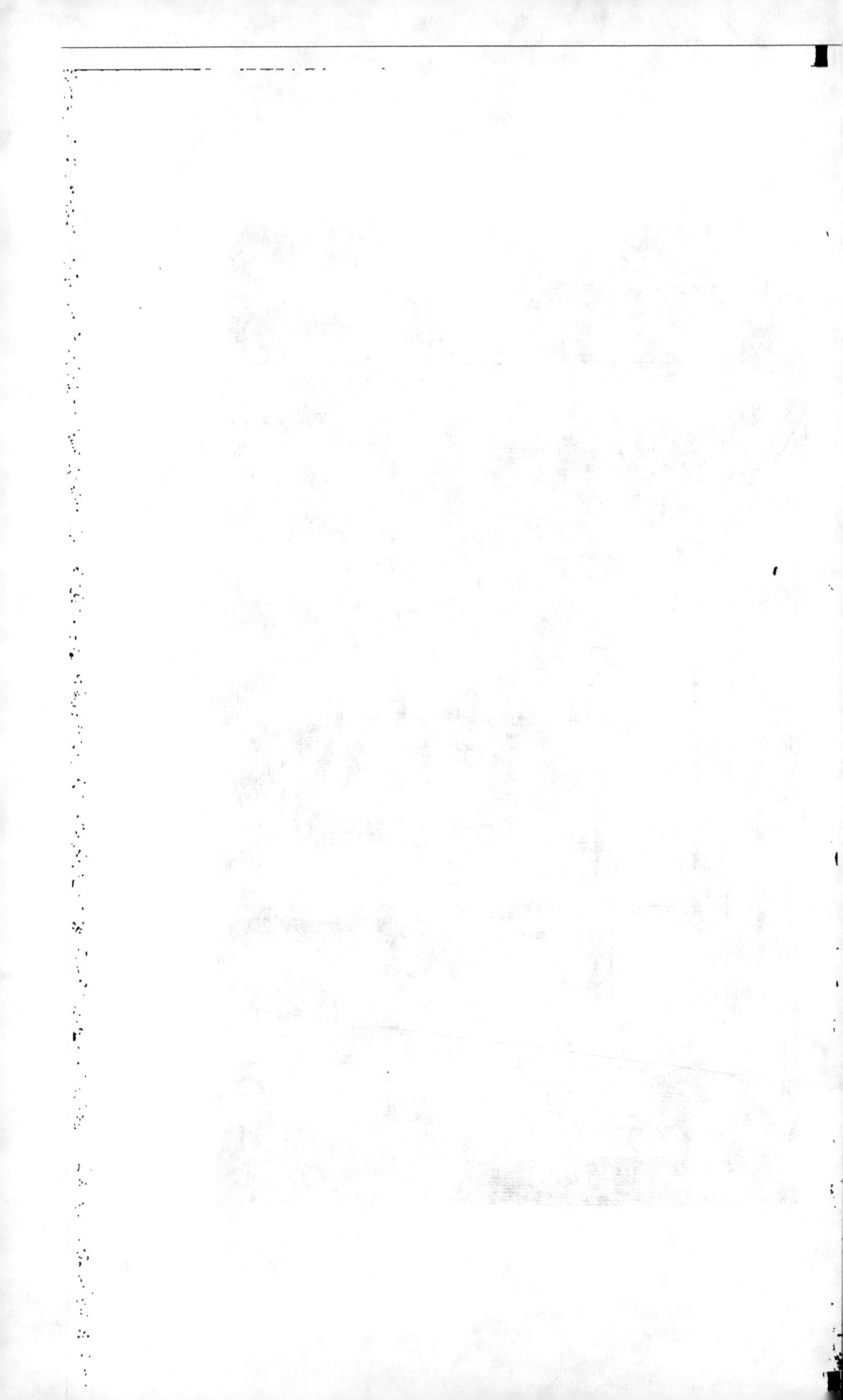

tions entre les abonnés. Là, c'est un *switchman* correspondant avec un des abonnés qui a appelé (fig. 15); plus loin, c'est un autre employé occupé à relever le signal d'avertissement (fig 17). Dans la ville, chez l'abonné, est le *téléphone de bureau*, tel

Fig. 15.

qu'on l'installe dans un grand nombre de maisons (fig. 16); ce modèle est commode pour les affaires, car il permet de parler dans l'embouchure placée à gauche, d'écouter avec le téléphone, qu'on décroche pour l'appliquer à son oreille, et en même temps de prendre des notes sur le pupitre avec la main restée libre.

Avant de suivre la série des opérations qui constituent un appel complet, examinons le système de téléphones employés dans le bureau de Broadway. Ce système appartient à la classe des *téléphones à pile*, ce qui permet d'utiliser ces piles pour faire les appels chez les abonnés, à l'aide de sonneries ordinaires, sonneries représentées sur le pupitre du *téléphone de bureau* (fig. 16).

Fig. 16.

Le transmetteur est le téléphone à charbon d'Edison, fondé sur les variations de résistance électrique produites par les variations de pression qu'exerce la plaque, lorsqu'on parle devant l'embouchure. Il en résulte des variations d'intensité du courant, suivant les inflexions de la voix dont les mouvements vibratoires sur la membrane traduisent fidèlement l'élévation ou l'abaissement du son. Le circuit est formé par la pile (deux

Fig. 14.

éléments au bichromate de potasse), le transmetteur et une petite bobine de Ruhmkorff sans trembleur. Il constitue le courant primaire de la bobine. La ligne et le récepteur de l'autre poste sont reliés au fil secondaire de la bobine, fil dont l'autre extrémité est reliée au récepteur du poste et à la terre. Il en résulte que les courants de ligne sont les courants *induits* par les variations d'intensité du courant qui traverse le fil primaire de la bobine. Cette disposition a pour effet de transformer en courants de tension les courants ondulatoires du transmetteur, de les rendre moins sensibles aux variations de résistance de la ligne, de faciliter les montages et de supprimer une partie des commutateurs, dont le maniement pourrait causer des erreurs.

Le récepteur est un téléphone Phelps, analogue au téléphone Bell, mais dont l'aimant est retourné en forme d'anneau ; ce qui rend son maniement très facile.

Dans la position de repos, ou *d'attente*, le téléphone est pendu à son crochet, et, par ce fait seul, il fait basculer une pièce formant commutateur, qui supprime toute la partie téléphonique du circuit pour n'y intercaler que la sonnerie. On est donc prêt pour un appel.

En prenant le téléphone à la main, la pièce, en basculant de nouveau, remet automatiquement toutes les communications sur *téléphone*.

Les téléphones des employés du poste central, parleur et récepteur, sont analogues à ceux des abonnés ; mais, pour faciliter le maniement de ces appareils, le parleur et le récepteur sont montés sur une même tige un peu recourbée qui sert de poignée, comme cela est représenté dans la figure 15 (page 57), et forme en même temps l'aimant du récepteur.

Nous allons pouvoir suivre maintenant toute la série des opérations. Supposons que l'abonné 411, que nous nommerons Édouard, veuille correspondre avec l'abonné 131, que nous appellerons Léon : Édouard, commence par appuyer plusieurs fois sur un petit bouton placé sur le côté droit du pupitre.

Comme le téléphone est suspendu, il en résulte que, dans cette position, le courant de la pile d'Édouard traverse la ligne et un petit électro-aimant placé au poste central ; l'électro-aimant, devenant actif, a pour effet de détacher, par déclanchement, un petit guichet (fig. 17), qui tombe avec un petit bruit sec suffisant pour appeler l'attention de l'employé, et fait apparaître le numéro 411. L'employé ainsi prévenu se met alors en communication avec Édouard. La conversation s'engage alors, en commençant par ce cri bizarre, mais, paraît-il, très commode : *Hallo ! hallo !*

Édouard demande à l'employé de le mettre en correspondance avec le numéro 131. Si ce numéro est libre en ce moment, l'employé appuie sur un bouton, après avoir relié le fil du 131 à ce bouton. La sonnerie de Léon fonctionne, et, lorsque Léon l'entend, il appuie à son tour sur son bouton de sonnerie ; ce qui a pour effet de faire tomber le guichet correspondant à son numéro. En mettant alors un fil de communication directe entre les deux barres horizontales qui correspondent aux fils de ligne d'Édouard et de Léon, la communication directe entre ces deux correspondants est établie. Si, à ce moment, on oblige l'employé à retirer son téléphone, la communication entre Édouard et Léon devient *secrète*. Si, pendant que Léon et Édouard sont en conversation, le numéro 42, que nous nommerons Jules, veut correspondre avec Léon, par exemple, l'employé peut se mêler à la conversation des deux interlocuteurs, comme le ferait un domestique venant annoncer un visiteur.

La personne interpellée par l'employé peut donc répondre tout de suite ou faire annoncer à Jules dans combien de temps elle sera à ses ordres. S'il n'y a aucun inconvénient à ce que la conversation se fasse entre Édouard, Léon et Jules, on peut, en avisant l'employé, établir immédiatement une communication simultanée entre ces trois personnes. Cette manœuvre équivaut au *Faites entrer* de la vie ordinaire.

Les communications téléphoniques, conçues et utilisées
comme nous venons de le décrire pour les deux systèmes, peuvent rendre les plus grands services ; car elles suppriment les
distances et établissent une note de *présence réelle* entre les

Fig. 17.

interlocuteurs, qui peuvent s'entendre comme s'ils étaient réunis
dans la même pièce, bien que séparés souvent par des distances
considérables.

Signalons encore quelques dispositions de détail fort ingé-
nieuses. Lorsque la conversation entre Édouard et Léon est terminée, ils accrochent chacun leur téléphone et appuient sur leurs
boutons. Il en résulte que le numéro de chacun réapparaît au
poste central. L'employé sait alors que la conversation est finie
entre les deux interlocuteurs. Il relève les guichets, supprime la
communication directe entre Léon et Édouard, et tout est prêt
pour un nouvel appel.

Dans les postes où il y a 500 à 600 abonnés, on doit disposer les numéros par ordre dans des tableaux renfermant chacun 50 à 100 guichets. On emploie alors des commutateurs spéciaux pour faire communiquer les séries entre elles.

À New-York, le bureau central ne fait pas moins de 6 000 communications par jour, et tout se passe à la plus grande satisfaction des clients. Le téléphone est devenu pour ceux-ci aussi indispensable que les omnibus ou les tramways pour nous.

Tous les mois, on distribue aux abonnés la liste des souscripteurs par ordre alphabétique et par professions. Les listes de Philadelphie sont imprimées sous forme de répertoire, et il n'y manque même pas le petit trou à œillet nécessaire pour les suspendre au-dessous du téléphone. À Chicago, la liste forme déjà un petit volume.

L'*American district Telegraph Company* a beaucoup étendu son service, et voici ce que l'on peut lire sur son dernier livre d'adresses. Nous traduisons *littéralement :*

AVIS AUX ABONNÉS

Un domestique en livrée sera à votre porte, trois minutes après votre appel, pour distribuer vos notes, invitations, circulaires, porter des petits paquets, etc..... accompagner une dame ou un enfant à un endroit quelconque ou pour aller les reprendre. Il ira chercher vos enfants à l'école; pendant un orage il apportera les ombrelles, les parapluies, etc..... à l'église ou ailleurs lorsque cela sera nécessaire; il ira chercher un médecin, une nourrice, un remède, un ami, une voiture, etc., *à toute heure.*

N'est-ce pas là l'esprit pratique poussé à ses dernières limites? La réalisation de ce qu'on annonce là n'a rien d'impossible, car les *télégraphes de district* sont si bien répartis sur la ville entière, qu'on n'est certainement jamais à plus de cinq minutes de distance d'un bureau. La même compagnie a installé aussi un service de *surveillance de gardes de nuit,* service dont on ne parlera en France que dans vingt ans peut-être. Mais tenons-nous-en pour le moment aux communications téléphoniques qui deviennent chaque jour un besoin plus pressant. Elles entreront rapidement dans nos usages, et tout porte à croire que leur nombre s'accroîtra rapidement.

CHAPITRE III

Historique. — Établissement des tubes. — Chariots. — Appareils et machines pour condenser ou raréfier l'air. — Utilisation de l'air comprimé. — Marche des trains. — Dérangements. — Service pendant un dérangement. — Sonnerie à air comprimé. — Réseau de Paris et de Berlin.

> Vers des terres nouvelles
> Par un doux vent portées
> Nos intimes pensées
> S'envolent. . . . .
> TH. DE BANVILLE,

Le premier envoi de dépêches par la pression de l'air fut fait, d'après l'abbé Moigno, par Ador, en 1852, dans le parc de Monceau. En 1854, M. Galy Cazalat en France, et M. L. Clark en Angleterre, prirent un brevet pour un système de transport de paquets et de lettres dans des étuis en fer-blanc. M. Clark établit, vers la même époque, au bureau télégraphique central de Londres (Telegraph-Street), quelques tubes de faible longueur dans lesquels il fit circuler des étuis dans les deux sens au moyen du vide.

En 1863, M. C.-F. Varley compléta cette installation en utilisant l'air comprimé pour l'envoi des étuis dans un sens, et l'air raréfié pour la transmission dans l'autre. M. Varley imagina, en outre, différents systèmes de valves que nous décrirons plus loin.

Enfin, MM. Siemens et Halske établirent à Berlin, en 1865, entre le bureau télégraphique et la Bourse, des tubes pneumatiques d'une disposition particulière. Deux tuyaux furent posés l'un à côté de l'autre et reliés à une de leurs extrémités de façon à former un circuit complet ; les deux extrémités libres aboutissant au bureau télégraphique furent mises en relation avec deux réservoirs, l'un d'air comprimé, l'autre d'air raréfié, alimentés par le travail non interrompu d'un piston à double effet mis en mouvement par une machine à vapeur. De cette façon, un courant d'air traverse continuellement les tubes dans une même direction, et l'un d'eux sert au transport des étuis dans un sens, et l'autre au transport en sens inverse. Le développement du circuit était alors de 1 866 mètres. Depuis 1865, un second circuit, d'un développement de 3 750 mètres, a été mis en service. Les bureaux qu'il dessert sont, outre le bureau télégraphique central, Potsdamer-Thor et Brandenburger-Thor. (V. le plan du réseau.)

Ce même système, modifié quant aux détails, fut appliqué à Londres en 1870.

Les tubes pneumatiques du système de M. Clark, modifié par M. Varley, ainsi que ceux de M. Siemens, fonctionnant maintenant en Angleterre, nous en donnerons plus loin une description détaillée.

A Paris ([1]), les tubes pneumatiques ont été mis en exploitation en mars 1867.

Les appareils installés au bureau de la rue Boissy-d'Anglas se composaient de trois cuves en tôle, dont une à eau, de sept mètres cubes de capacité, et deux à air de 5^{m3}.900. Des communications étaient établies à volonté entre ces trois cuves, et le tube par lequel étaient expédiés les télégrammes aboutissait, au moyen d'un tuyau muni d'un robinet, à une des cuves à air. A la cuve à eau étaient reliés un tuyau amenant l'eau de la ville, qui sert à comprimer l'air, et un tuyau de vidange. En admettant

([1]) Voir pour la description du système pneumatique de Paris, les *Annales télégraphiques*.

l'eau dans une des cuves jusqu'à ce qu'elle soit complètement remplie, on réduit le volume de l'air qui occupait les trois cuves de 18^{m3}.800 à 11^{m3}.800 ; la pression intérieure devient donc 1.6 atmosphères. L'air comprimé transporte les étuis dans un sens. Le mouvement en sens inverse peut se faire par le vide que l'on produit en laissant écouler l'eau introduite dans la cuve. Ce système est d'une disposition très simple ; mais il ne peut être appliqué que dans le cas où l'on a à sa disposition, et sans frais, de l'eau en quantité suffisante. En effet, ainsi que nous l'indiquerons dans la suite, les moteurs à eau utilisant toute la hauteur de chute ne peuvent être employés avantageusement dans les grandes villes où l'eau se vend à un prix assez élevé.

Or, dans le cas qui nous occupe, la pression que l'on obtient dans le réservoir est indépendante de la hauteur de chute. Le seul avantage que l'on recueille d'une grande hauteur motrice consiste dans la rapidité de l'écoulement de l'eau, d'où résulte l'augmentation du nombre des envois que l'on peut faire dans un temps donné. Dans le courant de l'année 1872, l'administration française a remplacé les cuves à eau servant à comprimer l'air par des moteurs à vapeur. (¹)

A Londres, les tubes pneumatiques aboutissent tous au bureau central des télégraphes où sont installées les machines motrices.

(¹) Les détails qui suivent ont été empruntés à un remarquable Rapport fait par M. Delarge, inspecteur des Télégraphes belges, à son administration, et à l'excellent travail de M. Ch. Bontemps, publié par les *Annales télégraphiques*. Le système employé maintenant sur le réseau pneumatique de Londres n'a pas changé, depuis la publication du Mémoire de M. Delarge, on l'a simplement étendu. A la date du 15 juillet 1879, il y avait vingt-quatre tubes pneumatiques entre la station centrale, et dix-sept des plus importants bureaux succursales de la Cité et du West-End, deux tubes étant affectés au service de quelques-uns de ces bureaux. Quelques Compagnies de câbles avec l'étranger sont aussi reliées à la station centrale par des tubes spéciaux.

Les tubes aboutissent à la galerie centrale, dont une partie est entièrement occupée par les appareils qui les desservent.

Les tubes les plus étendus sont ceux qui desservent les bureaux de la Chambre des communes, du West-Strand et de Lower Thames Street. Les

Le système primitif de M. Clark n'existe plus que dans une seule direction entre deux salles du bureau central, la *Provincial Gallery* et l'*Intelligence department*. Il se compose comme suit :

Un tuyau en plomb de 0^m.019 de diamètre relie ces deux bureaux. Les deux extrémités de ce tuyau sont mises à volonté en communication avec le réservoir de vide. Lorsqu'un des bureaux veut expédier un étui, il place celui-ci dans le tuyau, et il prévient l'autre bureau d'ouvrir son robinet de vide. La pression atmosphérique fait, dès lors, avancer l'étui. La manœuvre est identique pour le mouvement dans les deux sens. La demande d'ouverture du robinet est transmise au moyen d'un sifflet monté sur une des extrémités d'un tuyau de 0^m.012 de diamètre, qui s'étend d'un bureau à l'autre et que l'on fait communiquer avec le réservoir de vide par l'autre extrémité. Chaque bureau dispose d'un tube avertisseur.

Le système de M. Clark modifié par M. Varley est appliqué sur seize directions, dont une n'est pas en service. Sept de ces tubes sont munis de valves imaginées par M. Varley; les autres ont des valves d'une disposition plus simple, construites par M. Willmot. À part cette différence, la disposition est la même dans les deux cas; les tuyaux et les étuis sont identiques, et les mêmes machines servent pour toutes les directions.

Un seul tube est placé entre le bureau central et un quelconque des bureaux en relation (à moins que le trafic ne soit assez considérable pour exiger l'adjonction d'un deuxième appareil semblable au premier). Des étuis contenant les télégrammes à faire parvenir sont expédiés du bureau central au bureau extrême, au moyen du vide que l'on fait à ce dernier. Les valves de transmission et de réception ne se trouvent qu'au bureau central. Les tuyaux sont en plomb; ils ont 0^m.038 de diamètre dans certaines

premiers ont une longueur d'environ 4 kilomètres ; les étuis à dépêches mettent de 5 à 7 minutes à franchir ce parcours. Les derniers ont une longueur d'environ 3^k.200^m, et la durée de 4 minutes 1/2 à 5 minutes. Le trafic moyen journalier par ces tubes varie de 4 000 à 5 400 dépêches.

directions, et 0^m.057 dans d'autres. Leur épaisseur est de 0^m.005 dans le premier cas, et de 0^m.006 dans le second. Leur longueur est de 5^m.50. Deux tuyaux sont réunis bout à bout au moyen d'une soudure qui doit être faite avec le plus grand soin, afin d'éviter que la moindre aspérité ne se forme intérieurement à cet endroit. On introduit, à cette fin, dans les deux extrémités des tubes que l'on rapproche, un mandrin en acier que l'on a préalablement chauffé, et qui a exactement le diamètre de la conduite; on applique ensuite la soudure sur le joint. L'opération terminée, on retire le mandrin au moyen d'une chaîne à laquelle il est attaché.

Avant d'assembler les tuyaux, on amène ceux-ci au diamètre voulu en les faisant traverser par un mandrin en acier dont les bords antérieurs sont arrondis. Le mandrin est fixé à une chaîne qui passe sur un treuil. Avant cette opération, les tuyaux ont un diamètre un peu inférieur à celui du mandrin. Lorsqu'ils sont calibrés, afin de ne pas les déformer, on les transporte aux endroits où ils doivent être posés dans des caisses en bois ouvertes par le haut.

Ces tuyaux sont enfouis dans le sol à une profondeur de 0^m.60 environ. Ils sont ensuite protégés par un manchon en fonte d'un diamètre suffisant pour contenir les points de soudure. Ces tuyaux en fonte ont 0^m.005 d'épaisseur, et sont assemblés par emboîtement avec fermeture au chanvre recouvert de plomb. Le petit rayon que l'on donne généralement aux courbes des tuyaux est de 2^m.44. Dans les courbes, les tuyaux en fonte sont faits de deux pièces; la partie supérieure est fixée, après le placement des tuyaux en plomb, au moyen de boulons qui traversent les collets des deux parties.

Aucun réservoir d'eau n'est placé sur la conduite; le peu d'humidité qui est entraînée par l'air comprimé est absorbé par le feutre qui recouvre les étuis. On emploie d'ailleurs, de distance en distance, des puisards semblables à ceux décrits figure 26, page 83.

Les étuis sont en gutta-percha (fig. 18); ils ont 0^m.004 d'é-
paisseur et 0^m.145 de longueur totale; le diamètre extérieur du
cylindre de gutta-percha est de 0^m.037 pour les tuyaux de
0^m.057. La partie antérieure de l'étui est plus épaisse, afin de
résister au choc qui se produit à l'arrivée. Une bande élastique
de 0^m.015 de largeur entoure l'étui dans le sens de sa longueur,
et en recouvre partiellement l'extrémité ouverte, de façon à empêcher que les télégrammes ne s'échappent pendant le transport.
Une enveloppe de feutre ordinaire, recouvrant le tout, empêche
que, par le frottement direct contre les parois du tuyau, la gutta-percha ne s'échauffe et ne se ramollisse. Cette enveloppe a la forme
d'un entonnoir à l'extrémité ouverte, afin que, par l'effet de la

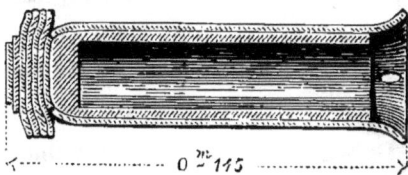

Fig. 18.

pression de l'air, le feutre soit comprimé contre les parois du
tube et forme obturateur. Une série de rondelles de feutre appliquées contre l'extrémité antérieure de l'étui tendent aussi à
former piston, et protègent la gutta-percha contre les effets des
chocs.

Ces étuis ont une très grande durée. Après deux mois de service, on renouvelle ordinairement l'enveloppe de feutre et l'élastique. Les frais sont de 0^f.20 pour le feutre, 0^f.20 pour l'élastique, et 0^f.20 de main-d'œuvre.

Nous décrirons maintenant les valves spéciales qui servent à
l'expédition et à la réception des étuis.

Valves de M. Varley. — Ces valves sont représentées dans
les figures 19, 20 et 21 ci-contre; elles fonctionnent de la manière suivante :

Lorsqu'il s'agit de recevoir un étui d'un bureau correspondant, on appuie sur le bouton B (fig. 21) : une soupape placée dans la boîte V s'ouvre et met le réservoir de vide en communication avec les cylindres C et D, par l'intermédiaire des tuyaux h et j; par l'effet de la pression atmosphérique, le piston du cylindre s'abaisse et ferme hermétiquement le couvercle de la boîte E. Ce couvercle est formé d'une glace portée par un encadrement en cuivre, lequel est garni de caoutchouc sur ses bords. En même temps, le piston du cylindre D se lève et est maintenu à la partie extrême de sa course par l'arrêt a de sa tige, qui vient reposer sur la saillie de la pièce t, laquelle pièce oscille autour de son extrémité supérieure et est pressée par un ressort en acier contre la tige du piston. Le mouvement de cette tige ouvre une valve qui met le cylindre H en communication avec le réservoir de vide. Dès ce moment, le vide se fait dans la boîte E en communication avec le cylindre H, et la conduite souterraine aboutissant par le tuyau S à la boîte E. L'étui qui a été placé préalablement à l'extrémité de cette conduite est dès lors attiré vers la boîte E, et à son arrivée dans celle-ci, il coupe lui-même, de la manière suivante, les communications avec le réservoir de vide.

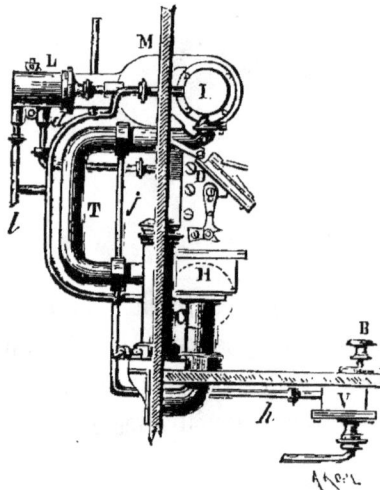

Fig. 19.

En butant contre la rondelle de caoutchouc r, figurée en traits pointillés, il ouvre, par sa force vive, une valve qui fait communiquer E et I; le vide se fait dans la boîte I et dans le cylindre K qui sont réunis par le tuyau g; le piston de ce cylindre est poussé en arrière, et sa tige, agissant sur le levier à charnière *p*, fait glisser la tringle *q*, laquelle écarte la pièce *t* de l'arrêt *a*. Comme le vide n'agit plus au-dessus du piston du cylindre D, ce piston retombe par son poids, et ferme la communication avec le réservoir de vide. En même temps, le clapet *v* ayant été ouvert par le mouvement du levier *p*, l'air atmosphérique pénètre dans le cylindre H et dans la conduite souterraine; à ce moment, le couvercle de la boîte E, qui était maintenu fermé par la pression

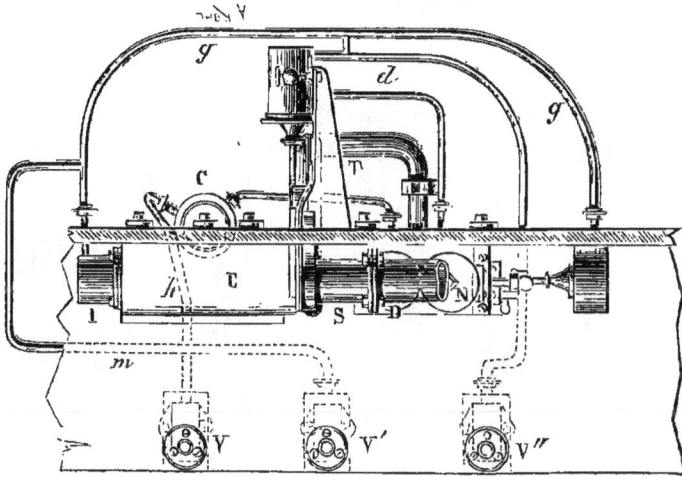

Fig. 20.

atmosphérique sur sa surface, tombe par son propre poids. L'appareil se trouve dès lors dans les conditions normales, prêt à fonctionner de nouveau.

Pour expédier un étui, on place celui-ci dans le tuyau S, et on presse ensuite le bouton B : l'air comprimé se rend dans le cylindre L (fig. 19) par le tuyau *l* et en fait avancer le piston; celui-ci ferme la valve M, qui bouche, dans cette position, l'extrémité de la conduite souterraine. Lorsque le piston a dépassé l'orifice *b* du tuyau *d*, l'air comprimé se rend par ce tuyau *d* dans le cylindre N, le piston de ce cylindre est poussé au bas de sa course (fig. 20 e 21), et est maintenu dans cette position d'une

façon analogue à celle que nous avons indiquée plus haut pour
le cylindre D ; l'air comprimé se précipite dans le cylindre H et
dans la conduite souterraine, et l'étui est chassé à l'extrémité de
celle-ci. A son arrivée, l'agent préposé au service avise le bureau
central, au moyen d'une sonnette électrique ordinaire. Alors, à ce
dernier bureau, l'opérateur appuie sur le bouton B' ; le réservoir
de vide est mis en communication avec les cylindres L et K par
les tuyaux m et g, le piston du cylindre L ouvre la valve M, et
le piston du cylindre K, en dégageant, comme nous l'avons vu,

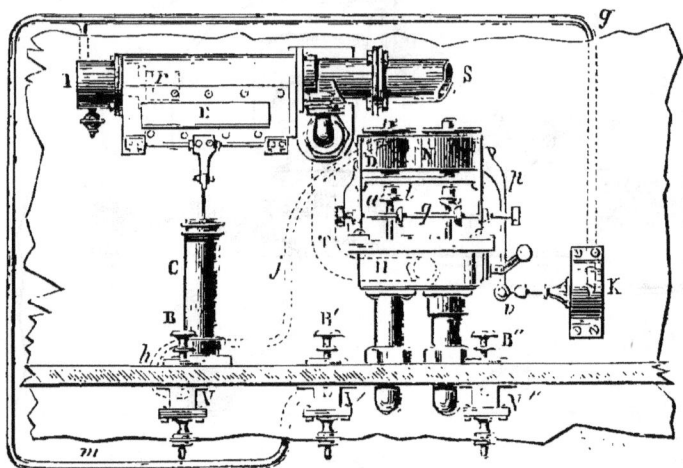

Fig. 21.

la tige du piston du cylindre N, ferme la soupape d'entrée de
l'air comprimé, et ouvre en même temps la valve v. La pression
atmosphérique se rétablit alors dans la conduite souterraine.

Ces appareils fonctionnent avec beaucoup de régularité, mais
ils sont compliqués et coûtent 1 500 francs. M. Willmot a sim-
plifié la disposition de ces valves. Les appareils de son système
fonctionnent à Londres sur presque toutes les nouvelles installations. Les figures 22 et 23 représentent la disposition de ces
valves. T est le tuyau qui forme le prolongement de la conduite
souterraine.

Pour recevoir un étui, on bouche l'extrémité inférieure de ce tuyau en relevant le clapet à charnière C, lequel est garni de caoutchouc ; puis, on tourne le robinet V, qui fait communiquer le réservoir de vide avec le tuyau S et la conduite T ; le vide se produit dans celle-ci, le clapet est maintenu fermé par la pression atmosphérique et l'étui est attiré. A son arrivée, en vertu de la force vive qu'il possède, il ouvre le clapet C ; le choc qui se

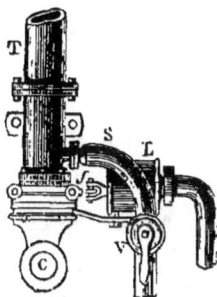 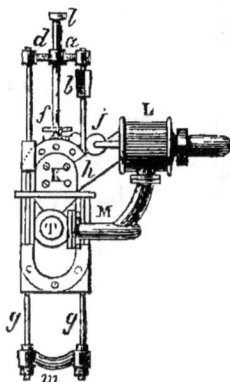

Fig. 22.   Fig. 23.

produit détruisant sa vitesse, il reste attiré par la pression atmosphérique contre l'ouverture O du tube S. Dès que l'agent préposé à la manœuvre voit tomber le clapet C, il ferme le robinet V, et alors l'étui, n'étant plus maintenu par la pression extérieure, tombe hors du tuyau T par son propre poids.

L'envoi d'un étui se fait de la manière suivante (Fig. 23) :

On place celui-ci dans le tuyau T, et on tire à la main, par la manette M, la glissière formée par les tiges g et la traverse d ; les tiges g, qui sont fixées invariablement à la traverse d, glissent dans leur support ; la traverse d vient buter contre l'arrêt f que porte la tige b, et entraîne cette dernière dans son mouvement ; l'obturateur K, fixé à l'extrémité de cette tige b, vient alors fermer l'extrémité du tube T. Dès que cette fermeture est complète, le plan incliné h, fixé sur une des tiges g, rencontre le galet j, et, en le repoussant, ouvre une valve placée à l'intérieur du cylindre L, et établit ainsi une relation entre le réservoir d'air comprimé et les tuyaux M et T. L'étui s'avance alors dans la conduite souterraine, et, lorsque son arrivée est annoncée par le tintement de la sonnette électrique, on repousse la glissière dans sa position normale.

Si la tige *b* était reliée invariablement à la traverse *d*, il faudrait un certain effort pour repousser la glissière, à cause du frottement qu'engendrerait l'excès de pression sur la face supérieure de l'obturateur K. C'est pour obvier à cet inconvénient que l'on fait glisser la tige *b* dans la traverse *d*, entre les limites correspondantes aux arrêts *f* et *l*. L'arrêt *f* fonctionne comme nous l'avons dit : l'arrêt *l* sert lorsque l'on repousse la glissière ; alors les tiges *g* et la traverse *d* glissent d'abord seules, et la tige *b* reste immobile ; pendant ce temps, le plan incliné *h* quitte le galet *j*, et l'air comprimé cesse de pénétrer dans le tuyau T ; alors la traverse *d* rencontre l'arrêt *l*, et la tige *b* entraîne l'obturateur K avec la plus grande facilité.

La plupart des pièces qui composent ces valves sont en laiton. Ces pièces sont fixées contre deux fortes planches (fig. 19, 20 et 21), dont une verticale et l'autre horizontale. Cette dernière forme tablette et reçoit les étuis à expédier et ceux arrivés des bureaux correspondants.

Dans tous les bureaux extrêmes, l'arrangement est le même, quel que soit le système de valves. L'extrémité de la conduite souterraine débouche dans une boîte en bois, de forme cubique, de $0^m.35$ de côté. La face antérieure est munie d'une porte avec panneau en verre, basculant autour de deux charnières, fixée à l'arête horizontale supérieure, et s'ouvrant de dehors en dedans.

Cette caisse repose sur une autre de dimensions plus fortes, doublée intérieurement en plomb. Un tuyau en plomb, communiquant avec les égouts de la ville, aboutit à la partie inférieure de cette caisse. Une grille en fonte, placée dans le panneau qui sépare les deux caisses, permet à l'air de passer d'un compartiment à l'autre et s'oppose à ce que les étuis tombent dans le réservoir inférieur.

Lorsqu'on veut expédier un étui, on le place dans l'extrémité du tube et on prévient le bureau central de faire le vide.

Lorsqu'on reçoit un étui, l'air que celui-ci chasse devant lui ferme le couvercle de la boîte et s'échappe à travers la grille, sans incommoder l'opérateur.

La communication avec les égouts est, en outre, nécessaire pour évacuer l'eau que l'on foule dans les tubes, dans le but d'expulser les étuis qui s'y sont arrêtés accidentellement. Ce cas est extrêmement rare; mais des dispositions spéciales doivent néanmoins être prises pour faire disparaître cette entrave au travail. A cette fin, au bureau central, un tuyau amène les eaux de la ville jusque dans la salle des appareils. Lorsque le tube est bouché par un étui, on le remplit d'eau et on fait ensuite agir l'air comprimé à la plus forte pression que l'on puisse obtenir. Les tubes pneumatiques aboutissant aux étages supérieurs, la pression de la colonne d'eau s'ajoute à celle de l'air comprimé; ce moyen est toujours efficace.

Nous avons dit que les signaux nécessaires à la manœuvre des tubes sont transmis au moyen de sonnettes électriques. Ces sonnettes n'offrent rien de particulier, sauf qu'au lieu d'être à mouvement de trembleur, elles ne donnent qu'un coup de marteau par chaque envoi de courant. A chaque réception d'un signal, un disque tombe en face d'une ouverture ménagée dans la boîte de la sonnette, et reste dans cette position tant qu'on ne le relève pas à la main.

Des réservoirs en tôle servent à emmagasiner l'air comprimé et l'air raréfié, afin que les variations de pression, à chaque envoi d'un étui, ne soient pas sensibles.

Pour l'air comprimé, les dimensions des réservoirs sont les suivantes :

1º Un réservoir cylindrique à base circulaire, de 2m.59 de diamètre, et de 3m.40 de hauteur, son volume est de 17m³.884

2° Un réservoir de même forme et de même section, mais de 2m.74 seulement de hauteur; son volume est de 12m³.412.

Le volume total est de 30m³.296.

Ces réservoirs sont fixes et munis d'un robinet de vidange placé à la partie inférieure. On laisse écouler, chaque nuit, l'eau qui s'est déposée par l'effet de la compression.

Les réservoirs d'air raréfié sont aussi au nombre de deux : l'un a un volume de 17m³.884, et l'autre de 4m³.453; le volume total est de 22m³.337.

La première machine à vapeur qui a été installée pour le service des tubes du système de M. Clark est une machine horizontale à détente, de la force de 28 chevaux. Le diamètre du cylindre est de 0m.42, la course totale de 0m.762; la détente commence aux deux tiers de la course; la pression maximum de 2k.81 par centimètre carré, et la pression dans le condensateur de 0k.49; le nombre de coups doubles par minute est de 48.

La force théorique de cette machine en chevaux-vapeur est de 40 chevaux.

Le travail utile dont la machine est capable n'est que d'environ 25.20 chevaux.

Le cylindre soufflant se trouve dans le prolongement du cylindre à vapeur. Il est à double effet et à clapets ordinaires (fig. 24); en outre, la compression de l'air se fait d'un côté du

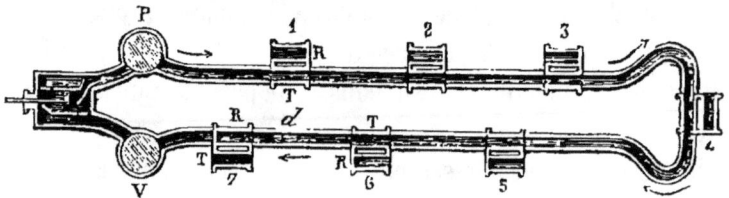

Fig. 24.

piston, et le vide de l'autre côté. Cet arrangement simplifie l'installation, puisqu'il n'exige qu'un seul cylindre, mais il diminue l'effet utile. En effet, lorsque le piston, arrivé au bout de sa course, revient sur ses pas, l'air comprimé contenu dans l'espace nuisible se dilate et le piston doit faire un certain trajet avant que cet air ne passe de la pression correspondante à la pression atmosphérique à celle du réservoir de vide. Le travail dépensé pour cette détente est en partie perdu, si on le compare à celui qui serait nécessaire avec deux cylindres, l'un pour la compression, l'autre pour la raréfaction de l'air.

Une petite machine, mise en mouvement par les eaux de la ville, de la force de 4 chevaux environ, est installée à côté des machines à vapeur. Elle ne peut servir que s'il s'agit de mettre quelques tubes en service, pendant la nuit, à la suite d'une affluence non prévue.

Elle se compose de deux cylindres horizontaux, attaquant un axe coudé horizontal, muni de deux volants, qui transmet, au moyen d'une bielle, le mouvement au piston du cylindre compresseur. Chaque cylindre est muni d'un tiroir de distribution de vapeur. La pression de l'eau est de $2^k.52$ par centimètre carré.

L'eau de la ville ne peut être avantageusement utilisée, à Londres, comme moteur usuel, à cause du prix élevé auquel elle se débite. Le tarif est de 1 fr. 25 c. pour $4^{m3}.54$, soit 0 fr. 27 c. par mètre cube. La hauteur de charge étant de $25^m.20$, le travail théorique d'un mètre cube d'eau est de 25 200 kilogrammètres. Pour produire le même travail qu'une machine de 40 chevaux, il faudrait donc, par heure, un débit de 428 mètres cubes d'eau, qui, à 0 fr. 27 c. le mètre cube, feraient une dépense de 115 fr. 56 c. à l'heure.

Or, une machine à vapeur de 40 chevaux, construite dans les conditions économiques les plus défavorables, c'est-à-dire sans détente ni condensation, ne consommerait que 200 kilogrammes de charbon environ par heure, ce qui représente une valeur de 2 francs. L'entretien et la surveillance des chaudières à vapeur occasionnent des frais qui doivent être ajoutés à la consommation du charbon ; mais ils sont tout à fait insignifiants en comparaison de ceux qu'entraînerait l'emploi de l'eau.

Les chaudières à vapeur de la station centrale, à Londres, sont placées dans les caves, à côté des machines. Deux sont à foyer intérieur; leur diamètre est de 1^m.52, le diamètre du tube 1^m.11 et la longueur totale 4^m.90. La grille a 1^m.52 de longueur. La troisième chaudière est tubulaire et verticale ; elle a 1^m.83 de diamètre et 2^m.14 de hauteur totale. Six tubes sont placés à l'intérieur. La pression maxima de la vapeur est de 2^k.81 par centimètre carré.

MM. Siemens ont employé avec succès un appareil à faire le vide, qui est fondé sur le même principe que le tirage obtenu dans les locomotives, en lançant un jet de vapeur dans la boîte à fumée. Un jet de vapeur dirigé dans un tuyau d'une forme convenable, en communication avec la conduite souterraine, entraîne l'air de ce tuyau et fait le vide dans la conduite. L'effet utile dépend de la section de l'orifice d'échappement de la vapeur, de la longueur et de la section du tuyau où se fait le mélange d'air et de vapeur, et de la tension de celle-ci. MM. Siemens ont trouvé que cet aspirateur permettait d'obtenir le vide correspondant à une colonne de mercure de 0^m.58 avec moins de dépense de vapeur que si on employait une machine à piston. D'après MM. Siemens, les frais d'achat et d'entretien seraient environ vingt fois moindres que ceux d'une machine ordinaire. Outre cet avantage, cet appareil se distingue par sa simplicité; son installation n'exige qu'un espace restreint, la surveillance et les réparations en sont des plus faciles.

Nous allons décrire maintenant les tubes du système de MM. Siemens :

Ainsi que nous l'avons dit plus haut (page 78), deux tubes ormant un circuit complet sont posés entre les deux bureaux extrêmes qu'il s'agit de desservir (fig. 24).

Des bureaux intermédiaires peuvent être intercalés dans ce circuit. Un courant d'air circule continuellement à travers les tubes dans la direction indiquée par les flèches. Pour expédier un étui d'un point quelconque de la ligne, il suffit de l'introduire dans la conduite au moyen des valves spéciales que nous décrirons ; le bureau auquel cet étui est destiné, étant prévenu par un signal électrique, arrête l'étui à son passage au moyen de ces valves.

Si aucun des bureaux intermédiaires n'interceptait le passage d'un étui envoyé par le bureau central, cet étui reviendrait à ce bureau, après avoir parcouru toute la conduite.

Au lieu d'avertir chaque bureau en particulier, lorsqu'un étui lui est adressé, on pourrait fixer d'avance les moments précis où chacun d'eux devrait placer sa valve dans la position de réception. Cette répartition devrait être faite de façon qu'il n'y eût pas de retard par suite de l'insuffisance du nombre des envois, ou par la rentrée inopportune dans le circuit de certains bureaux.

Plusieurs circuits semblables (fig. 25), comprenant chacun un nombre plus ou moins élevé de bureaux intermédiaires, peuvent aboutir par leurs extré-mités au bureau pourvu de machines. La force de celles-ci dépend, toutes choses égales d'ailleurs, de la longueur totale des tubes à des-servir.

Les extrémités de chaque circuit sont en communication permanente, l'une avec un réservoir d'air comprimé,

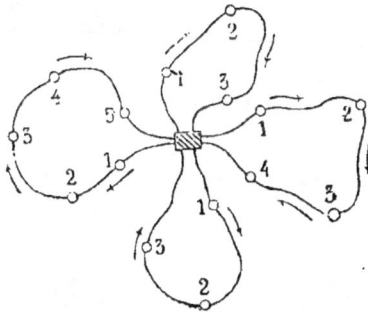

Fig. 25.

l'autre avec un réservoir d'air raréfié. La vitesse de transmission que l'on obtient par cette disposition est évidemment plus grande que celle que l'on aurait si l'on employait isolément le vide ou l'air comprimé.

Il est à remarquer que la pression intérieure de l'air varie en chaque point de la conduite. Lorsque aucun étui ne circule, cette pression, qui est à son maximum près du réservoir d'air comprimé, va en décroissant avec la longueur du tube, passe par zéro, et acquiert ensuite des valeurs négatives représentant la dépression, laquelle est d'autant plus forte que l'on se rapproche davantage du réservoir de vide. La position du point où la pression est nulle varie avec les degrés relatifs de la pression et du vide et avec les sinuosités qui existent dans la conduite, celles-ci ayant pour effet de modifier le frottement. La conséquence de ceci est que la vitesse du courant d'air varie en chaque point. En effet, la même quantité d'air, en poids, devant passer en un temps donné par toutes les sections, les volumes et par conséquent les vitesses sont, d'après la loi de Mariotte, en raison inverse de la densité.

Nous avons dit que les mêmes réservoirs et les mêmes machines servent pour les tubes du système Siemens et pour ceux du système Clark. Comme nous en avons donné un aperçu plus haut, nous n'avons plus à y revenir. Nous ajouterons seulement que l'aspirateur de MM. Siemens ayant été adopté définitivement sur une portion du réseau, un de ces appareils a été installé à chacun des deux bureaux extrêmes, et le circuit divisé en deux lignes séparées et parallèles, traversées par des courants d'air de sens contraire, produits par aspiration seulement. L'emploi de l'air comprimé a été supprimé.

Les tuyaux qui forment la conduite sont en fer forgé. Ils ont 0^m.076 de diamètre intérieur, 0^m.004 d'épaisseur et 5^m.70 de longueur. Ils sont alésés à l'intérieur. Leur assemblage se fait au moyen de manchons en fonte, dont la partie cylindrique intérieure est alésée, afin que les deux extrémités des tuyaux s'adaptent exactement l'une contre l'autre. La liaison est complétée par un bourrage au chanvre et au plomb. Les changements de direction se font à l'aide de tuyaux courbes, dont le rayon minimum est de 3^m.66.

Les tuyaux sont enfouis dans le sol à une profondeur de 0^m.30 environ. Ils sont disposés en pente vers des puisards placés de distance en distance, destinés à recueillir l'eau qui se condense dans les tuyaux. Ces puisards se composent d'une caisse en fonte (fig. 26) terminée par un tuyau de même diamètre que ceux de

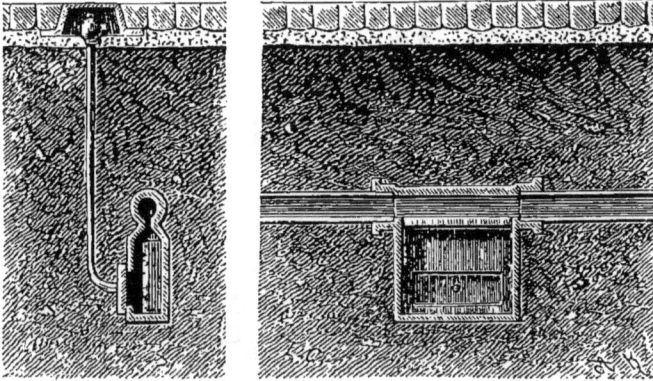

Fig. 26.

la conduite : un tube, fermé par un écrou à la partie supérieure, communiquant avec la boîte et aboutissant dans une petite caisse en fonte placée au niveau de la chaussée, permet d'évacuer l'eau à volonté.

Les étuis sont analogues à ceux employés pour les tubes du système Clark ; ils diffèrent de ceux-ci par leurs dimensions, qui sont plus fortes ; en outre, ils sont munis d'un couvercle en gutta-percha qui est maintenu par une bande élastique, et une deuxième enveloppe de feutre, terminée en entonnoir, est ajoutée à l'extrémité de l'étui.

Les valves de réception et de transmission sont représentées figures 27, 28, 29 et 30. Ainsi qu'on peut le voir sur le croquis figure 29, chacun des tuyaux formant la conduite est muni d'une valve complète. Celle-ci se compose simplement de deux bouts de tuyau T et R, de même diamètre intérieur que la conduite, portés par un châssis mobile autour d'un axe A. On intercale à volonté, selon qu'il s'agit d'expédier ou de recevoir, l'un ou l'autre de ces tuyaux dans la conduite, laquelle est interrompue à cet endroit.

Le tuyau T étant creux sur toute sur sa longueur, il suffit, pour expédier un étui, d'y placer celui-ci et d'amener ce tuyau T dans le prolongement de la conduite, en appuyant vivement sur la poignée *p;* le courant d'air entraîne immédiatement l'étui dès que cette position, représentée en pointillés (fig. 29), est obtenue.

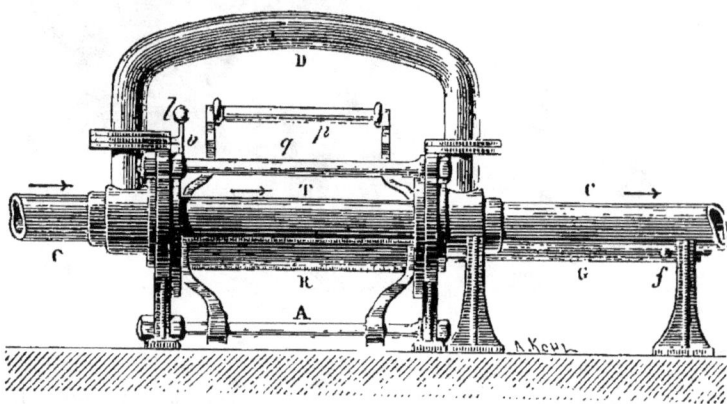

Fig. 27.

La position de réception est celle tracée en traits pleins dans la même figure et représentée figure 30. Le tuyau R, qui se trouve alors dans le prolongement de la conduite, est muni, à une de ses extrémités, d'un fond percé de petites ouvertures. En

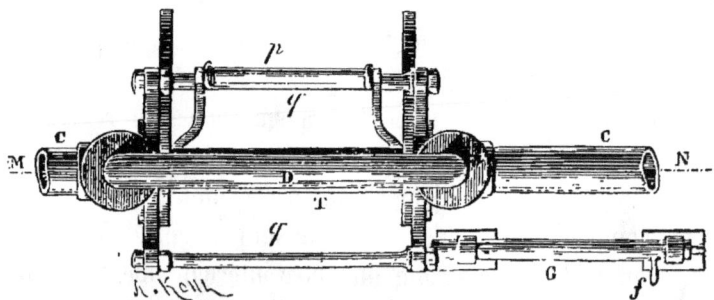

Fig. 28.

arrivant dans ce tuyau, l'étui comprime l'air qui s'y trouve et perd insensiblement sa vitesse ; l'air comprimé, s'échappant par

les orifices du fond, n'acquiert pas une tension suffisante pour
rejeter l'étui en arrière, en vertu de son élasticité. L'étui arrivé
dans le tuyau R intercepte le passage du courant d'air dans
ce même tuyau. C'est l'un des avantages du système Siemens,

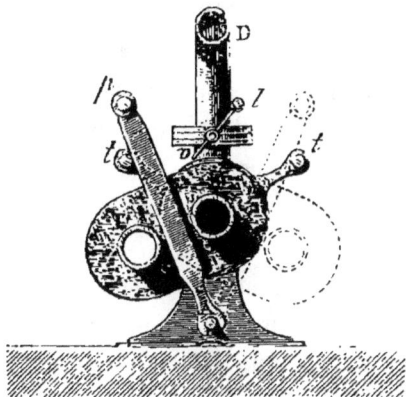

Fig. 29.

qui permet d'expédier simultanément des étuis en des points
différents du circuit. Un tuyau de dérivation D facilite la circu-

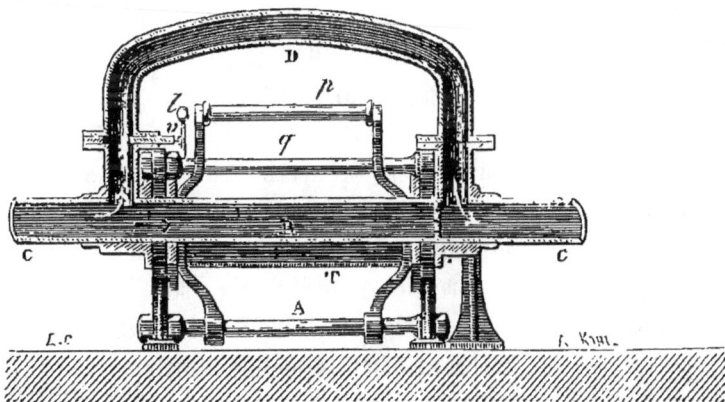

Fig. 30.

lation de l'air. Une petite valve *v*, qui est manœuvrée par le levier *l* et les taquets *t* que porte le châssis mobile, s'ouvre lorsque celui-ci est dans la position de réception, et se ferme lorsqu'on
expédie un étui.

Deux tringles fixes q, en fer, limitent le mouvement de rotation du châssis, et relient d'une façon invariable les deux parties fixes de l'appareil.

Les surfaces de contact des parties fixes et mobiles sont planes et doivent s'adapter parfaitement, pour qu'il n'y ait ni perte ni rentrée d'air. Pour faciliter la manœuvre, une pédale, que l'on presse en même temps que l'on tire la poignée p, peut être ajoutée à l'appareil. Cette pédale n'est pas représentée dans les dessins. La boîte de réception R est, sur une partie de sa longueur, munie d'un couvercle plat, en verre, que l'on peut enlever au besoin pour retirer les étuis. L'apprenti chargé de la manœuvre s'aperçoit donc immédiatement de l'arrivée de ceux-ci. Alors il tire à lui le châssis mobile et fait pénétrer dans la boîte R, en poussant la poignée f (fig. 27 et 28), une tige qui glisse dans le guide G : l'étui est ainsi expulsé de la boîte R.

Lorsqu'un étui doit traverser un bureau sans y être arrêté, l'apprenti, ayant été informé de sa destination par un signal électrique, place le châssis mobile dans la position de transmission; en passant, l'étui presse une lame formant ressort, placée à l'intérieur du tuyau T et reliée à une petite tige qui traverse ce même tuyau; cette tige, en frappant contre un timbre, avertit du passage de l'étui.

Les valves que nous venons de décrire sont celles des bureaux intermédiaires. Dans ces bureaux, chacun des tubes sert à la transmission dans un sens et à la réception dans l'autre. Au bureau central, l'extrémité d'un des tubes sert uniquement à la transmission et l'autre à la réception. A ce bureau, les bouts de tuyaux que porte chaque châssis mobile peuvent donc être tous deux, ainsi que l'indique la figure 30, disposés pour la réception ou pour la transmission. A l'autre bureau extrême, une seule valve complète suffit.

Le système de MM. Siemens ne fonctionne, dans le Royaume-Uni, que depuis 1870. Il dessert à Londres le bureau central, la Cité, Charing-Cross, Temple-Bar et le Parlement.

Le courant d'air ayant une direction opposée dans les deux tubes qui traversent chaque bureau intermédiaire, la disposition peut être assimilée à celle d'un chemin de fer à double voie. Cette relation a fait adopter par l'administration des lignes télégraphiques, pour la transmission des signaux nécessaires à la manœuvre des valves, l'appareil électrique de M. Tyer, qui fonctionne sur un grand nombre de lignes de chemins de fer du Royaume-Uni, comme élément de sécurité pour la marche des trains. L'appareil complet qui se trouve à la station centrale, laquelle n'est en relation qu'avec un seul bureau, se compose d'une sonnette électrique, d'une caisse contenant les électro-aimants et les deux manipulateurs qui commandent les aiguilles, et d'un manipulateur spécial mettant en mouvement la sonnette du correspondant (fig. 31). L'aiguille supérieure est peinte en noir et l'inférieure en rouge. Un seul fil de ligne suffit pour la transmission des divers signaux. L'aiguille noire ne peut être mise en mouvement que par le correspondant; elle indique les signaux reçus; l'aiguille rouge répète les signaux envoyés, de façon que l'opérateur contrôle lui-même sa transmission.

L'armature des électro-aimants est une pièce d'acier ou de fer doux polarisée par un aimant; l'aiguille extérieure, à laquelle elle est reliée, dévie à droite ou à gauche, selon que l'on envoie un courant positif ou négatif, en appuyant sur l'un ou sur l'autre des manipulateurs. Après chaque passage du courant, l'aiguille conserve sa position par l'effet du magnétisme rémanent, qui a été rendu aussi fort que possible par la construction de l'appareil. Ce magnétisme est assez intense pour ramener l'aiguille à la position qu'elle doit occuper, si on l'écarte à la main de cette position, lorsque le courant a cessé de passer, dans le but de fausser le signal reçu. L'aimant qui polarise l'armature est réaimanté à chaque émission de courant.

Les avantages de cet appareil consistent dans l'absence de réglage, dans la faculté que possèdent les aiguilles de reprendre elles-mêmes leur vraie position, dans la conservation du magnétisme malgré les décharges d'électricité atmosphériques, et enfin dans une adhérence suffisante des aiguilles contre les pôles de l'électro-aimant, pour empêcher que les vibrations produites par le passage des trains ne changent les indications. Nous devons, toutefois, faire remarquer qu'un seul courant accidentel, dû au voisinage d'une nuée d'orage ou au contact d'un fil télégraphique, peut faire prendre aux aiguilles une fausse position.

A chaque envoi de courant, le marteau de la sonnette frappe une fois le timbre.

Le principe adopté pour l'expédition des étuis est celui du *block system*, qui consiste en ce que le signal du départ d'un train ne peut être donné avant la réception de l'avis indiquant l'arrivée du train précédent au poste suivant. Les signaux reçus, lesquels sont marqués par l'aiguille supérieure (noire), correspondent aux envois des trains, et les signaux transmis, indiqués par l'aiguille inférieure (rouge), se rapportent à l'arrivée des trains.

Chaque bureau intermédiaire devant correspondre dans deux directions, deux appareils semblables à celui que nous venons de décrire y sont nécessaires.

Afin de pouvoir distinguer de quel côté vient l'appel, le timbre d'une des sonneries est remplacé par une tige d'acier enroulée en spirale désignée par tam-tam sur le dessin.

Londres est, comme nous l'avons dit, la seule ville d'Angleterre où les tubes du système de MM. Siemens soient mis en service. Les tubes du système de MM. Clark et Varley existent dans cinq autres villes du Royaume-Uni. Ce sont Liverpool, Manchester, Glasgow, Birmingham et Dublin. Les résultats pratiques démontrent qu'il y a avantage, au point de vue de la vitesse, à employer des tubes de grand diamètre. Ils indiquent aussi que, toutes choses égales d'ailleurs, la vitesse est très variable suivant les conditions d'installation des tubes.

DÉRANGEMENTS. *Arrêt d'un train* ([1]). — Les dérangements

([1]) *Annales télégraphiques* (1874).

qui se produisent pendant le voyage peuvent résulter d'un accident à la ligne, aux étuis ou aux appareils de bureau.

Les accidents de machine sont promptement réparés, et le train ne reste jamais longtemps en détresse par cette cause. Si

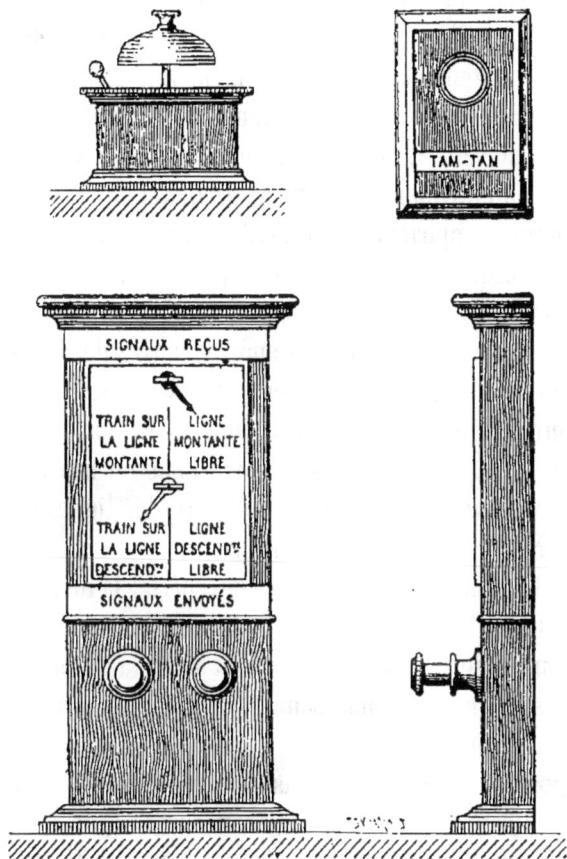

Fig. 31.

cette réparation demande du temps, le bureau correspondant peut, en soufflant dans le tube, faire revenir les étuis à la station qui les a expédiés.

Quand l'avarie s'est déclarée dans les wagons ou sur la ligne, on arrive parfois à démarrer le train en augmentant le plus possible la pression de l'air à son arrière. Si l'on échoue, il faut pratiquer une fouille à l'obstacle et déterminer avec la plus grande précision possible le point où cette fouille doit être opérée. Pour cela, on observe la variation de la pression de l'air des réservoirs du poste, lorsqu'ils sont mis en communication successivement avec une ligne d'une longueur connue, et avec la portion de ligne en dérangement. L'application de la loi de Mariotte aux résultats de cette expérience peut indiquer à trente mètres près le tuyau à enlever. L'observation journalière du manomètre et la pratique qu'elle donne aux agents permet d'obtenir une espèce de graduation empirique de l'instrument ; la marche de l'étui peut être, presque à coup sûr, suivie par les indications du manomètre, et en s'aidant de ces indications l'arrêt subit d'un train marque de lui-même la position approximative de l'obstacle.

On a proposé de faire dérouler par l'étui un fil enroulé sur un tambour à compteur, qui ferait connaître la quantité de fil engagée sur la ligne derrière le piston ; mais on n'a pas encore essayé ce système, par suite de la courbure des lignes qui pourrait amener un enchevêtrement du fil.

M. Ch. Bontemps, appliquant à ce but spécial la méthode d'expériences de M. Regnault pour la détermination de la vitesse de propagation du son dans les tuyaux, est arrivé à noter très exactement l'instant où une onde sonore vient buter contre l'obstacle arrêté dans les tubes.

La disposition est indiquée dans la figure 32 ([1]). « On choisit une bande de caoutchouc faiblement vulcanisé *ab*, de 1/3 de millimètre environ d'épaisseur lorsqu'il n'est pas tendu, et dont le décimètre carré de surface pèse 4 grammes. On enchâsse cette membrane *ab* entre deux brides de métal réunies par des vis qui traversent des trous pratiqués dans la lame de caoutchouc. Au centre, on colle à la gomme laque un petit disque *c* en métal,

---

([1]) *Annales télégraphiques* (1875).

au-dessus duquel est une vis pointue *d*. Un circuit électrique se ferme, quand *c* et *b* se touchent, par le gonflement de la membrane.

» On place à l'extrémité libre du tube la *membrane élastique*, dont les gonflements alternatifs peuvent être enregistrés sur un cylindre tournant au moyen de l'électricité. Une onde est produite dans le tuyau par la détonation d'un pistolet placé auprès de la membrane. Cette onde chemine dans le tube à la

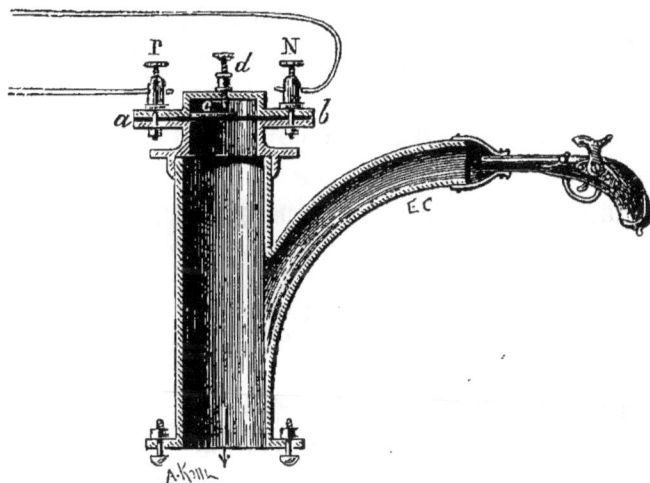

Fig. 32.

vitesse de 330 mètres par seconde, et vient buter contre l'obstacle; là elle se réfléchit, parcourt le tube en sens inverse, et gonfle la membrane. On a ainsi sur le cylindre une *première* marque.

» La membrane envoie l'onde contre l'obstacle qui la réfléchit de nouveau vers la membrane, ce qui permet d'obtenir sur le cylindre une *deuxième* marque. Si l'on réussit à évaluer l'intervalle de temps écoulé entre les apparitions des deux marques, il est aisé de voir que l'on pourra calculer la distance de la membrane à l'obstacle.

» Le chronographe dont se sert M. Bontemps porte trois tra-
ceurs actionnés par des électro-aimants. Le *premier* traceur est
placé dans le circuit qui est fermé par les gonflements alternatifs de la membrane.

» Le *deuxième* traceur correspond à un régulateur électrique
marquant les *secondes* sur le cylindre.

» Le troisième traceur subdivise l'intervalle de la seconde au
moyen des vibrations d'un trembleur électrique.

» Voici un exemple d'une détermination pratique :

» Un obstacle est placé sur la ligne à une distance de 57 mètres.

» Le trembleur exécute trente-trois oscillations par seconde.

» L'intervalle occupé, sur la bande de papier qui recouvre le
cylindre, par deux marques consécutives de la membrane, correspond à onze oscillations.

» La distance de l'obstacle se calcule par la formule suivante :

$$D = \frac{1}{2} \times 330 \times \frac{11}{33} = 55.$$

» L'approximation est donc de 2 mètres; le dérangement se
trouverait relevé au moyen d'*une seule* fouille.

» Dans la pratique courante, cette méthode s'applique sans l'aide
d'un chronographe enregistrant et d'une membrane en caoutchouc. Un simple chronomètre à pointage suffit à évaluer la
durée avec la précision nécessaire. La perception du retour des
ondes peut être faite soit à l'oreille, soit au moyen du bruit d'un
sifflet, soit enfin par l'élévation brusque de la colonne d'un petit
manomètre à eau adapté à la conduite. »

ACCIDENTS DIVERS ([1]). — Nous citerons quelques exemples
de dérangements constatés.

1° *Oubli du piston.* — L'air agissant alors directement sur
les boîtes pénètre entre les enveloppes et tend à les séparer; les

---

([1]) M. Ch. Bontemps. *Annales télégraphiques* (1875).

boîtes ne sont plus rassemblées ; on les voit arriver successivement, à l'extrémité du tube, ouvertes pour la plupart et avec les
dépêches en désordre.

2° *Oubli d'un train.* — C'est presque incroyable, mais la
chose est certaine. Par distraction, le facteur avait donné le
signal de la réception bien avant l'arrivée du train. Lorsque
vint le train suivant, il poussa le premier et se mit à sa place ;
à l'arrivée on prit celui-ci pour celui-là, et ainsi de suite, une
partie de la journée, on reçut d'autres hôtes que ceux qu'on
attendait, jusqu'à ce que la vérification des bordereaux eût
mis sur la trace de ce cas singulier.

3° *Boîtes engagées à contre-sens.* — Ce sont les mêmes
péripéties que dans le premier exemple : le train se coïnce.

4° *Bris du piston.* — La collerette est fixée au piston au
moyen d'une tige à vis. Un jour d'hiver, la tige se casse, le
train s'arrête et, par l'effet de la gelée, se trouve emprisonné
dans la glace. Le démontage n'était pas aisé ; la ligne était
établie sous un pont, et la perspective de la rivière gelée elle-
même déconseillait l'emploi d'un échafaud volant, difficile
d'ailleurs à installer. On remplit d'eau chaude plusieurs pistons,
et on les lança dans la partie encombrée ; peu à peu ils eurent
raison de l'embarras, et l'on reçut à l'extrémité' avec les boîtes
et les pistons, les glaçons désagrégés. Il restait encore l'écrou
de la tige. Ce fut l'affaire d'un second envoi, dirigé cette fois de
façon que le piston arrivât très lentement sur l'objet à entraîner,
pour le pousser devant lui et le faire sortir à son tour.

5° *Accident au tuyau.* — Lorsque les tubes sont posés en
tranchée, le sol fréquemment remué par les travaux de canalisation d'eau ou de gaz et de réfection des chaussées, les coups de
pioche sont à craindre. S'ils ne percent pas le tuyau, ils l'apla-
tissent ; il est inutile d'ajouter que c'est une cause d'arrêt pour
le train, quand il arrive au point touché. Les fuites d'air, qui
sembleraient devoir être fréquentes, ne se sont au contraire
jamais produites, même dans les parties où, comme dans

l'exemple numéro 4, la ligne suit les oscillations du tablier du pont qui la porte.

6° *Essai de nouveaux chariots.* — On avait pensé qu'un piston garni sur sa surface d'une véritable brosse aurait un excellent effet pour enlever de la ligne les poussières et la boue qu'elle peut renfermer. Malheureusement, ce que la brosse enlève, elle le porte dans un point bas ou étranglé, et, après .quelques voyages, elle vient s'y fixer elle-même sans qu'il soit possible de la faire démarrer avec la pression.

Service pendant un dérangement ([1]). — Tout en cherchant à faire arriver les dépêches en souffrance, il faut encore s'occuper de ne pas retarder les suivantes.

Voici les règles adoptées en pareil cas :

Pendant que les recherches et les essais se font sur la portion de ligne en dérangement qui est comprise entre deux bureaux, on organise un service de voitures partant chaque quart d'heure de l'extrémité de la lacune et transportant le train à l'autre poste avec une perte de temps minime. Lorsque le dérangement peut être relevé dans un intervalle de moins de quatre heures, il n'y a pas de meilleure solution.

S'il arrive que la durée de l'interruption se prolonge, le tracé polygonal fournit le moyen d'assurer le service en substituant au train circulaire des trains dans les deux sens avec croisement. Dans ce cas, les appareils de production d'air comprimé, à chacune des stations autres que celles où se trouve le dérangement, auront à fournir une provision double de celle qui est nécessaire dans l'exploitation régulière. Il en résulte une perte de temps en passant d'un mode d'exploitation à un autre. Aussi préfère-t-on l'emploi des voitures sur la section interrompue, quand l'interruption peut être réparée en moins de quatre heures.

Réseau de Paris. — M. Ch. Bontemps donne des détails

([1]) *Annales télégraphiques* (1875).

Fig. 33.

très circonstanciés (¹) sur l'établissement du réseau de Paris. En 1866, une ligne d'essai rejoignant la Bourse au Grand Hôtel fut établie et fonctionna régulièrement au moyen d'air comprimé par l'eau de la ville. La canalisation fut ensuite prolongée du Grand Hôtel à la rue Boissy-d'Anglas, puis de là à la station centrale, rue de Grenelle-Saint-Germain. Cette station fut ensuite reliée à la Bourse par une seconde communication en passant par les succursales de la rue des Saints-Pères, de l'hôtel du Louvre (rue de Rivoli), de la rue Jean-Jacques-Rousseau qui fut rejointe à la Bourse. Ces travaux furent complétés en 1867.

De nombreuses branches ont été installées depuis, et de grands travaux vont être prochainement entrepris pour compléter le réseau pneumatique de Paris, qui pourra, de la sorte, desservir la poste (²) aussi bien que le télégraphe. Nous donnons plus loin le plan du réseau de Paris, que nous devons à l'obligeance de l'ingénieur chargé du service des tubes pneumatiques. Les deux figures 33 et 33 *bis* montrent l'arrangement

---

(¹) *Annales télégraphiques* (1875).

(²) Le nombre des cartes télégrammes circulant par la voie des tubes pneumatiques a déjà plus que doublé dans Paris depuis qu'en exécution du récent arrêté de M. Cochery, le prix en a été réduit, le 1er juin 1880, à 30 centimes. Voici, à ce sujet, quelques renseignements intéressants.

Il résulte des observations faites depuis le 1er mai sur la marche du service que si une dépêche n'a qu'une section à parcourir, il faut compter 8 minutes entre l'heure du dépôt et l'heure d'arrivée au bureau destinataire. Dans ces 8 minutes, est compris le temps employé pour les mesures d'ordre. Chaque section au delà nécessite actuellement 5 minutes, y compris le transbordement. Ainsi, une carte met, pour arriver, 13 minutes si elle a deux sections à franchir, 18 minutes si elle en a trois, 23 minutes si elle en a quatre, et ainsi de suite.

La plus grande partie des correspondances pneumatiques parcourt de une à huit sections; il existe cependant quelques parcours de onze sections et même un de douze, celui de la Bastille à la place du Trône. Pour ce dernier, le trajet peut atteindre jusqu'à 1 h. 30 m.

Mais, grâce à la mise en place de nouvelles cuves, la durée du parcours de chaque section va pouvoir être réduite de beaucoup, et le service sera ainsi considérablement amélioré.

7

général du service pneumatique dans une station importante.

Les tubes pneumatiques ne fonctionnent pas en province, à l'exception toutefois de Marseille, où le poste central, situé sur la place de la Préfecture, a été relié à la Bourse par un tube pneumatique d'environ 800 mètres.

A côté du réseau de Paris et de la description du réseau de Londres, nous avons pu donner le plan du réseau de Berlin, et nos lecteurs peuvent ainsi comparer l'établissement du service des tubes pneumatiques dans les principaux grands centres de l'Europe.

C'est le 1er décembre 1876 qu'a été ouvert à Berlin le service des tubes pneumatiques, qu'utilisent conjointement la poste et la télégraphie, et qui a reçu en Allemagne le nom de *poste tubulaire*.

Nous avons vu déjà que l'utilité du télégraphe électrique est, pour les courtes distances, relativement moindre que pour les grandes distances, car la vitesse absolue de la transmission télégraphique est presque indépendante de la distance. Pour les petites distances, la transmission par l'air comprimé présente donc des avantages sensibles sur la transmission électrique, en permettant l'expédition simultanée de plusieurs télégrammes ; tandis qu'avec les appareils électriques, la transmission des télégrammes, c'est-à-dire des mots et des signes, ne s'opère que successivement.

Le nombre des bureaux de la poste tubulaire de Berlin, qui était de 15 au début, s'élève maintenant à 23. Ces bureaux desservent les parties les plus importantes de Berlin, et sont reliés avec la station centrale des télégraphes et entre eux par un réseau pneumatique. La longueur totale des tubes est de 38.71 kilomètres. L'air comprimé et l'air raréfié nécessaires pour le fonctionnement de la poste tubulaire sont fournis par six installations, pourvues chacune de deux machines à vapeur avec les pompes pneumatiques qui en dépendent. La transmission

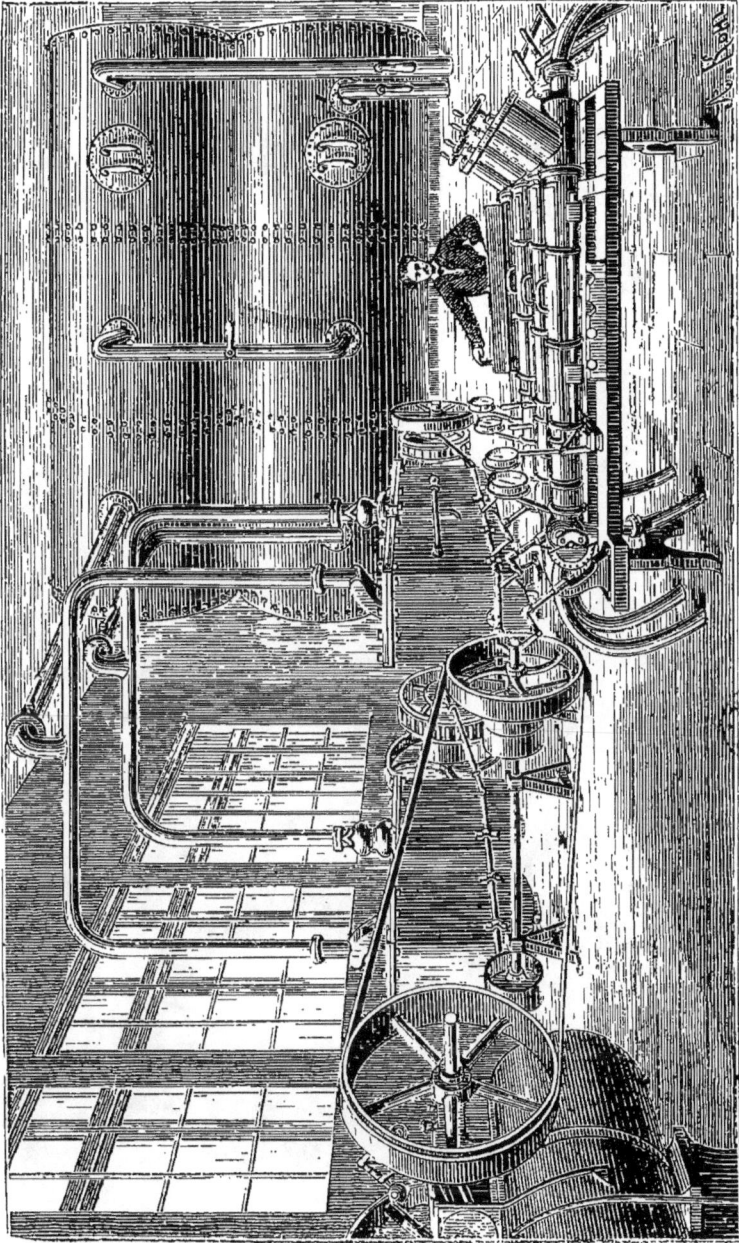

Fig. 33 bis.

s'opère avec une vitesse moyenne de 1 000 mètres par minute.

L'établissement de la poste tubulaire, à Berlin, a nécessité une dépense de 2 736 700 marcs, en y comprenant l'acquisition des terrains.

La poste pneumatique permet de faire parvenir à leurs destinataires, une heure après leur consignation, les lettres et cartes postales échangées dans les limites du district intérieur de la poste tubulaire. Cette dernière sert, en outre, à répartir les télégrammes reçus à Berlin par la voie télégraphique et ceux qui doivent partir du bureau central par la même voie. On emploie aussi la poste tubulaire pour les lettres et paquets à destination de l'extérieur, quand l'heure du départ des trains de chemins de fer est trop rapprochée pour que les envois puissent y parvenir par les modes de transport ordinaires. On utilise aussi la poste tubulaire pour les correspondances arrivant de l'extérieur.

La moyenne des expéditions faites en 1877 et 1878 a été d'environ 1 500 000 par année.

L'utilité de la poste tubulaire est si bien reconnue que l'administration allemande veut non seulement développer le réseau de Berlin, mais aussi doter d'autres villes de ce moyen important de communication.

La pression de l'air permet aussi d'obtenir des signaux à de courtes distances à travers des tubes étroits, et au moyen de compressions insignifiantes. Nous reproduisons ci-contre une sonnerie Walcker à air comprimé (fig. 34) qui est le type de ces appareils à pression (¹).

Un tube *tt* transmet la pression exercée à la main sur une poire en caoutchouc P placée au départ. La poche A se gonfle, et sa paroi *b* soulève le mouvement de sonnette *def*, qui actionne le marteau *g* et fait résonner le timbre *cc*. En donnant à la poire les dimensions 0ᵐ.07 sur 0ᵐ.5, et en employant comme conducteurs des tubes de plomb de 0ᵐ.005, on peut transmettre

(¹) Ch Bontemps. *Annales télégraphiques* (1875).

un signal jusqu'à 250 mètres. Ce système permet également la transmission à distance, et le cordon d'une porte peut être remplacé par une poire et une conduite de cette nature pour faire déclancher un loquet, lorsque la loge du concierge est éloignée et que la communication n'est pas directe.

M. Guattari, de Berlin, a construit un télégraphe à air comprimé qui ressemble absolument à un Morse, et reproduit tous les signaux connus de ce système.

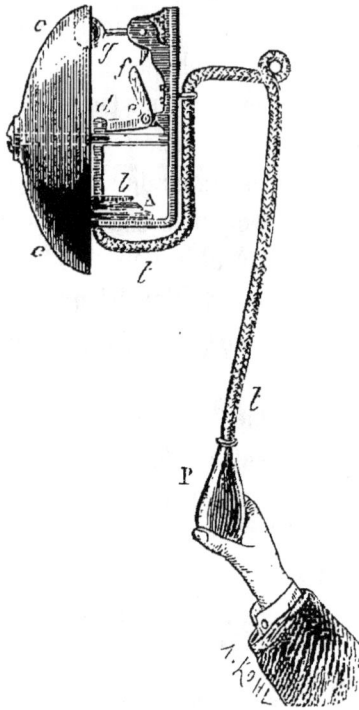

Il charge un réservoir d'air comprimé au moyen de pompes à main ou de tout autre moteur, et maintient ce corps élastique à la pression convenable pour former ses signaux. Son appareil, qui a été exposé à Naples en 1870, a permis d'envoyer des signaux rapides et très précis à la distance de douze kilomètres. M. Guattari réclame pour son système l'avantage de toute absence d'électricité, ce qui permettrait son emploi dans les mines, dans certains dépôts d'huile minérale, etc. Les craintes qu'il exprime au sujet du pouvoir inflammable de l'étincelle produite par les appareils de télégraphie électrique actuels sont sans doute exagérées ; mais ses appareils peuvent être, néanmoins, utilisés avantageusement partout où la distance à parcourir ne dépasse pas certaines limites.

Fig. 31.

DEUXIÈME PARTIE

TÉLÉGRAPHIE ÉLECTRIQUE.

CHAPITRE PREMIER

HISTORIQUE.

Premiers essais. — Sœmmering, Schilling, Gauss et Weber. — Leur télégraphe. — Steinheil. — Introduction de la télégraphie commerciale en Angleterre par MM. Cook et Wheatstone. — Introduction du télégraphe électrique en France par MM. Bréguet et Gounelle. — Développement européen. — Historique du télégraphe sous-marin.

> Nous sommes les petits de ces grands lions-là.
> V. Hugo.

L'art de télégraphier au moyen du galvanisme et de l'électro-magnétisme est certainement une des plus intéressantes applications de la science. Cet art a fait de tels progrès depuis cinquante ans, que le réseau actuel des lignes télégraphiques actionnées par l'électricité englobe la terre entière; ce réseau s'étend chaque jour jusqu'aux moindres localités, et resserre de plus en plus les liens qui rattachent l'humanité.

Il est intéressant de rechercher celui qui fit le premier marcher un télégraphe au moyen d'une pile électrique. Cet honneur revient tout entier au baron Schilling, officier de l'armée russe, qui construisit à Saint-Pétersbourg le premier télégraphe électro-magnétique, et nous verrons comment ce fait détermina l'introduction des télégraphes électriques en Angleterre.

On sait que Sœmmering (¹), en Allemagne, avait construit un télégraphe dans lequel les signaux étaient produits par l'action du courant galvanique dans l'eau qu'il décompose. Il reste à fixer l'époque exacte et la cause de cette découverte; car les auteurs diffèrent tous sur cette époque, et Steinheil lui-même, qui vivait dans la même ville que Sœmmering, commet une erreur de date. Poppe et Kohl, comme Steinheil, ne décrivent d'ailleurs pas correctement l'appareil.

Le 6 août 1880, il y a eu 71 ans que ce premier télégraphe galvano-électrique fut construit.

Le docteur Samuel-Thomas von Sœmmering, né à Thun en 1755, et décédé en 1830 à Francfort-sur-le-Mein, avait fait ses études à l'Université de Gœttingen. Nous le trouvons professeur d'anatomie à Mayence de 1785 à 1796; puis, médecin pratiquant à Francfort jusqu'en 1805; ensuite à Munich, où il devint membre de l'Académie des sciences et conseiller privé du roi de Bavière.

Le galvanisme l'avait occupé, comme Humboldt et d'autres, et il recherchait à l'appliquer à la découverte des mystères de la physiologie. Dès le mois de novembre 1801, son attention s'était surtout fixée sur l'action chimique du courant galvanique, et en janvier 1808, aidé du chimiste Gehlen, son collègue de l'Académie, il communiqua à ce corps savant les brillantes découvertes chimico-galvaniques de Humphry Davy, dans son laboratoire de l'Institution royale de Londres.

Sœmmering, abandonnant la voie des télégraphes optiques, chercha si l'évolution visible du gaz qui résulte de la décompo-

(¹) Historical account of the introduction of the Electric Telegraph, by Dr Hamel, *Journal of the Society of Arts* (juillet 1859).

sition de l'eau par l'action du courant galvanique ne pourrait pas lui fournir le moyen de communication désiré, et il inscrit dans ses notes : « Je ne me suis pas reposé jusqu'à ce que j'aie pu réaliser mon idée de faire un télégraphe au moyen de l'évolution du gaz. »

Le 22 juillet, son appareil était si avancé qu'il pouvait fonctionner, et il écrit : « Enfin, mon télégraphe est terminé ; » puis : « La nouvelle petite machine télégraphique fonctionne bien. »

Il l'améliora toutefois encore, et ce ne fut que le 6 août qu'il considéra son télégraphe comme complet. Il en était enchanté, car il le faisait fonctionner à travers un circuit de 724 pieds, et il note ce jour-là : « J'ai essayé mon appareil, maintenant complet, et il répond entièrement à mon attente. Il fonctionne avec vitesse à travers des fils ayant deux fois 362 pieds prussiens, ce qui forme un circuit de 724 pieds. »

Deux jours plus tard, ce circuit était élevé à mille pieds, et le 18 à deux mille.

Enfin, le 29, il présenta son appareil à l'Académie des sciences de Munich.

Le baron Larrey (¹), revenant de l'armée, visita son ami Sœmmering, qui ne manqua pas de lui montrer son télégraphe. Il fut de suite convenu que Larrey l'emporterait à Paris pour le présenter à l'Institut.

L'appareil fut en effet présenté à l'Institut ; mais aucun rapport ne fut rédigé par la commission d'examen.

Sans doute le télégraphe de Chappe paraissait suffisant à l'Académie.

A l'époque où Sœmmering fut nommé membre de l'Académie des sciences de Munich (1805), un officier russe, le baron Pawel Lwowitsch Schilling (de Cronstadt) était attaché à la mission militaire de l'ambassade.

_____

(¹) Il intéressera sans doute quelques-uns de nos amis d'apprendre que le baron Larrey fit sa dernière opération chirurgicale à Bône, lors d'un voyage en Algérie qu'il entreprit en 1842, année de sa mort.

Cet officier vit les expériences de Sœmmering, en 1810, ei
fut tellement frappé de l'utilité de l'invention qu'il fit, dès ce
jour, son étude favorite du galvanisme et de ses applications.
Ce fut vers cette époque (le 23 août 1810) que Sœmmering
inventa la première sonnerie électrique. En voici la description
sommaire : Le gaz, s'élevant dans deux tubes pleins d'eau sous
l'influence des pointes électrisées, s'accumulait sous une espèce
de cuillère en verre dont le levier, en s'abaissant graduellement, opérait le déclanchement d'un autre levier qui libérait
une petite balle en plomb, dont la chute sur un timbre produisait
l'alarme. Ce petit appareil causa une grande joie à Sœmmering.

Cette sonnerie n'est pas représentée dans la description du
télégraphe de Sœmmering, dans les *Mémoires* (Denkschriften)
de l'Académie de Munich publiés en 1811, qui ne contient que
la description sommaire que nous avons reproduite ci-dessus.

Le 7 septembre 1810, Sœmmering et Schilling expérimen-
tèrent le télégraphe avec des fils recouverts d'une solution de
caoutchouc, puis d'un vernis. C'est sans doute la première
application d'une matière isolante soluble sur un fil conducteur. Sœmmering habitait alors la maison de Leyden, et son fil
isolé faisait plusieurs fois le tour de cette habitation.

Au printemps de 1812, Schilling, poursuivant l'amélioration
de l'isolement des conducteurs électriques, les avait suffisamment isolés pour pouvoir envoyer le courant sans perte à travers de longues distances sous l'eau. La guerre pendante entre
la France et la Russie rendait Schilling anxieux de pouvoir
relier le champ de bataille aux places fortes au moyen d'un
câble de ce genre. Il voulait aussi faire sauter des mines à travers les cours d'eau. Son moyen d'enflammer la poudre était
remarquable pour l'époque et consistait à obtenir, de deux
morceaux de charbon de bois taillés en pointe, la flamme qui
devait embraser la mine. Dans l'automne de 1812, il fit sauter
plusieurs mines de cette façon à travers la Néva, à Saint-
Pétersbourg.

Ayant rejoint l'armée à la fin de 1813, il fit la campagne de France en 1814, et, étant entré dans Paris le 31 mars, à la suite de l'empereur Alexandre Ier, il reprit ses expériences durant son séjour dans la capitale, où l'on put le voir plusieurs fois faire sauter des mines au moyen du courant électrique à travers la Seine (¹).

A son retour à Munich, en 1815, Schilling communiqua à Sœmmering un petit livre imprimé à Paris, en 1805, et intitulé : *Manuel du galvanisme*, par Joseph Izarn, professeur de physique au lycée Bonaparte. Ce manuel fait mention de la découverte de Romagnesi. Toutefois, ni Sœmmering ni son ami ne furent frappés de l'application pratique que la découverte de Romagnesi pouvait recevoir. Sœmmering et Schilling connaissaient donc la découverte de Gian-Domenico Romagnesi, et ils avaient lu son mémoire publié à Trente, le 3 août 1802, et commençant ainsi : « Il signore consigliere Gian-Domenico Romagnesi si affretta a communicare ai fisici dell' Europa uno sperimento relativo al fluido galvanico applicato al magnetismo. » On connaît l'importante découverte de Romagnesi, qui avait fait dévier une aiguille aimantée sous l'influence d'un courant galvanique.

On sait que l'année 1820 ouvrit une ère nouvelle à l'électricité. C'est à dater d'alors que l'avenir de la télégraphie électrique pouvait être prévu.

Hans Christian Œrsted avait étudié plus attentivement que Romagnesi les effets d'un courant voltaïque sur l'aiguille aimantée. Arago avait communiqué à l'Académie des sciences les expériences d'Œrstedt, et Delarive, en septembre 1820, avait répété avec Pictet ces expériences à Genève.

On a prétendu qu'Œrstedt avait eu connaissance de la décou-

(¹) Fort peu de temps avant sa mort (août 1837), Schilling avait commandé à un chantier de construction de cordages, un câble sous-marin devant unir Cronstadt à la capitale à travers le golfe de Finlande pour la correspondance télégraphique.

verte faite, en 1802, par Romagnesi. Nous avons vu que cette découverte avait été indiquée dans le *Manuel du galvanisme* d'Izarn; elle était pareillement décrite dans un livre publié en 1804, à Paris, par Giovanni Aldini (neveu de Galvani) et intitulé : *Essai théorique et expérimental sur le galvanisme*, imprimé à Paris en 1804 et dédié à Bonaparte. Il dit, à la page 191 : « M. Romagnesi, physicien de Trente, a reconnu que le galvanisme faisait décliner l'aiguille aimantée. »

Œrstedt, qui vint à Paris en 1802 et 1803, et de nouveau en 1813, fut chaque fois en relation avec Aldini. Le manuel d'Izarn, imprimé en 1805, semble reproduire textuellement ce passage du livre d'Aldini imprimé en 1804 ; voici ce passage : « D'après les observations de Romagnesi, physicien de Trente, l'aiguille déjà aimantée et que l'on soumet au courant galvanique éprouve une déclinaison. » N'est-ce pas là littéralement ce que le monde a été habitué à appeler, depuis 1820, la découverte d'Œrstedt. Il était certainement dû à Romagnesi de le reconnaître comme ayant défriché un terrain qui a tant rapporté à d'autres depuis.

Le livre d'Aldini fait aussi mention du chimiste Joseph Mojon, de Gênes, comme ayant, avant 1804, observé une sorte de polarité dans les aiguilles non aimantées qu'on exposait dans le voisinage du courant galvanique. Izarn le répète dans son *Manuel du galvanisme* qui, ayant été, par ordre, placé dans la bibliothèque de tous les lycées de France, doit exister encore en nombre dans notre pays.

Ampère fut le premier à émettre l'idée que les mouvements de l'aiguille aimantée, ainsi obtenus, pourraient servir à la télégraphie ; mais ni lui ni personne autre ne songea alors à construire un appareil sur cette base.

Il était réservé au baron Schilling de construire, à Saint-Pétersbourg, le premier télégraphe électro-magnétique. Ses relations avec Sœmmering l'avaient rendu passionnément attaché à l'idée de faire de la télégraphie au moyen du galva-

nisme. Son premier appareil se composa d'une aiguille aimantée suspendue horizontalement par un fil de soie au centre d'un
multiplicateur de Schweiger; sous l'aiguille, il avait placé un
disque de papier teinté en deux couleurs, de façon à mieux distinguer ses mouvements. Afin de donner de la fixité à son
aiguille et éviter les oscillations, Schilling avait placé, à l'extrémité inférieure de son axe, une petite pièce légère en platine,
plongée dans une coupe pleine de mercure ([1]). Graduellement,
il simplifia son appareil. Longtemps il employa cinq aiguilles;
puis il parvint à signaler avec une seule aiguille et un seul multiplicateur, produisant, par une combinaison de mouvements
dans les deux directions, tous les signaux nécessaires pour les
lettres et les chiffres.

En septembre de cette année, Schilling exhiba son appareil
devant la réunion des naturalistes allemands de Bonn, sur le
Rhin, dans la section de physique et de chimie que présidait le
professeur Georg Whilhelm Muncke, de l'Université d'Heidelberg. Ce savant fut tellement charmé de cet appareil qu'il en fit
construire immédiatement un semblable, pour le montrer dans
ses conférences. Cet appareil existe encore dans le cabinet de
physique de l'Université d'Heidelberg.

Il nous reste à voir comment ce télégraphe, qui fut d'ailleurs
imité par Weber de Gœttingen, fut ensuite importé à Londres.

On sera surpris de voir le nom de lord Byron apparaître ici,
mais ses œuvres poétiques mentionnent, dans un quatrain, le
nom de John William Rizzo Hoppner, qui fut l'ami intime de
William Fothergill Cooke, l'introducteur du télégraphe en Angleterre.

W. F. Cooke ne songeait aucunement au télégraphe, ni aux
applications de l'électricité à la télégraphie, pendant le séjour
qu'il fit à Heidelberg à partir de l'été 1835. Fils du docteur William Cooke, professeur de médecine à Durham, il s'était fixé à

([1]) Cette disposition se retrouve, de nos jours, dans certains galvanomètres
parleurs de sir W. Thomson.

Heidelberg, pour y apprendre à mouler, en cire, les pièces anatomiques nécessaires à sa profession.

Ce fut au commencement de mars 1836 que son ami Hoppner, étudiant de l'Université d'Heidelberg, lui apprit que le professeur de physique avait dans son cabinet un appareil électrique au moyen duquel il pouvait transmettre des signaux d'une pièce à une autre. Ce professeur n'était autre que l'ami de Schilling, Georg Whilelm Muncke, qui avait relié son habitation au cabinet de physique où il donnait ses leçons, au moyen de fils suspendus.

M. Hoppner mena son ami Cooke à une des leçons du docteur Muncke, le 26 mars 1836.

Quand M. Cooke eut vu l'appareil et qu'on lui eut expliqué qu'il pouvait fonctionner à de grandes distances, il fut frappé de l'utilité qu'offrirait un pareil moyen de correspondance en Angleterre, particulièrement dans les tunnels de chemin de fer qui, à l'époque, s'étendaient chaque jour de plus en plus. Il se décida dès lors à abandonner ses études anatomiques à Heidelberg, et à rentrer en Angleterre pour y poursuivre l'établissement de télégraphes électriques.

M. Cooke, qui ne s'était jamais occupé de physique en général, ni d'électricité, en particulier, ne fit pas la connaissance du professeur Muncke, qu'il appelle Moncke dans ses écrits. Il n'avait donc pas l'idée que le télégraphe qu'il avait vu avait été imaginé par Schilling et construit sur le modèle qu'il avait à Bonn. Il en attribue tout le mérite à Gauss qu'il appelle Gaüss.

Voici d'ailleurs ce que Cooke écrivait sur ce sujet en 1841 : « Étant revenu des Indes en congé, pour cause de santé, j'étudiais l'anatomie et modelais mes dissections à Heidelberg, lorsque, en mars 1836, il m'arriva d'assister à une de ces applications si communes de l'électricité à des expériences de télégraphie, que l'on a répétées sans aucun résultat pratique depuis un demi-siècle. Comprenant que l'agent employé pouvait être utilisé à un objet plus utile que l'illustration de leçons de physique, j'aban-

donnai immédiatement mes études d'anatomie et donnai toute
mon attention à la construction d'un télégraphe électrique pratique. »

On ne s'imaginerait guère, en lisant ceci, que M. Cooke avait
vu des expériences faites avec une copie d'un télégraphe électro-
magnétique construit en Russie par Schilling, qui l'avait apporté
à Bonn six mois avant l'époque dont parle Cooke. Le fonctionnement de cet appareil est d'ailleurs traité par lui « comme une
de ces expériences si communes répétées depuis un demi-siècle »;
conséquemment, avant même la découverte de la pile de Volta et
de l'électro-magnétisme.

Lorsque, par suite de différends désagréables entre le professeur Wheatstone et M. Cooke, sir Isambart Brunel et le professeur Daniell furent nommés arbitres, en 1840, sans prendre
la peine de rechercher l'origine du télégraphe de Cooke, ils dé-
cidèrent dans leur arbitrage (en 1841) que « M. Cooke avait vu,
en mars 1836, à Heidelberg où il s'occupait de recherches scien-
tifiques, et cela pour la première fois, une de ces expériences
bien connues sur l'électricité (considérée au point de vue des
moyens de communications télégraphiques), qui ont été es-
sayées et reproduites de temps en temps, depuis des années, par
divers physiciens. »

M. Cooke écrit ailleurs : « Au mois de mars 1836, j'étais à
Heidelberg occupé d'anatomie, lorsque, le 6 mars, une circonstance fortuite donna une direction toute nouvelle à ma pensée.
Ayant vu faire une expérience de télégraphie électrique par le
professeur Moncke d'Heidelberg, qui avait, je crois, emprunté
ses idées à Gaüss, je fus tellement frappé du pouvoir étonnant
de l'électricité et si fortement impressionné de l'application qu'on
peut en faire à la transmission télégraphique des nouvelles, qu'à
partir de ce jour j'abandonnai complètement mes occupations
antérieures et m'adonnai avec toute l'ardeur qu'on me connaît à
la réalisation pratique d'un télégraphe électrique, objet qui a toujours occupé toute mon énergie depuis. L'expérience du profes-

seur Moncke était, à cette époque, la seule que j'aie vue ou dont j'aie entendu parler sur ce sujet. »

M. Cooke nous informe que, trois semaines après avoir vu l'expérience de Muncke, il avait construit, en partie à Heidelberg (où M. Hoppner l'assista), en partie à Francfort, un appareil semblable, mais ayant trois aiguilles, produisant vingt-six signaux.

Il revint à Londres le 22 avril 1836, où il s'appliqua jour et nuit à la construction de ce qu'il appelle un instrument mécanique, mis en mouvement par l'attraction d'un électro-aimant. Cet appareil fut soumis, en janvier 1837, à certains des directeurs du chemin de fer de Liverpool à Manchester, et M. Cooke leur proposa l'adoption de son système dans le long tunnel qui descend d'Edge-Hill, près de Liverpool, à la station centrale de Lime-Street, mais sa proposition ne reçut aucune suite.

Après avoir consulté deux fois Faraday, Cooke, sur le conseil du Dr Roget, fit une visite, le 27 février 1837, au professeur Charles Wheatstone, à sa résidence de Conduit-Street, et peu après au cabinet de physique du professeur au « King's-College ».

Le résultat de ces entrevues amena, en mai 1837, la résolution d'allier leurs efforts pour introduire l'emploi du télégraphe en Angleterre.

Le professeur Wheatstone n'était pas encore certain à cette époque que l'électro-aimant pût fonctionner à de grandes distances, et M. Cooke, qui avait laissé derrière lui l'appareil construit à Heidelberg, en construisit un nouveau avec quatre aiguilles. L'opinion commune était que le principe qui faisait agir l'appareil de Muncke était celui qu'il fallait adopter pour l'usage pratique.

Ni le professeur Wheatstone, ni M. Cooke, ne savaient qu'en agissant ainsi ils se servaient du plan de Schilling.

Le 12 juin, le brevet fut enregistré, et il fut décidé qu'on ferait une expérience préliminaire avec l'appareil télégraphique projeté, sur une ligne de quelque étendue.

En conséquence, le 25 juillet 1837, un essai fut fait à la station du « London and Birmingham Railway », alors en construction, sur des fils d'une longueur de un mille et quart, reliant Euston-Square à Camden-Town. C'était la première fois que l'on faisait une pareille expérience au dehors, en Angleterre, avec un appareil électrique. Cette expérience eut lieu treize jours avant la mort du baron Schilling, qui succomba à Saint-Pétersbourg, le 7 août, sans avoir jamais eu connaissance de l'introduction de son télégraphe en Angleterre.

Le 19 novembre 1837, MM. Cooke et Wheatstone conclurent un acte d'association, et le 12 décembre, ils envoyèrent au « Patent Office » la description de leur appareil. Cette description n'était pas désignée comme une invention nouvelle, mais comme un perfectionnement. En réalité, ses parties essentielles étaient fondées sur le même principe que celui de Schilling, c'est-à-dire sur la déviation de l'aiguille aimantée sous l'effet de multiplicateurs. Le professeur Wheatstone avait considérablement amélioré l'application, comme on devait s'y attendre d'un pareil physicien, et les aiguilles étaient maintenues verticales au lieu d'être horizontales. L'abbé Moigno, citant une communication faite à l'Académie des sciences de Paris, dit que Schilling avait employé aussi jusqu'à cinq aiguilles *verticales* dans son appareil. Schilling n'a jamais eu d'aiguilles verticales dans son instrument.

Le premier appareil construit sur les données de Wheatstone avait cinq aiguilles; elles furent promptement réduites à deux, et sur certaines lignes on en construisit même à une aiguille.

Il faut rendre à M. Cooke cette justice, que son zèle et ses efforts ont certainement déterminé l'établissement de la télégraphie en Angleterre.

Après tout ce qui s'était fait en Europe avant le mois de septembre 1837, par Schilling, Steinheil, Gauss et Weber, Cooke et Wheatstone, il est pénible de remarquer que le peintre américain Morse, qui fit, le 4 septembre 1837, une pauvre expérience qu'il considéra comme ayant réussi, ait pu être considéré par toute l'Europe comme l'inventeur du Télégraphe électro-magnétique.

Samuel Finley Breese Morse naquit en 1791 et était l'aîné de trois frères. Son père, le Révérend Jedediah Morse, avait encouragé son goût pour la peinture, et Morse voyageait parfois en Europe pour copier des tableaux. Pendant l'automne de 1832 il rentrait du Havre en Amérique.

A bord du paquebot *le Sully* se trouvait, parmi les passagers, le Dr Charles F. Jackson, de Boston, qui avait assisté aux conférences faites par Pouillet à la Sorbonne. On se souviendra, sans doute, qu'en 1831 Pouillet avait exhibé dans ces conférences son grand électro-aimant, supportant un poids supérieur à plus de 1 000 kilogrammes.

Pendant le voyage, qui dura du 8 octobre au 15 novembre, le Dr Jackson ramena constamment la conversation sur l'électricité et l'électro-magnétisme, ce qui amena l'occasion de parler de la possibilité de télégraphier au moyen de signaux électro-magnétiques.

Le Dr Jackson (¹) avait à bord un petit électro-aimant, acheté à Paris, chez Pixii fils, et aussi une petite pile galvanique. Arrivé à New-York, Morse reprit sa profession de peintre, qui le faisait vivre, et songea, comme on peut le penser, à ses conversations à bord du *Sully*.

Comme on a toujours désigné Morse sous le titre de professeur, il convient de rappeler ici qu'il n'était pas autre chose que professeur de littérature et de dessin, titre qui lui fut donné par l'Université de New-York, où il n'a d'ailleurs jamais professé.

Vers la fin de 1835, Morse fit des essais de signaux électro-magnétiques, mais n'obtint aucun résultat.

Deux ans plus tard (1837), ayant appris les découvertes

(¹) Le Dr Hamel dit avoir vu des notes du Dr Jackson et des dessins indiquant quelques-uns des moyens qui auraient pu servir à la construction d'un télégraphe électro-magnétique.

faites en Europe (son frère Sidney éditait un grand journal), il s'aboucha avec un amateur de science, et, mettant à profit les expériences faites à Princetown par le professeur Henry, il produisit un appareil qui ne donna toutefois aucun résultat pratique.

Les professeurs américains Henry et Bache avaient été à Londres en 1837 et avaient fait une visite à Wheatstone à « King's College » le 11 avril, et plusieurs Américains connaissaient le désir de Wheatstone de protéger ses inventions en Amérique en y prenant des brevets.

Morse n'avait pas alors l'idée de produire sur le papier des lettres représentées par des signes. Ses signaux se bornaient à la représentation des chiffres de la numération. Avec les nombres ainsi obtenus, il trouvait dans un vocabulaire les mots que ces groupes de chiffres représentaient. Quand des chiffres et non des mots devaient être exprimés, un onzième signe en donnait avis. Pour chaque signal, il avait construit des types dentés qui, introduits successivement dans une règle, pouvaient recevoir un mouvement en avant. Les dents des types soulevaient un levier par le moyen duquel le courant électrique, après avoir traversé la ligne, s'écoulait à travers les bobines d'un électro-aimant, qui attirait une armature à l'extrémité de laquelle on avait fixé un crayon. Ce crayon, en passant lentement sur un rouleau, inscrivait sur une bande des zigzags ressemblant aux dents d'une scie.

Les signaux ainsi obtenus et représentant des nombres étaient alors traduits d'après le vocabulaire.

Le Dr Léonard D. Gale, professeur de chimie, et résidant dans la même maison que Morse, lui avait appris à construire les bobines d'un électro-aimant. Il lui avait également procuré le fil nécessaire et une pile convenable. Morse l'associa à ses travaux, et lui fit obtenir plus tard (1846) une position dans le « Patent office » de Washington.

Lorsque, vers la fin d'août 1837, arriva en Amérique un

compte rendu des travaux de Steinheil, à Munich, traduit du *Neue Würzburger Zeitung* du 30 juin, le lendemain même, par l'influence de Morse et de son frère, un journal américain publia un article où il lançait vertement la feuille qui avait traduit le compte rendu allemand, ajoutant que ceux qui copient ces articles dans les journaux européens paraissent ignorer que « le télégraphe électrique, cette merveille de notre temps, qui excite en Europe l'attention du public scientifique, est une découverte américaine. Le professeur Morse l'a inventé il y a cinq ans, lors de son retour de France en Amérique. » Puis le journal ajoutait : « Morse n'a caché à personne, à bord du *Sully,* l'idée générale de son invention ; au contraire, il l'a communiquée librement à tous ses co-passagers de toutes nations. »

On cherchait ainsi à faire croire au public américain que Schilling, Steinheil, Weber, Gauss, Cooke et Wheatstone avaient appris du peintre Morse l'art de télégraphier au moyen de l'électromagnétisme.

Comme le journal annonçait aussi que Morse avait son télégraphe à son logis, il reçut la visite de nombreuses personnes désireuses de voir « la merveille du temps. » Parmi elles se trouvait le jeune Alfred Vail qui, avec son frère George, devint très utile à Morse qui en fit ses co-associés. Alfred Vail construisit lui-même, aux ateliers de Speedwell, Morristown, New-Jersey, l'appareil qui fut plus tard exposé à Washington, dans la salle du comité du commerce, au Capitole. Cet appareil fonctionnait avec plus de régularité que celui inventé par Morse.

Le jour dit, 2 septembre, la machine de Morse ne voulait rien marquer correctement. De grands efforts furent faits pour la faire fonctionner ; mais ce ne fut que le 4 septembre que Morse arriva à en obtenir des nombres représentant cinq mots et la date. Pour cette phrase, il avait fallu soixante-deux zigzags et quinze lignes droites sur le papier. Ces signaux représentaient les nombres suivants : 215, 36, 2, 58, 112, 04, 01837. En cherchant dans le vocabulaire le sens de ces nombres, on trouva qu'ils exprimaient la phrase suivante : *Successful experiment with telegraph September 4, 1837.*

On retrouve la reproduction de la bande ainsi obtenue dans le journal de Silliman : *American Journal of Science and Arts,* 23e volume, page 168, et dans le *London Mechanic's Magazine* du 10 février 1838.

Morse écrivit à cette époque (1er février 1838) au capitaine Pell, commandant du *Sully :* « Je prétends avoir inventé le télégraphe électro-magnétique, le 19 octobre 1832, à bord du paquebot *le Sully,* dans ma traversée de France aux États-Unis ; conséquemment, je suis l'inventeur du *premier télégraphe* vraiment praticable *basé sur les principes électriques.* Tous les télégraphes européens praticables sont basés sur un principe différent, et, *sans une seule exception,* ont été inventés ultérieurement au mien. »

Ainsi parlait le peintre Morse, après avoir obtenu, le 4 septembre, le pauvre résultat que nous avons décrit au moyen de la machine que le docteur Gale l'avait aidé à construire. Il réclamait la priorité sur tout ce qui avait été fait avant lui en télégraphie. Son résultat, il l'avait obtenu un mois après la mort de Schilling qui, 27 ans auparavant (1810), avait vu à Munich, chez Sœmmering, le premier télégraphe galvanique connu, et qui, environ douze ans avant Morse, avait construit le premier télégraphe électro-magnétique, que nous avons vu exhibé à Bonn deux années plus tard, puis transféré à Heidelberg, d'où Cooke l'importa en Angleterre. C'est là, d'ailleurs, qu'un télégraphe construit sur le même principe que celui de Schilling avait fonctionné sur une ligne de un mille et quart, *quarante et un jours* avant le 4 septembre 1837.

Il convient de noter ici qu'à l'époque de son voyage à Londres et à Paris, en 1838, Morse put croire, par ce qui lui en fut dit, que Schilling n'avait inventé son télégraphe qu'en décembre 1832 ou 1833. Cette erreur fut un encouragement pour Morse à réclamer la priorité mal fondée que nous trouvons dans sa lettre

d'octobre 1832. Malheureusement aussi, tous les traités de télégraphie électrique perpétuent cette erreur, en donnant 1833
comme date de l'invention de Schilling.

Grâce aux efforts d'Alfred Vail et de son frère, le Morse actuel, cet appareil si véritablement utile, atteint un degré de perfection qui permet son adoption par toutes les administrations, et
il reste encore, et restera longtemps, le meilleur type d'appareil
alphabétique.

La première ligne télégraphique exploitée au moyen de l'électricité fut construite par M. Cooke, de Londres (Paddington),
sur le *Great Western Railway*, à West-Drayton en 1838-1839.
L'année suivante, il établit le télégraphe sur le chemin de fer de
Blackwall, et en 1841 sur le chemin de fer d'Édimbourg et de
Glasgow. En 1842-43, la ligne de West-Drayton fut continuée
jusqu'à Slough. Elle servit, le 1er janvier 1845, à arrêter le meur-
trier Tawell, ce qui donna de suite une grande importance au
télégraphe, que l'on avait peu employé jusqu'alors.

En Amérique, la première ligne, allant de Washington à Baltimore, fut complétée en 1844. Le 24 mars de cette année, une
phrase dictée par la fille de l'ami de Morse, M. Elsworth, chef
du *Patent office* (¹), fut transmise par la ligne et répétée par
Baltimore. L'original de ce premier télégramme a été conservé
dans le Musée de la Société historique de Hartford (Connec-
ticut).

L'Allemagne eut la gloire d'avoir établi les premières correspondances de télégraphie électrique. Ce fut, il est vrai, sur de
très petites lignes qui unissaient l'intérieur des villes de Gœttingue
et de Munich avec les observatoires de M. Gauss d'une part, et
de M. Steinheil de l'autre; mais c'était réellement la solution
ébauchée du grand problème.

Dès le commencement de 1842, M. Wheatstone avait importé

(¹) Les efforts de M. Ellsworth et l'influence de sa fille auprès des membres du Congrès des États-Unis, ne contribuèrent pas pour peu au succès
de Morse au début.

à Berlin deux de ses appareils, qui fonctionnèrent à travers un simple fil métallique porté par deux poteaux.

La première grande ligne allemande, de Mayence à Francfort, fut installée en 1849 par M. Fardely, ingénieur de Manheim. Cet essai éveilla l'attention du gouvernement prussien, qui relia par le fil électrique le palais de Berlin au château de Potsdam.

L'Autriche ne fut pas non plus en retard, et possédait trois lignes importantes en 1851.

La première communication télégraphique établie en Belgique entre Bruxelles et Anvers était due à l'entreprise privée. Toutefois, peu de temps après son inauguration, elle devint la propriété du gouvernement. Un acte du parlement belge, en date du 15 mars 1851, ouvrit ces lignes au public moyennant un tarif de 2ᶠ.50 pour 20 mots dans la zone inférieure à 75 kilomètres, et 5 francs pour la même dépêche au delà de cette limite.

Le premier télégraphe construit en Suède, en 1853, reliait Stockholm à Upsala, distance d'environ 80 kilomètres. En Norvége, on attendit l'année 1856 pour relier d'abord Christiania, la capitale, avec Drammen.

La compagnie du chemin de fer de Saint-Pétersbourg à Moscou avait établi, vers 1852, un fil souterrain longeant sa ligne; ce fil devint promptement mauvais, et le gouvernement russe, qui avait déjà relié Cronstadt à la capitale en 1853, décida en 1854 de racheter la ligne de la compagnie du chemin de fer, afin d'assurer les communications avec Moscou.

La Suisse paraît avoir été une des premières à apprécier l'importance du télégraphe électrique. Une loi fédérale en date du 5 décembre 1852 établit une taxe uniforme de 1 franc par dépêche de 20 mots, de 2 francs jusqu'à 50 mots, et de 3 francs jusqu'à cent.

M. Matteucci établit la première ligne télégraphique d'Italie en 1847, en reliant Pise à Livourne. Il fit construire ses appareils par M. Pierucci, mécanicien de l'Université, sur le modèle de ceux que lui avait fournis M. Bréguet.

L'Espagne suivit très tardivement le mouvement général. Une ligne expérimentale, construite en 1854 sur la route de Madrid à Irun, ne fut complétée qu'en 1856, époque à laquelle le public commença à participer aux avantages des communications télégraphiques.

L'administration télégraphique française ne songea guère que vers 1842 à doter le pays d'un télégraphe électrique. Néanmoins les premiers télégraphes qui fonctionnèrent en France furent établis par Wheatstone entre Paris, Saint-Cloud et Versailles, sur le chemin de fer construit par une compagnie anglaise, et entre les deux premières stations du chemin de fer de Paris à Orléans. Malgré ces résultats, Wheatstone ne put convaincre l'administration qu'il pourrait transmettre le courant électrique sans station intermédiaire entre Paris et le Havre.

Offensé de ces doutes, et dégoûté d'ailleurs par l'assurance qu'on lui donna que ses brevets français étaient sans valeur par suite du monopole de l'État, Wheatstone se tint à l'écart et manifesta son mécontentement.

Ce ne fut qu'en 1844 que le gouvernement français songea sérieusement à étudier la question de la télégraphie électrique. Par un arrêté du 8 novembre 1844, le ministre de l'intérieur nomma une commission spéciale chargée de lui présenter un rapport sur la valeur des systèmes de télégraphie électrique, les avantages de ce système et la possibilité de leur application. MM. Arago, Becquerel et Pouillet faisaient partie de cette commission. Le 23 novembre 1844, sur le rapport favorable du comte Duchâtel, le roi ouvrait au ministre de l'intérieur un crédit extraordinaire de 240 000 francs, pour un essai de télégraphie électrique, sauf régularisation de ce crédit par les Chambres. Le 30 janvier 1845, on commença à tendre les fils sur la ligne de chemin de fer de Paris à Rouen. Cette opération étant terminée jusqu'à Maisons, le 1er mars suivant, MM. Bréguet et Gounelle, inspecteurs de la ligne, commencèrent une série d'essais, qui furent successivement étendus avec l'allongement des fils. « Des signaux furent échangés entre Paris et Rouen, le dimanche 4 mai 1845, au moyen d'un appareil formé d'un aimant temporaire en fer à cheval, entre les branches duquel était placée une aiguille aimantée, dont l'un des pôles était attiré par l'une ou l'autre branche, selon que l'on faisait marcher le courant dans un sens ou dans l'autre. (¹)

» Le dimanche 11 juin 1845, les signes conventionnels à obtenir de l'appareil à aiguilles étant bien connus des membres de la commission, la première dépêche télégraphique fut transmise entre M. Bréguet qui se trouvait à Rouen et les membres de la commission siégeant à Paris.

» L'appareil à signaux fut ensuite mis en expérience et permit une nouvelle conversation entre les stations. Le temps employé à faire ces diverses communications peut se comparer à celui qui aurait été nécessaire pour les écrire à la main en caractères un peu gros. »

Telle est l'histoire du premier essai de télégraphie électrique officielle en France. On ne connaîtra jamais à fond les causes qui ont retardé si longtemps l'adoption de la télégraphie électrique en France. On a certainement été injuste envers M. Foy, qui, dès 1842, s'était donné à lui-même la mission d'aller étudier le télégraphe électrique de Wheatstone en Angleterre. Mais, lorsque Arago lui-même exprimait des doutes sur la possibilité de transmettre le courant d'une seule traite de Paris au Havre, et cela publiquement, à la tribune de la Chambre, il était bien permis à l'administrateur du télégraphe aérien d'hésiter. D'ailleurs, cette télégraphie aérienne était hostile à l'introduction d'un système qui devait la révolutionner et la détruire. Grâce à l'influence considérable de certains personnages, les progrès de la télégraphie électrique furent très lents en France, à l'origine, et ne reçurent de développement qu'à

(¹) Extrait du Rapport de la Commission, nommée par le Ministre de l'Intérieur, le 8 novembre 1844.

l'avènement de M. de Vougy comme directeur général des lignes
télégraphiques, le 28 octobre 1853. La télégraphie aérienne
subsista jusqu'en 1855, époque à laquelle elle alla succomber en
Crimée, où elle rendit d'ailleurs des services ; mais elle était
tenace, et certains inventeurs qui, comme le Dr Jules Guyot,
avaient intérêt à faire prévaloir leurs inventions, la critiquaient
d'une façon qui paraîtra bien étrange à notre époque. Le
Dr Guyot, qui passait à bon droit pour un des savants de
son époque, était bien aveuglé par son intérêt en écrivant
les lignes qui suivent, le *30 avril 1846* (notez la date), dans
un mémoire écrit à la Chambre des députés, pour défendre les
télégraphes aériens menacés de destruction par un projet de loi
de l'administration, demandant un crédit de 408 650 francs
pour remplacer sur la ligne de Lille la télégraphie aérienne par
la télégraphie électrique.

Nous ne donnerons que de courtes citations de ce long fac-
tum, qui s'explique par ce fait qu'en 1843, sur un rapport
de M. Pouillet à la Chambre des députés, le Dr Guyot avait
obtenu un crédit de 30 000 francs pour l'établissement de son
télégraphe de nuit entre Paris et Dijon ; que son système, fruit
de longs travaux, était, comme le télégraphe Chappe, entièrement bouleversé par l'introduction du télégraphe électrique, et
que ses espérances de voir ce système étendu en France s'éva-
nouissaient avec la décision de l'administration. Voici donc ce
que disait le Dr Guyot, *en 1846* :

« Autant, comme étude de physique, comme application *de
grand luxe* à quelques besoins de vastes établissements, la
télégraphie électrique est intéressante, autant *elle est ridicule,*
on peut le dire, comme moyen de gouvernement. Ridicule est le
mot propre, si celui qui la prône est de bonne foi et ne sait pas
ce qu'il fait ; blâmable, si elle est appliquée en connaissance de
cause.

» Car, fonctionnât-elle dans la perfection, *ce qui est loin
d'être démontré,* elle est sans protection possible et laisse le

pouvoir à la merci des plus légères excitations populaires et des moindres caprices du premier mauvais sujet venu.

» Que peut-on attendre de misérables fils dans de pareilles circonstances?

» En vérité, notre nation aurait à *rougir de honte,* si elle voyait ainsi renverser le sens commun et détruire, par des procédés *si infirmes* et des considérations *si peu fondées,* les œuvres du génie. Deux des frères Chappe vivent encore; ils auraient dû mourir plus tôt, ils n'auraient pas été témoins de ces outrages à la grande découverte à laquelle est attaché leur nom, et qui a rendu tant de services au pays depuis cinquante ans.

» ..... Quoi qu'il en soit, Messieurs, la télégraphie électrique n'est point une télégraphie gouvernementale sérieuse, et le jour n'est pas loin où *cette vérité* vous sera pleinement démontrée.

» *Cette imbécillité de la télégraphie électrique* est tellement évidente, qu'elle a dû frapper les esprits les plus prévenus : ainsi l'administrateur en chef des télégraphes (M. Foy), par la bouche de M. le ministre (car M. le ministre m'a dit à moi-même qu'en fait de télégraphie, il s'en rapportait à l'administrateur), sent la nécessité de répondre d'avance à mes objections dans l'exposé des motifs, etc. »

Et plus loin : « Tout esprit sensé peut affirmer que, en un seul jour, et *sans qu'on puisse l'en empêcher,* un seul homme pourra couper tous les fils télégraphiques aboutissant à Paris; on peut affirmer qu'un seul homme pourra couper en dix endroits, dans les vingt-quatre heures, les fils électriques d'une même ligne sans être arrêté, ni même reconnu.

« Si l'on veut enlever à cette action tout ce qu'elle aurait de blâmable pour en faire une simple expérience, il est facile de fournir la démonstration de cette assertion. »

Voilà à quel degré d'aberration peut arriver un homme d'esprit prévenu par ses intérêts. Le Dr Guyot, qui avait, en homme intelligent, prévu l'utilité de la télégraphie pneumatique dans les grands centres, eût bien mieux fait de poursuivre cette idée, et sans doute qu'il eût doté la France, dès son époque, de la poste tubulaire. Il ne faut pas, d'ailleurs, s'étonner de l'animosité du Dr Guyot; n'avons-nous pas vu M. Thiers nier la possibilité des chemins de fer, et M. Babinet celle des télégraphes sous-marins?

Il nous reste à faire l'historique de ce moyen de communication.

Nous avons vu déjà que, dès 1812, Schilling avait employé des conducteurs immergés pour l'explosion de ses mines.

Le Dr O'Shaughnessy, autrefois super-intendant général des télégraphes indiens, prétend avoir établi, dès 1839, une communication télégraphique sous-fluviale dans l'Hoogly. Ces expériences n'eurent aucun retentissement et n'amenèrent aucune extension du système employé, qui n'a d'ailleurs pas été décrit.

En 1840, le professeur Wheatstone suggéra au comité spécial des chemins de fer, élu par la Chambre des communes, l'idée de construire un télégraphe sous-marin entre Douvres et Calais. Il développa plus tard son plan (¹) dans une note qu établit clairement que, dès 1837, un échange de correspondance avait eu lieu sur cet intéressant sujet entre le professeur et ses amis.

Le professeur Morse raconte qu'en 1842 il submergea un fil isolé (il ne dit pas avec quoi) entre Castle-Green et Grosvenor Island, dans le port de New-York, et qu'il démontra expérimentalement la possibilité d'un télégraphe sous-marin à travers l'Atlantique.

En 1845, M. Charles West, associé de la maison Silver, posa un câble en caoutchouc à travers la baie de Portsmouth. Cette portion de câble avait été construite pour sir Joseph Paxton

(¹) A pamplet on the Submarine Telegraph, Ch. Wheatstone, Londres, 1856.

(l'architecte du palais de cristal de 1851) et M. Charles Dickens, le publiciste bien connu. M. West et le capitaine Taylor paraissent avoir cherché à obtenir, vers cette époque, l'autorisation de poser des câbles vers l'Irlande et dans la Méditerranée. Le gouvernement français accorda l'autorisation demandée, sous certaines conditions que M. West ne paraît pas avoir pu remplir. Lorsque M. Brett obtint sa concession, en 1847, M. C. West semblait avoir complètement renoncé à l'usage de la permission accordée. Il renouvela toutefois sa demande en 1858, afin de pouvoir atterrir des câbles en France à partir de 1862, époque à laquelle la concession Brett devait expirer.

M. Charles V. Walker, superintendant des télégraphes du *South Eastern Railway*, a raconté, dans un petit ouvrage qu'il a publié dès 1850, la première expérience de télégraphie sous-marine qui ait jamais été faite depuis celles de Schilling ([1]), que nous avons racontées plus haut. La gutta-percha venait précisément d'être introduite en Angleterre. M. Walker ayant obtenu l'autorisation de la commission administrative, « le jour fut fixé, dit-il ; on mit un paquebot à ma disposition, et les directeurs envoyèrent des cartes d'invitation qui donnaient droit au parcours gratuit de Calais et Boulogne à Folkestone, aller et retour.

» J'avais choisi deux milles de fil de cuivre numéro 16 recouvert de gutta-percha, et je l'avais éprouvé moi-même sous l'eau, morceau par morceau, ainsi que les jointures. Je l'avais ensuite enroulé sur une bobine en bois et transporté à Folkestone.

» La vue du port de Folkestone (fig. 35) rendra plus clairs les détails de nos expériences. Un embranchement d'environ un mille de longueur descend de la ligne principale du chemin de fer au port, traversant la station par le pont mobile que l'on voit. Le bureau du télégraphe est dans la dernière pièce des bâtiments

---

([1]) Dans une lettre écrite le 12 mai 1845 à Arago, M. Matteucci indique comment il comprend qu'on pourrait établir une communication entre Calais et Douvres. M. Wheatstone avait eu cette idée avant lui, et en 1847 il avait tout préparé pour la réaliser.

moins élévés, au delà de la station. Le 9 au soir, j'essayai, pour la dernière fois, la continuité du fil en plaçant le dévidoir sur le sable, et en faisant communiquer le fil recouvert avec le fil venant de Londres; puis alors, l'eau à nos pieds et à la lueur des lampes, au milieu d'un groupe étonné de pêcheurs, de matelots, d'officiers en retraite et d'autres, nous reconnûmes que le circuit était bon en tenant une conversation avec le bureau de Londres.

Notre intention était de prendre, le lendemain, le dévidoir dans une barque, de nous placer à peu près en ligne droite avec la plage, et de dévider en submergeant le fil à mesure que nous avancerions, puis d'attendre à l'ancre l'arrivée du train de Londres et de nos invités. Alors le paquebot, avec nos amis et l'appareil télégraphique sur le pont, serait venu, dans la situation que l'on voit à droite, relever le bout du fil. Mais l'aspect du temps changea dans la nuit; le vent s'éleva, et la mer devint si houleuse que non seulement c'eût été une épreuve stérile, mais qu'il eût été impossible d'éviter la rupture du fil. Il fut donc décidé de rejoindre le fil supérieur de la ligne aérienne au fil recouvert de gutta-percha; puis, on submergea ce dernier conducteur dans la mer, en contournant la jetée et le phare, pour aboutir à l'appareil télégraphique qui se trouvait sur le pont du paquebot amarré le long de la jetée, comme on le voit dans la figure. Ainsi les conditions de l'expérience étaient les mêmes, bien que l'effet ne fût pas aussi frappant que si le paquebot se fût trouvé en pleine mer avec l'extrémité du fil.

» Les opérations se firent à bord sans aucune répétition, bien que le fil battu par les flots menaçât de se briser contre la jetée. Tout étant prêt, je pris la poignée de l'instrument et signalai l'appel de Londres (la lettre L).

» J'eus immédiatement la réponse à ce signal. Il était midi trois quarts, et ma dépêche passa sous les eaux de la Manche en ligne directe pour Londres. Elle portait : « M. Walker au di- » recteur. Je suis à bord de la *Princesse Clémentine;* j'ai » réussi. » D'autres communications furent échangées, et après

Fig. 35 — Port de Folkestone.

plusieurs heures d'immersion, le fil fut retiré sain et sauf. »

M. Walker donna la même année une carte des sondages de la Manche indiquant les profondeurs, et la ligne qu'il conviendrait de suivre pour immerger un câble télégraphique entre la France et l'Angleterre. Ce trajet est à peu près celui que suit à présent la ligne de Calais à Douvres.

Il était réservé à MM. Jacob et John Watkins Brett de réaliser pratiquement, et sur une grande échelle, un projet que d'autres n'avaient fait que mettre en lumière. Dès 1845, MM. Brett prirent un brevet (le premier en titre) pour l'invention d'un câble électrique sous-marin dont le milieu isolant devait être le caoutchouc et d'autres substances isolantes. La gutta-percha n'était pas encore alors en usage en télégraphie. Le milieu isolant devait être protégé par un cordage de fils tressés semblable à celui qu'ont recommandé tout récemment encore certains inventeurs.

Ce premier brevet reçut plusieurs modifications dans la suite. M. Brett avait proposé ce qu'il appelait un *vertebrated iron tubular cable* (fig. 36) destiné à protéger le fil télégraphique près des côtes, soit contre les ancres, soit contre tout autre accident semblable. Ce câble pouvait subir une très grande tension, ou bien être courbé considérablement sans aucun dommage ou dérangement. La figure 37 représente un de ces câbles renforcé de maillons de chaîne pour les endroits où un plus grand besoin de protection est nécessaire.

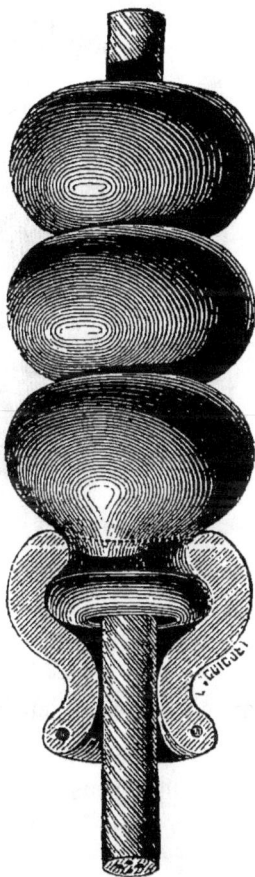

Fig. 36.

M. Willoughby Smith (¹) a réclamé comme sienne la première idée de l'armature en fer qui fut définitivement adoptée, et qui devint le type (fig. 38) des câbles posés jusqu'à ce jour. Selon lui, cette idée fut communiquée à M. Brett en 1847, et des spécimens de cette forme de câble furent fabriqués à l'usine de la *Gutta-Percha Company*. Les différents spécimens décrits ci-dessus furent exposés depuis à l'Exposition internationale de 1851 à Londres, quelques mois avant la pose.

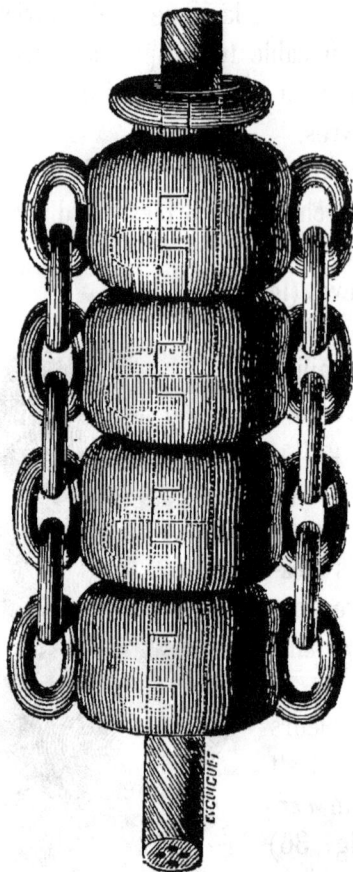

Fig. 37.

M. John Watkins Brett a raconté (²) la part qu'il a prise à la promotion des télégraphes sous-marins, et comme nous ne pouvons faire mieux que de lui emprunter partie de cette relation, nous citerons textuellement : « On a dit que j'avais cherché à m'approprier l'honneur de l'invention de la télégraphie sous-marine. Je déclare ici que la première idée qui m'est venue des télégraphes sous-marins résulta d'une conversation que j'eus avec mon frère en 1845, alors que nous discutions le système de

(¹) Journal of the Society of Arts. 23 avril 1858. M. Louis Figuier attribue cette idée à M. Kuper, associé de M. Newall, dans ses *Merveilles de la Science*.

(²) Excerpt of Proceedings, Royal Institution of Great Britain, 20 mars 1857.

télégraphie électrique tel que l'on venait de l'établir récemment entre Londres et Slough. Considérant la possibilité d'une communication entièrement souterraine, la question s'éleva entre nous : « Si cela est possible » sous terre, pourquoi pas aussi sous » l'eau? et si cela réussit sous l'eau, » pourquoi pas aussi sur le lit de l'O-» céan? » La possibilité d'un télégraphe sous-marin s'empara dès lors de mon esprit avec la ténacité d'une conviction absolue; mais j'ignorais, jusqu'en 1853 ou 1854, que le savant physicien Wheatstone avait eu précédemment le projet d'établir une ligne à travers le détroit, de même que j'ignorais aussi les expériences faites à la fin du siècle dernier pour faire passer des courants sous l'eau au moyen de l'électricité due à la friction.

» Voici bientôt douze ans (1845) que mon frère et moi avons fait insérer conjointement au *Government Registration Office*, un projet ayant pour but de relier l'Amérique à l'Europe par la route maintenant adoptée; et en juillet de la même année, nous avons soumis au gouvernement la proposition d'unir nos colonies à la Grande-Bretagne, offrant à sir Geo. Cockburn, premier lord de l'amirauté (à qui m'avait adressé sir Robert Peel), de placer, comme expérience préliminaire, Dublin-Castle en communication instantanée avec Downing-Street, pourvu que

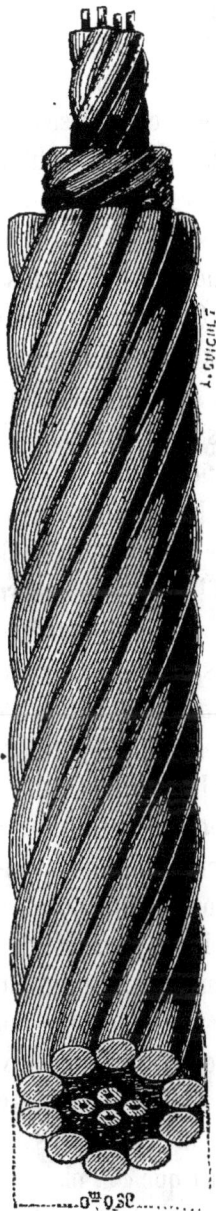

Fig. 38. — Câble de Douvres à Calais (1851).

20 000 livres sterling fussent avancées par l'État pour les dépenses premières. Cette offre n'ayant pas été acceptée, je me retournai vers le continent que je visitai, dépensant beaucoup d'argent dans mes efforts pour faire avancer la télégraphie électrique en France, en Prusse et dans d'autres États. En 1847, je parvins à obtenir de Louis-Philippe la permission d'unir la France à l'Angleterre au moyen d'une ligne sous-marine; mais j'échouai auprès du public, qui considéra mon projet comme trop hasardeux et me refusa des souscriptions.

» Quand les événements eurent placé Louis-Napoléon à la tête de la nation française, je mis mon projet sous ses yeux, sollicitant son appui afin d'induire le public à seconder mon entreprise; mais je ne pus toutefois réunir qu'environ 50 000 francs de souscriptions.

» La première tentative de réunion de la France à l'Angleterre au moyen d'un télégraphe sous-marin fut faite en 1850, avec un fil de cuivre enfermé dans de la gutta-percha, matière qui vint très opportunément à notre aide vers cette époque. Je fis transporter environ 27 milles de ce fil à bord du remorqueur *le Goliath*. Le fil était enroulé sur un large cylindre ou tambour en fer qui devait faciliter le dévidement. (fig. 39.)

« Le bateau partit de Douvres vers la fin d'août sans exciter la moindre curiosité. L'extrémité du fil aboutissant à terre fut amenée dans une *horse-box* à la station du South Eastern railway, et nous commençâmes à filer la ligne, y attachant des morceaux de plomb jumelés de distance en distance, afin de faciliter la submersion. La communication électrique entre la terre et le navire fut maintenue constamment pendant l'opération, et notre seule crainte était de voir notre ligne si fragile se briser et couvrir ainsi l'entreprise entière de ridicule. L'épreuve fut toutefois des plus heureuses, et le *Times* du lendemain remarqua avec justice que « la plaisanterie de la veille était devenue la réalité du lendemain. »

» L'endroit choisi sur la côte française pour y atterrir le fil était le cap Grinez, sous une falaise au milieu des rochers ; choix fait exprès, parce que ce lieu ne permettait aucun ancrage aux navires et était d'ailleurs de facile approche.

» Ma station, au chemin de fer de Douvres, dominait la mer, et au moyen d'une lunette je pouvais distinguer le phare et la falaise du cap Grinez. Le soleil couchant me permit de distinguer l'ombre mouvante de la fumée du steamer sur la falaise blanche

Fig. 39. — Première tentative pour la pose d'un câble.

et de suivre ainsi sa marche. Enfin, cette ombre cessa d'avancer ; le navire était évidemment arrivé à son ancrage. Nous lui donnâmes une demi-heure pour transporter l'extrémité du fil au rivage et pour y rattacher l'appareil imprimant ; puis, je transmis la première dépêche électrique à travers le détroit. Cette dépêche était réservée à Louis Napoléon ([1]). On m'informa plus tard que des

([1]) Cette dépêche et l'appareil à types romains de l'invention de M. Jacob Brett qui l'a transmise, sont précieusement conservés au Musée de South-Kensington à Londres. La bande porte les derniers mots échangés entre Douvres et Grinez, en 1850.

soldats français qui avaient vu le papier se dérouler en apportant la dépêche d'Angleterre demandèrent : « Comment il était possible qu'elle eût traversé le détroit? » Et quand on leur eut expliqué que l'électricité, en passant le long du fil, avait opéré l'impression des types, ils n'en restèrent pas moins incrédules.

» Après quelques autres communications, les mots *All well* et *Good night* furent imprimés et terminèrent la séance.

» En essayant de reprendre les communications le lendemain matin, aucune réponse ne put être obtenue, et il devint bientôt évident que l'isolement était détruit soit par la perte du courant électrique en un point fautif, soit par la rupture du fil. Les indications du galvanomètre permirent de conjecturer que le fil s'était rompu près de la côte de France, et nous pûmes vérifier le fait au retour de notre steamer. Redoutant l'incrédulité qu'on exprimerait sur le succès de notre entreprise, reconnaissant d'ailleurs combien il était important d'établir le fait que la communication télégraphique avait été établie, j'expédiai cette nuit même une personne de confiance au cap Grinez, afin d'y obtenir l'attestation de tous ceux qui avaient été témoins de la réception des dépêches ; ce document fut signé par dix personnes, au nombre desquelles figurait un ingénieur du gouvernement français, qui était présent pour surveiller les opérations ; j'expédiai cette pièce à l'empereur des Français, et une année de répit me fut accordée pour une autre épreuve. »

Le succès avait toutefois été si grand et si incontestable, que les promoteurs de la Compagnie se mirent immédiatement à l'œuvre, et un câble plus solide, protégé par une carapace de fils de fer (fig. 38), fut commencé par MM. Wilkins et Wheatherly et terminé par MM. Newal et Cie. La longueur construite par ces deux usines s'étant trouvée insuffisante pour atteindre la côte française, l'extrémité fut fixée à une bouée, et le surplus requis construit immédiatement par MM. Kuper et Cie, dont la maison, après avoir été transmise à MM. Glass, Elliott et Cie, est devenue depuis la grande et célèbre usine de « Morden Wharf »,

près Greenwich, connue sous le nom de « Telegraph Construction
and Maintenance C° ». En sorte que trois constructeurs différents
se sont partagé l'honneur de confectionner le premier câble permanent.

Ce câble fut posé en octobre 1851 entre Sangate près Calais, et South-Foreland, près Douvres. L'âme du câble contient

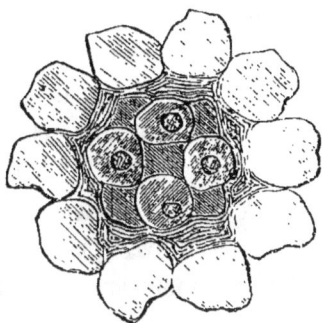

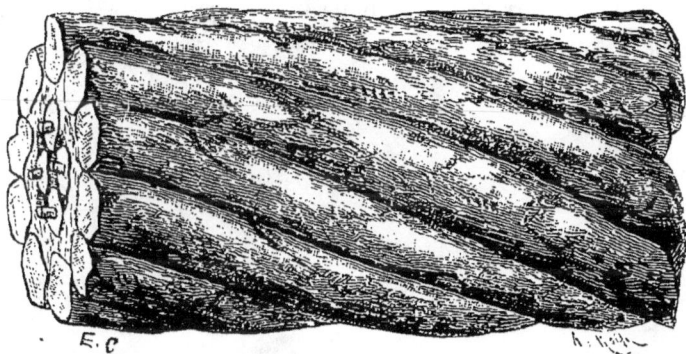

E.C.

Fig. 10.

quatre conducteurs en cuivre de 1^{mm}.65, chacun d'eux recouvert
de deux couches séparées de gutta-percha au diamètre de 7^{mm}.11.
Les quatre fils conducteurs sont tordus en une spirale, qui est
enveloppée de filin enduit de goudron et de suif. Le cordon ainsi
formé est protégé par dix fils de fer de 7^{mm}.62 chacun, qui re-
couvrent le câble en hélice et lui donnent un diamètre total de
38 millimètres. Ce câble, long de 25 milles et demi, pèse 7 tonnes

par mille nautique et traverse une profondeur maximum de 30 brasses (55 mètres), à peu près la hauteur des tours de Notre-Dame de Paris.

Il a été brisé bien des fois par l'ancre des navires, et l'on a pu chaque fois le restaurer promptement. En 1859, il fut en partie relevé par sir Samuel Canning, qui le reposa, avec quelques parties neuves, après l'avoir restauré. Bien que rongé par le courant des marées, qui se font si vigoureusement sentir dans la Manche, sa condition électrique était parfaite par trois fils; le quatrième fil était fautif et s'était graduellement détérioré au point de ne pouvoir plus servir en 1855. La figure 40 représente un morceau de ce câble rongé par l'action des courants d'eau sur les calcaires des environs de Douvres; la condition électrique de la section à laquelle attenait ce morceau était parfaite. Depuis 1859 jusqu'à ce jour, ce câble n'a jamais cessé de fonctionner par tous ses fils, sauf quelques interruptions promptement réparées par les ingénieurs de la « Submarine Telegraph Cᵒ », à qui il appartient.

CHAPITRE II

CONSTRUCTION DES LIGNES AÉRIENNES. — FILS CONDUCTEURS. — RACCORDEMENTS. — POTEAUX. — ISOLATEURS, ETC.

> Maintenant en une seconde,
> Le Nord cause avec le Midi.
> La foudre traverse le monde
> Sur un brin de fer arrondi.
>
> NADAUD.

Les conducteurs utilisés jusque dans ces dernières années étaient formés de fils de fer galvanisés, de 3 et de 4 millimètres de diamètre.

Certains constructeurs, se fondant sur les résultats d'une expérience de plus de dix annés, prétendent qu'il y a avantage, au point de vue de la durée, à remplacer la galvanisation des fils par une augmentation de diamètre correspondant en dépense aux frais de zingage.

Cette substitution présente, en outre, des avantages réels sous le rapport de la conductibilité du fil et de la résistance absolue qu'il présente à la rupture.

Le fil de 4 millimètres est employé pour les lignes du service intérieur, et le fil de 5 millimètres sert à former les lignes internationales.

Les fils omnibus, établis le long des chemins de fer, sont seuls en fil de fer galvanisé, de 3 millimètres de diamètre.

Le fil, fourni par adjudications publiques, doit être livré non galvanisé, en pièces de 20 kilogrammes au moins, sans joints ni soudures. Les extrémités doivent être aussi bonnes que le milieu. Chaque pièce doit former un rouleau séparé, ayant 60 centimètres de diamètre intérieur et maintenu par trois liens, dont le poids total ne peut excéder 20 grammes. Le bout extérieur est indiqué par un crochet.

Le fil doit être composé exclusivement de fer de première qualité, exempt de paille et de tout défaut quelconque. Il doit être recouvert d'une couche d'huile de lin cuite, après le dernier passage à la filière. Toute pièce présentant des taches de rouille est rebutée.

Une longueur de 10 mètres de fil de 4 millimètres doit peser au moins 1 000 grammes et au plus 1 100 grammes.

Le poids d'une même longueur de fil de 5 millimètres doit être de 1 600 à 1 700 grammes. Le diamètre ne peut varier en dehors de ces limites.

Le fil doit être bien recuit et assez souple pour pouvoir être enroulé sur lui-même en plusieurs tours étroitement serrés, sans gerçure ni déchirure.

Un morceau quelconque du fil de 4 millimètres pris, soit aux extrémités, soit au milieu du rouleau, doit pouvoir supporter sans se rompre un poids de 500 kilogrammes. Cette charge d'épreuve est portée à 800 kilogrammes pour le fil de 5 millimètres.

Le fil de fer employé dans la construction des lignes télégraphiques doit être assez tenace pour résister aux causes ordinaires de rupture, et assez souple pour que le raccordement des bouts se fasse avec facilité.

Les charges instantanées d'épreuve sont fixées de manière à obtenir ces deux conditions dans un rapport convenable. Elles représentent à peu près une résistance de 4 kilogrammes par millimètre carré de section, résistance que des fils de bonne qualité peuvent seuls présenter, lorsqu'ils sont recuits.

En Angleterre, afin de s'assurer que le fil est homogène, et que sa résistance est uniforme dans toute la longueur, on emploie, pour l'enrouler, le procédé suivant : Le fil galvanisé est placé sur un simple tambour ; de là, il est tiré alternativement sur trois, cinq ou sept petites poulies à gorge arrangées de la manière indiquée par la figure 41. Puis, il passe autour

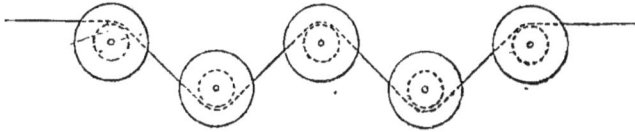

Fig. 41.

d'une large poulie à gorge, et finalement s'enroule sur un tambour que l'on tourne avec une vélocité supérieure d'environ 2 pour 100 à celle de la poulie. La tension qu'il reçoit ainsi l'éprouve suffisamment et rend ainsi évident tout défaut qu'il pourrait contenir.

Raccordement des fils. — Autrefois, le raccordement des fils s'opérait en juxtaposant les extrémités sur une longueur de 15 à 20 centimètres, et en les tordant ensuite au moyen de deux étaux que l'on tournait en sens contraire. Une soudure, formée d'un alliage de plomb et d'étain, que l'on avait soin d'appliquer au milieu de la partie tordue, assurait la conductibilité du conducteur en empêchant l'oxydation des parties en contact. Ce procédé avait l'avantage de réunir les fils d'une manière intime, mais, par contre, il diminuait leur résistance.

L'expérience a fait reconnaître que les ruptures qui se produisaient par suite des abaissements de température avaient lieu ordinairement aux points où se terminaient les torsades.

On a donc abandonné ce procédé et l'on y a substitué le suivant :

On réunit les bouts sur une longueur de 15 à 20 centimètres et on les serre, au milieu de la partie commune, au moyen d'un étau. On enroule ensuite, en hélices très-serrées, l'extrémité libre de chaque fil autour de la partie continue de l'autre, et l'on soude au milieu.

Si les fils ne sont pas galvanisés, on complète leur liaison, en les réunissant par un fil mince de cuivre, que l'on soude des deux côtés de la double torsade. On enroule en quelques tours ce fil de cuivre autour des torsades, pour éviter qu'il ne se rompe, si celles-ci venaient à se rapprocher au moment où l'on tend le fil. Pour former les torsades, on saisit les extrémités des fils au moyen d'une pince, ou on se sert de l'outil en forme de crochet. On place dans le crochet le fil autour duquel doit se faire l'enroulement et on applique l'extrémité qui doit être enroulée dans une entaille ménagée dans la partie recourbée de l'instrument. On tourne ensuite ce dernier à la main. Les torsades obtenues de cette manière sont très-serrées, très-régulières et se font avec rapidité (fig. 42 et 43).

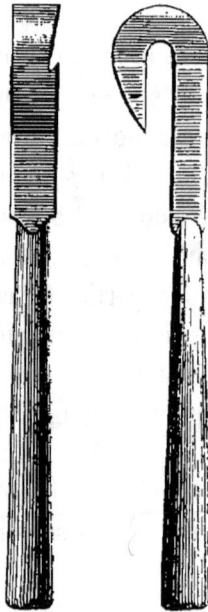

Fig. 42.   Fig. 43.

L'assemblage suivant, employé par certaines administrations, se trouve dans les meilleures conditions de conductibilité et de résistance; mais il exige beaucoup de temps et de soin, et il offre des difficultés pratiques au point de vue de la soudure. On

juxtapose les bouts de fils, après en avoir recourbé les extrémités en forme de crochet; on les serre fortement au moyen
d'un fil de fer mince, que l'on enroule dans tout l'intervalle
compris entre les deux crochets; on plonge ensuite le tout dans
un bain de soudure fondue (fig. 44).

Fig. 44.

Le système de joint employé en France paraît former un très
bon contact et offrir une résistance suffisante à la traction. Il se
compose d'un manchon creux, en fer galvanisé, muni d'une
échancrure sur une de ses faces. On y introduit les fils, dont on
aplatit au marteau les extrémités, et on y verse de la soudure
par les ouvertures.

Poteaux. — Les poteaux employés pour supporter les fils
conducteurs sont en pin, en sapin ou en mélèze, et injectés de
sulfate de cuivre d'après le procédé Boucherie. On en fait
souvent aussi en fer. Le mélèze est plus résistant que les deux
autres essences, mais son injection est plus lente. Les poteaux
en fer sont plus durables.

Les arbres résineux ont été préférés jusqu'à ce jour, parce
que leur préparation est facile et efficace, et à cause de la mo-
dicité de leur prix et de la régularité de leur forme.

La préparation des poteaux se fait ordinairement du 1er mai
au 1er décembre. Les arbres coupés du mois de décembre au
mois de mars, lorsqu'ils possèdent une sève très fluide, peuvent
être injectés longtemps après leur abatage; mais la congélation
du liquide préservateur, qu'occasionne ordinairement l'abaissement de la température pendant la saison d'hiver, rend impossible, pendant cette période, la mise en pratique, à l'air libre,
du procédé Boucherie. Parmi les substances, autres que le sulfate de cuivre, utilisées jusqu'à ce jour pour la conservation du
bois, vient en premier lieu la créosote, obtenue par la distilla-

tion du goudron de gaz. Son emploi est général pour la préparation des billes en sapin destinées à la construction des voies
de chemins de fer, et il est très répandu en Angleterre pour la
conservation des poteaux des lignes télégraphiques.

Malheureusement, la créosote exerçant une action corrosive
énergique sur les matières organiques, elle rend la manipulation des poteaux très incommode; elle brûle les vêtements des
ouvriers et leur enlève la peau des mains et du visage. Les
poteaux nouvellement préparés répandent en outre une odeur
très forte, qui les rend peu propres à être plantés près des
habitations. Eu égard à ces difficultés pratiques, on a renoncé
à se servir des poteaux créosotés.

Quant à la préparation au chlorure de zinc, des essais, faits
en Prusse avant 1854, avaient semblé démontrer qu'elle ne
pouvait être d'une application avantageuse, le chlorure de zinc
étant dissous à la longue par les eaux pluviales.

Les poteaux injectés de chlorure de zinc se conservent très
mal dans les terrains calcareux et durent au contraire très longtemps dans les sables.

Poteaux en fer. — Les poteaux en fer sont peu employés en
France, en Angleterre et en Belgique, excepté dans des cas particuliers. En revanche, on n'en emploie pas d'autres dans les Indes
orientales, et ils sont nombreux en Australie et dans l'Amérique
du Sud. Dans ces pays, où le bois périt très vite par les ravages
de la fourmi blanche, et où l'on ne peut employer les procédés
préservatifs ordinaires à cause de la dépense considérable que cela
entraînerait, on a recours au fer qui permet l'expédition par mer
d'une quantité importante de poteaux sous un petit volume.

On a même imaginé des poteaux tubulaires en feuilles de
tôle formant télescope, c'est-à-dire formés de deux parties pouvant s'emboîter l'une dans l'autre. Ces poteaux, connus sous le
nom de *Hamilton's Standard*, sont presque exclusivement employés aux Indes anglaises, où la fourmi blanche ne permet pas
l'usage du bois. Ils se composent : 1° de deux tubes *a* et *b* en fer

laminé; 2° d'un socle c en fonte ; 3° d'un disque ou plateau d, aussi en fonte ; 4° d'un chapeau e en fonte ; 5° d'un paraton-

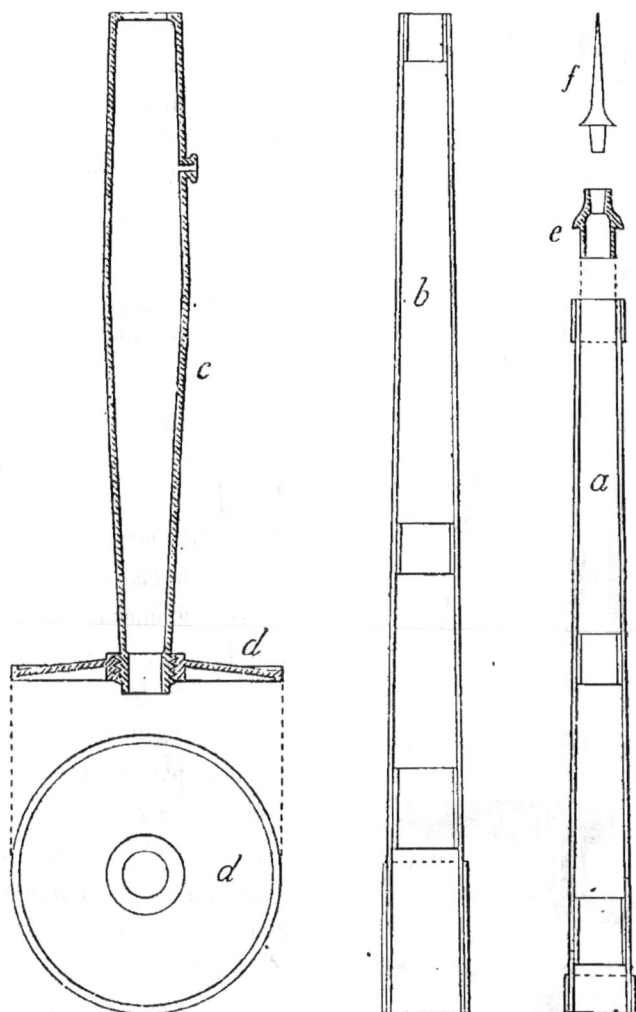

Fig. 45.

nerre forgé f. Il est souvent arrivé aux Indes, et surtout dans le Mekran, que les natifs se sont emparés de ces pointes pour s'en fabriquer une arme, en la plaçant à l'extrémité d'un bambou ; aussi on rive maintenant cet appendice au chapeau (fig. 45).

Le modèle de poteau en fer qui a rencontré le plus de faveur en Europe, et que l'on retrouve aussi dans toutes les parties du monde, est le poteau tubulaire de MM. Siemens frères (fig. 46). Il comporte quatre parties : 1° la base *a* ; 2° le socle *b* en fonte ; 3° le tube supérieur *c* en fer forgé ; 4° enfin le paratonnerre *d*, aussi en fer forgé. La base est formée de plaques de fer rivées ensemble. Elle joint à une grande rigidité une élasticité qui lui permet de céder à des tensions soudaines et excessives. Sur la petite plate-forme carrée qui se trouve au centre sont quatre trous, à travers lesquels passent les boulons à écrou qui relient la base au socle en fonte. Le tube inférieur ou socle diminue de diamètre vers sa partie supérieure, qui se termine par un renflement ou bague, dans lequel vient s'ajuster la partie supérieure tubulaire du poteau. Cette partie est fixée au

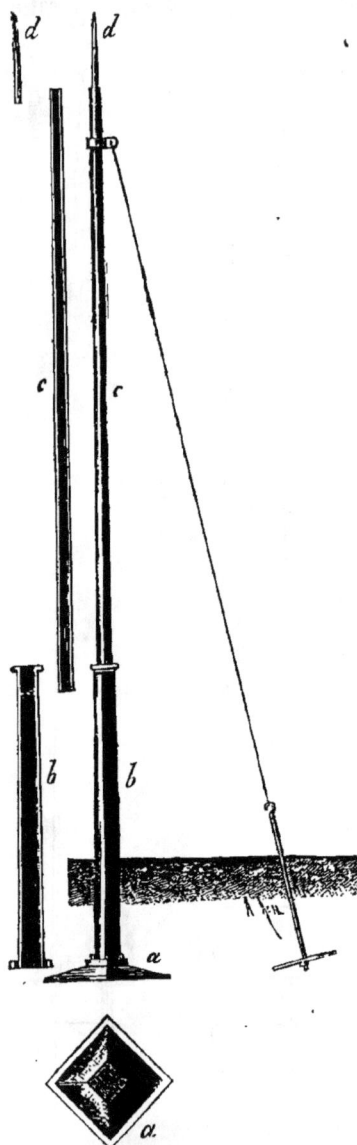

Fig. 46.

tube inférieur par un ciment composé de soufre et d'oxyde de fer. Le tube supérieur est formé d'un feuillet de fer dont la couture est rejointée à la forge; il est conique et se termine par une bague qui sert à recevoir le paratonnerre.

Ces poteaux varient de dimension suivant la tension qu'ils doivent subir; en général, ils coûtent trois fois autant qu'un poteau en bois de même force, mais ils durent certainement dans des proportions plus grandes.

Toutes les lignes égyptiennes sont construites avec des poteaux Siemens, et l'on peut voir, par la figure 47 ci-contre,

Fig. 47. — Poteaux Siemens Halske et Cie.

que, malgré leur solidité, les lignes construites avec ces poteaux en fer ne sont pas dépourvues d'élégance. (¹)

En Australie, on emploie beaucoup un poteau à base pyramidale en fonte, qui permet de le poser sans ouvrir de tranchée.

(¹) Ces lignes appartiennent à l'Eastern Telegraph.

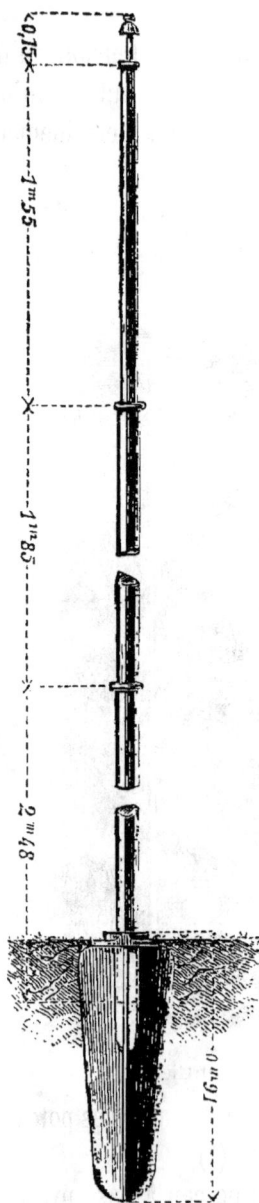

Fig. 48.

Ce poteau (¹), construit par M. Oppenheimer, de Manchester, est représenté dans les figures 48 et 49. Sa base a la forme d'une pyramide, à bords tranchants, que l'on peut forcer dans le terrain au moyen d'un mouton placé sur un trépied, (fig. 49); p, p' sont deux simples poulies sur lesquelles passent les cordages r, r' portant des manettes h, h'. Ces cordages supportent le poids W au moyen de crochets. La base de fonte est placée à l'endroit où l'on veut ériger le poteau et contient un socle temporaire. Par-dessus, on ajuste un collier en cordes b, destiné à amortir les chocs, puis le poids W. Une tige passant par la partie supérieure du trépied se fixe pareillement dans le socle temporaire et sert de guide. Le mouton est alors soulevé le long de cette tige directrice, et on le laisse retomber sur le manchon en cordes. On continue l'opération jusqu'à ce que la base en fonte soit de niveau avec le terrain. On enlève alors le guide, et l'on met le poteau en fer à sa place. Dans le principe, on le fixait au ciment, comme dans le système Siemens ; on le consolide maintenant par des coins en fer de différentes grandeurs qui maintiennent le poteau

(¹) Preece and Sivewright-Telegraphy.

dans son socle. Ces poteaux, une fois érigés, sont très fermes

et ne cèdent ja-
mais dans le ter-
rain. On com-
prend, en effet,
que la terre est
d'autant plus com-
primée et le sol
d'autant plus so-
lide que, par suite
de l'enfoncement
de la base en forme
de coin, on l'a for-
cée comme un pieu
en terre.

Un modèle de
poteau en fer bre-
veté par MM. Lee
et Rogers, de
Manchester, et
connu sous le nom
de « poteau en ru-
ban de fer » (Ri-
band Iron Post),
est formé de cor-
nières en fer (fig.
50), de hauteurs
variables, entou-
rées d'une série
de lamelles de fer
forgé se croisant
en directions op-
posées et rivées
entre elles à tous

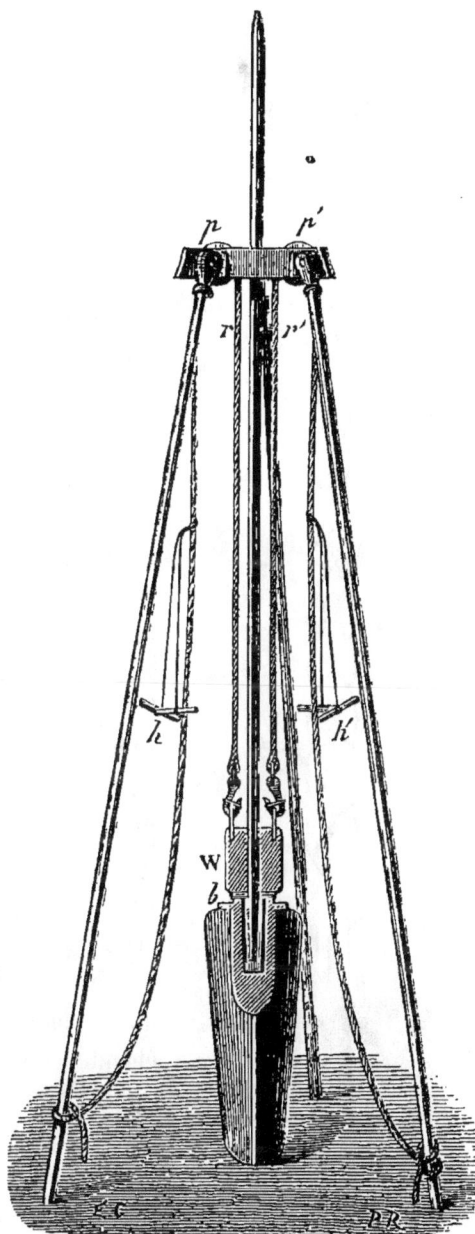

Fig. 49.

les croisements, aux cornières et aux points de contact. Le tout est ensuite consolidé et fermement fixé à un socle en fonte, terminé par une base en trépied.

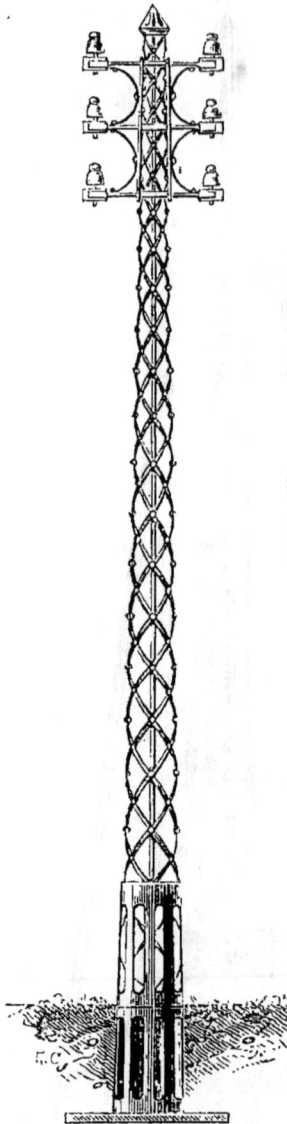

Ce poteau n'a pas été beaucoup employé en télégraphie. Il est élégant, mais peu solide et ne résiste guère à l'effort latéral. Il ne peut donc être que rarement employé, là où sa légèreté et ses formes élégantes militent en sa faveur.

Supports isolants. — Les isolateurs employés pour supporter les fils conducteurs se composent généralement d'une cloche en porcelaine plus haute que large dans laquelle un crochet en fer est scellé au plâtre. Cette cloche est parfois fixée au poteau au moyen d'un étrier en fer galvanisé et de deux vis, souvent aussi au moyen d'un support. Une des dispositions d'un isolateur du petit modèle est indiquée à la figure 51. L'isolateur grand modèle, représenté figure 52, diffère du précédent par ses dimensions, par la forme de l'étrier et par l'existence d'une double cloche intérieure en ébonite (caoutchouc durci ou vulcanisé) dont est recouvert le crochet. Un appui de hêtre est serré entre le collet de cet isolateur et le poteau. Ce modèle est l'isolateur belge ([1]). Pour fixer au poteau l'isolateur petit modèle, il

Fig. 50.

([1]) Rapport de M. Delarge, *Annales des Travaux publics.*

est nécessaire de comprimer l'étrier au moyen d'une petite presse
à vis de manière à serrer fortement la cloche. De cette façon,
on donne à cette dernière assez de fixité, sans cependant empêcher qu'elle puisse être tournée, pour faciliter l'introduction dans

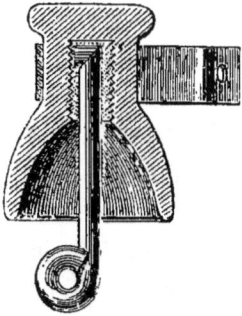

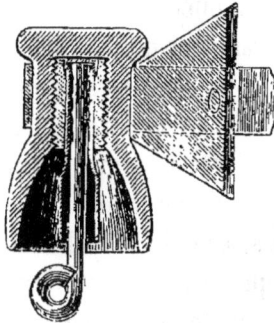

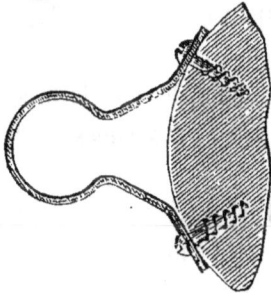

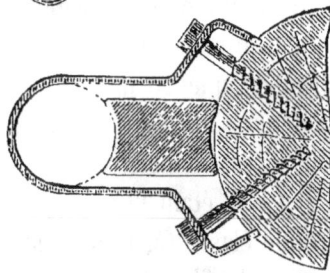

Fig. 51.   Fig. 52.

le crochet d'un fil déjà tendu. Lorsqu'on utilise ce modèle dans
les courbes de grand rayon, on cloue contre le poteau un petit appui en bois sur lequel vient porter la partie bombée de la cloche.

Le système d'attache des isolateurs de grand modèle à double
cloche présente toutes les garanties désirables de stabilité. La
pénétration convenable des vis ayant pour effet de comprimer
l'isolateur et l'appui en hêtre contre le poteau, et de déterminer
dans celui-ci un léger enfoncement des deux extrémités de l'é-
trier, il en résulte que le support isolant, tout en conservant une
élasticité convenable, peut supporter impunément de grands efforts
de traction. Cette disposition peut donc être adoptée avantageusement pour le gros fil et pour les courbes de petit rayon.

L'isolateur petit modèle est employé :

1° Avec le fil de 3 millimètres ;

2° Avec le fil de 4 millimètres, en ligne droite et dans les courbes de grand rayon.

Le grand modèle sert à supporter le fil de 5 millimètres et le fil de 4 millimètres en courbe de petit rayon.

Les avantages que présentent ces isolateurs, par suite de leur forme même, sont les suivants :

1° La cloche en porcelaine, ayant autour de son axe des sections parfaitement symétriques, peut être faite au tour.

L'épaisseur de la porcelaine est à peu près la même en tous les points, ce qui facilite la cuisson. Ces deux propriétés, jointes à cela qu'aucune pièce n'est rapportée ni collée, favorisent en outre la durée de l'isolateur, en mettant ce dernier à l'abri de l'influence nuisible des variations de température.

Depuis que ce modèle a été adopté en Belgique, le bris des isolateurs se réduit aux cas de malveillance, aux chocs ou accidents exceptionnels.

2° Le fil étant libre dans le crochet, et l'étrier jouissant d'une certaine élasticité, la porcelaine n'a d'autre effort à supporter que le poids du fil ; elle n'est pas soumise, comme dans les isolateurs qui arrêtent invariablement le fil, à des variations brusques de traction, ainsi qu'à des vibrations qui en altèrent la solidité.

Le crochet intérieur n'est pas assez gros pour que sa dilatation puisse faire éclater la cloche, ainsi que cela arrive dans certains modèles adoptés en Prusse. Or, l'on sait que ce sont surtout les fissures qui se produisent dans les supports qui compromettent la propriété isolante de ceux-ci. Il en résulte qu'un isolateur qui, au moment de sa mise en service, serait supérieur à celui du système belge comme pouvoir isolant, pourrait, s'il était soumis aux causes d'altération que nous venons d'indiquer, lui être de beaucoup inférieur après quelque temps d'emploi.

L'étrier en fer ne compromet point l'isolement, ainsi qu'on l'a prétendu. Les pertes de courant à la terre se produisent presque exclusivement par la surface de l'isolateur lorsqu'elle est mouillée par l'humidité de l'air atmosphérique. La propriété isolante dépend donc uniquement de la longueur de cette surface, et peut être renforcée, soit par l'augmentation de hauteur de la cloche, soit, ainsi que nous le verrons plus loin, par l'addition d'une double cloche intérieure. Les conditions qui résultent de l'emploi d'un étrier en fer sont sensiblement les mêmes que si le fil reposait sur la tête de l'isolateur, celui-ci étant supporté par une console en fer fixée dans l'intérieur, à l'exemple de ce qui existe dans le système anglais (fig. 53).

3° Le crochet étant scellé dans la partie de l'isolateur qui est protégée par l'étrier en fer, il est très difficile de briser complètement l'isolateur, même à dessein : lorsque la partie inférieure de la cloche est enlevée, le crochet continue à supporter le fil. Dans ce cas, l'isolement est en partie compromis ; mais le fil, ne se mêlant pas avec

Fig. 53.

ceux qui se trouvent sous lui, peut encore être utilisé. Les interruptions qui se produisent nécessairement dans ces circonstances par l'emploi d'isolateurs d'autres systèmes sont donc presque toujours complètement évitées.

Le scellement du crochet dans l'isolateur se fait au moyen d'un mastic que l'on forme en gâchant du plâtre réduit en poudre fine avec de l'eau contenant 1/15e de colle forte liquide. Ce scellement, par la grande dureté qu'il acquiert, permet de fixer le crochet sans qu'une cavité en retrait soit ménagée dans la porcelaine. Il n'offre pas, comme le scellement au soufre et à la limaille de fer, employé dans le principe, l'inconvénient de faire éclater la porcelaine par sa dilatation. Il est en outre plus économique que ce dernier mastic.

On donne aux fils une flèche convenable en les tendant par

des appareils placés de kilomètre en kilomètre sur des supports isolants d'une forme particulière.

Jusqu'à ce jour, le support de tension représenté figure 54

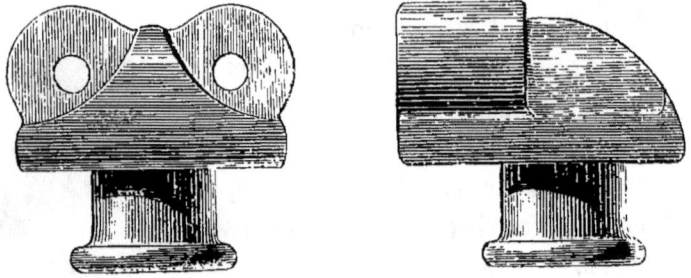

Fig. 54.

avait été exclusivement employé, soit avec les tendeurs doubles du système français, soit avec les tendeurs simples. Actuellement,

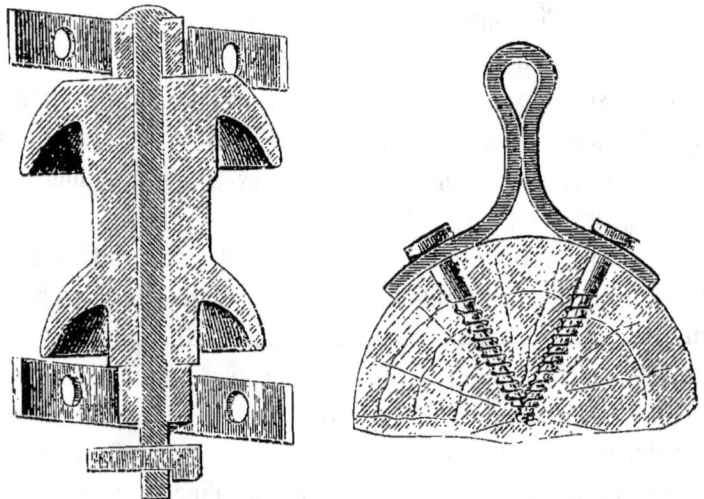

Fig. 55.

le support isolant dit *champignon* (fig. 55) est d'un usage gé-

néral ; il est traversé par un boulon porté par deux bridés que
l'on fixe au poteau au moyen de deux vis. Il est, à cause de la
ferrure, d'un prix un peu plus élevé et d'un assemblage plus
lent que le support de tension mentionné plus haut ; mais il a
sur ce dernier l'avantage d'offrir un meilleur isolement et une
stabilité plus grande.

Sur la partie cylin-
drique de cet isolateur
champignon on adapte
les tendeurs à collier
dont nous parlerons
plus loin. Ce support
sert, en outre, à arrê-
ter les fils d'une ma-
nière définitive à leur
entrée dans les bu-
reaux et dans les tun-
nels, à leur point de
raccordement avec les
lignes souterraines ou
avec celles qui traver-
sent les cours d'eau.
Il remplace aussi l'iso-
lateur-cloche dans les

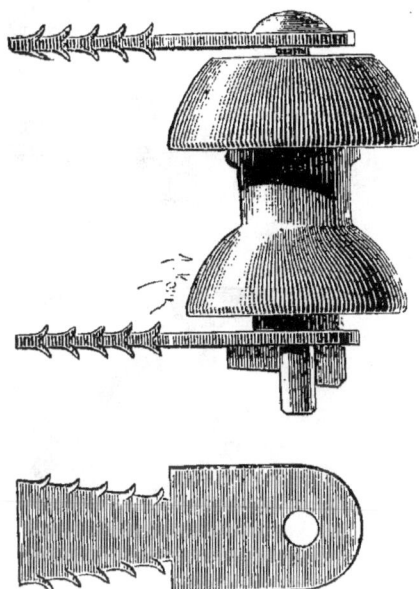

Fig. 56.

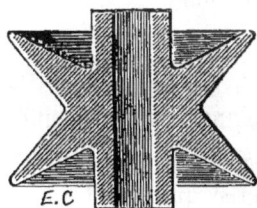

Fig 57.

lignes de direction irrégulière, au sommet des angles très prononcés. Ce cas ne se présente que sur les chaussées ou sur les

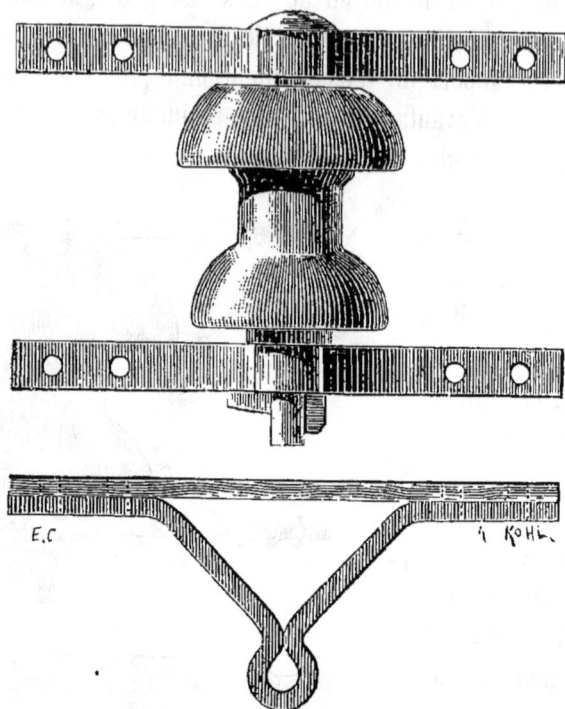

Fig. 58.

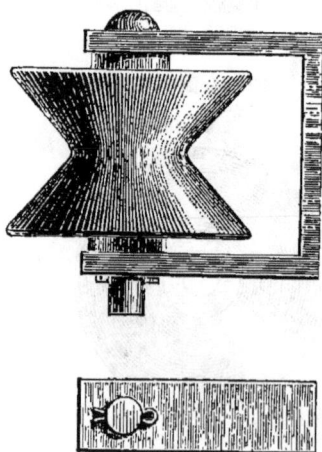

Fig. 59.

routes ordinaires. On maintient alors le fil sur cet isolateur en y fixant les deux extrémités d'un fil fin que l'on enroule autour du champignon.

Des ferrures de forme spéciale servent à supporter l'isolateur champignon dans les différentes circonstances que nous avons énumérées plus haut. Les ferrures dites d'arrêt galvanisées, plates (fig. 56), sont scellées dans la pierre, et les ferrures dites d'arrêt galvanisées, triangulaires (fig. 58), sont utilisées lorsque la surface d'appui est en bois et plane (poteaux jumelés, etc.).

L'isolateur dit interrupteur, représenté figure 57, est ordinairement employé lorsqu'il s'agit d'arrêter un ou deux fils à un bureau. Étant d'un très petit volume, il peut être fixé facilement au moyen des ferrures carrées représentées figure 59 ou des ferrures doubles (fig. 60), contre une simple planchette, quelquefois même contre le larmier des corniches. .

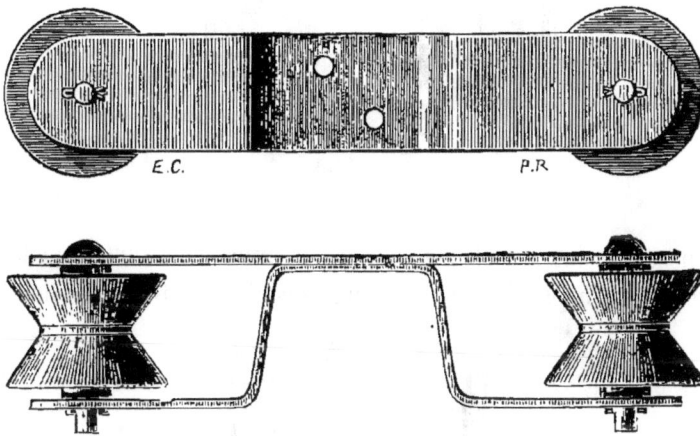

Fig. 60.

La ferrure à tenon, figurée en 61, est destinée à être fixée dans la pierre de taille.

La ferrure à crochet (fig. 62) permet d'intercaler un bureau sur un fil de ligne, sans qu'il soit nécessaire de fixer cette ferrure contre un bâtiment ou contre un poteau; un des bouts du fil de ligne est attaché au crochet, et l'autre bout à l'interrupteur porté sur la ferrure.

Cet interrupteur, ne donnant qu'un isolement imparfait, ne peut être employé que dans des endroits abrités contre l'humidité ou sur les lignes de faible parcours.

Les isolateurs dits isolateurs plats fermés et ouverts (fig. 59 et 62), qui étaient employés pour supporter les fils partout où

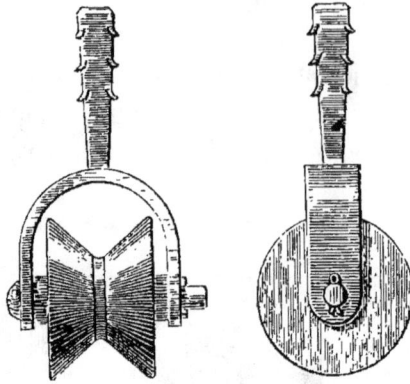

Fig. 61.

la pose d'isolateurs-cloches offrait des difficultés, sont actuellement supprimés. Ils étaient d'une installation très commode,

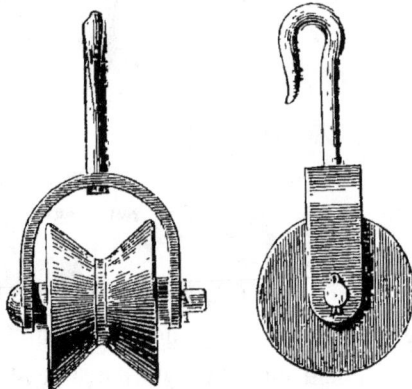

Fig. 62.

mais leur isolement laissait à désirer pendant les temps humides. On les remplace par des isolateurs-cloches ordinaires, que l'on fixe soit sur des poteaux écartés des bâtiments ou placés

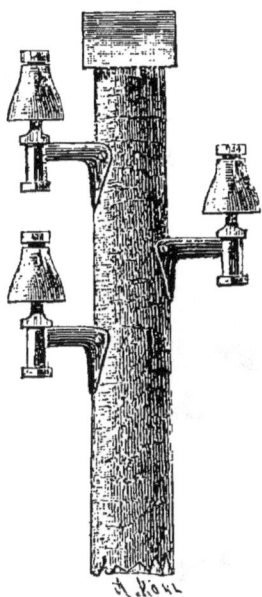

Fig. 63.

Fig. 64.

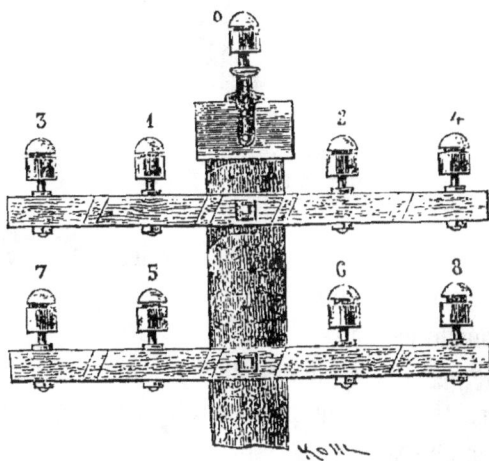

Fig. 65.

au-dessus des viaducs, soit sur des potelets obtenus par une section suivant l'axe d'un poteau ordinaire et attachés par des crampons aux constructions en maçonnerie.

En Angleterre on emploie souvent, sur les poteaux, des supports qui permettent de remplacer les isolateurs brisés en dévissant simplement un boulon. Les figures 63 et 64, qui s'expliquent d'elles-mêmes, indiquent le système tel qu'il est appliqué au poteau ou dans la maçonnerie.

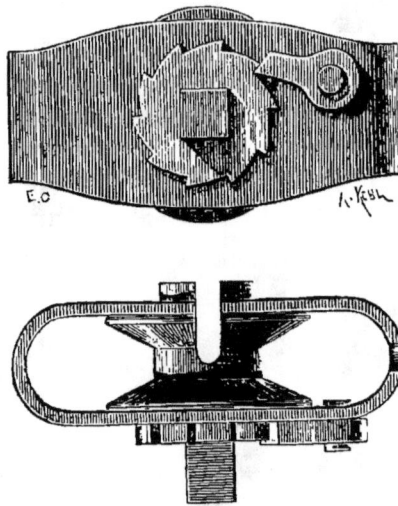

Fig. 66.

On a l'habitude aussi de numéroter les fils suivant le système indiqué par la figure 65, de façon à pouvoir les reconnaître sur tout le parcours.

Tendeurs. — Les tendeurs doubles du modèle adopté en France, et les tendeurs simples du système belge, ont été généralement employés jusqu'à ce jour. Le tendeur simple est représenté figure 66. Il se compose d'un tambour en fonte dont l'axe est muni d'une roue à rochet en fer et qui est percé d'une ouverture méridienne sur la moitié de sa longueur. Une chape formée d'une forte lame de tôle, repliée de manière qu'un intervalle suffisant pour le passage du fil soit ménagé entre ses extrémités, porte ce tambour ainsi qu'un cliquet qui s'engage dans les dents de la roue à rochet.

Pour se servir de ce tendeur, on introduit le fil au fond de la rainure et on tourne ensuite le tambour au moyen d'une clef formée d'une simple pièce de fer, dans laquelle on engage l'axe du tambour.

Ce tendeur peut donc être placé sans qu'il soit nécessaire de couper le fil. Il évite, par conséquent, les frais de main-d'œuvre qu'entraîne le placement des fils de jonction, ainsi que les inconvénients que peut occasionner la rupture accidentelle de ceux-ci. Il présente, par contre, un défaut qui en restreint l'emploi : n'étant point fixé à un support, il rend difficile, par sa mobilité, la tension d'un fil de 4 ou 5 millimètres de diamètre. Des poseurs très-vigoureux peuvent, seuls, tendre un fil de 4 millimètres sur une longueur de 1 000 mètres.

Cette circonstance ne permet de faire usage du tendeur simple que pour tendre le fil de 3 millimètres, qui est lui-même très rarement utilisé.

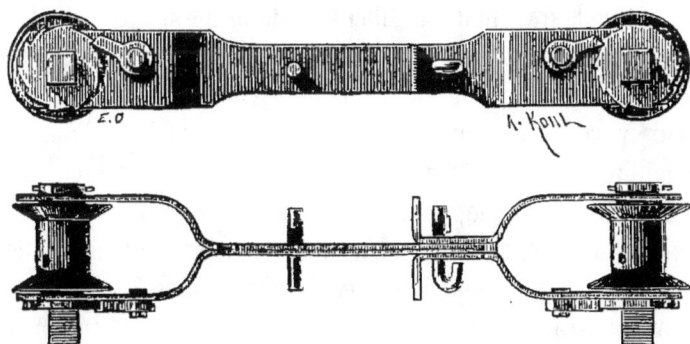

Fig. 67.

Le tendeur double (fig. 67) est formé de deux tambours, portés chacun par deux lames de fer ; les deux parties sont réunies par une clavette après que l'on a fait passer l'une d'elle dans l'ouverture ménagée dans le support de tension. On engage les deux extrémités du fil dans un trou percé dans chaque tambour, suivant un diamètre. Sur les axes des tambours sont fixées des roues à rochet.

Le tendeur qui est le plus généralement employé est le tendeur à collier (fig. 68 et 69) ; le tambour est porté par une

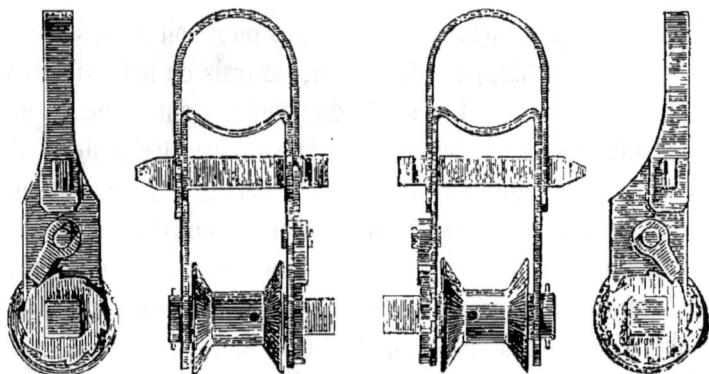

Fig. 68.   Fig. 69.

ame en fer, que l'on adapte, au moyen d'une clavette, à un collier qui saisit l'isolateur champignon. (Fig. 55, p. 152.)

Deux tendeurs, dont la différence de forme n'a d'autre but que de placer les deux axes des tambours dans un même plan horizontal, sont attachés à droite et à gauche du support. Ce tendeur permet d'opérer avec facilité la tension d'un fil de 5 millimètres. Sa pose exige un peu plus de temps que celle du tendeur double, mais son support isolant présente plus de fixité et un meilleur isolement que le support de tension, tel qu'il a été employé jusque dans ces derniers temps. Ce tendeur est surtout avantageux dans les courbes, parce qu'il permet d'exercer l'effort utile dans le sens de la résistance. Il convient, en outre, spécialement pour tendre un fil au point où il se termine.

Tous les tendeurs sont en fer galvanisé.

Il est indispensable de réunir les fils qui s'enroulent sur les tambours des tendeurs doubles et surtout des tendeurs à collier par un fil de jonction, soudé à ses deux extrémités.

Construction des lignes télégraphiques. — L'opération qui doit précéder la construction de toute ligne télégraphique consiste dans l'étude du parcours le plus favorable.

Si la ligne doit être établie en dehors du réseau des chemins de fer, on fait un relevé des différentes directions qui paraissent les plus avantageuses, et l'on compare celles-ci au point de vue des frais d'établissement, de la facilité d'entretien et de surveillance.

La route à suivre étant adoptée, on procède à l'expédition des matériaux. Sur les chemins de fer, ce transport est fait sans qu'il en résulte de frais pour le service des télégraphes. On forme ainsi des dépôts dans toutes les stations principales de la ligne, et l'on transporte ensuite les matériaux à pied d'œuvre, en se servant de petits wagons que l'on pousse à bras d'hommes sur la voie ferrée. Cette dernière manœuvre ne peut s'exécuter qu'à certaines heures de la journée qui dépendent du passage des trains. Il arrive même parfois, sur les lignes à simple voie, qu'il y a avantage à faire le transport des poteaux à bras d'hommes sur une grande partie du parcours.

Lorsque les lignes de chemin de fer ne sont pas encore livrées à l'exploitation, cette distribution de matériaux s'effectue ordinairement au moyen de locomotives. Sur les routes ordinaires, la distribution est faite, à partir de la station de chemin de fer la plus rapprochée, par des voituriers payés à la tâche.

Les dispositions de détail sont réglées comme il suit :

La distance verticale qui sépare deux fils situés d'un même côté du poteau est de 0^m.60. Cet écartement est réduit à 0^m.50 ou à 0^m.40 aux points où les lignes traversent des routes ou des sentiers. Les isolateurs situés d'un même côté du poteau sont placés au milieu des intervalles compris entre ceux qui se trouvent de l'autre côté. Cette donnée permet de déterminer l'éléva-

tion des poteaux à employer d'après le nombre de fils qu'ils doivent supporter. La hauteur du fil inférieur au-dessus du sol doit
être, au milieu de la portée, de 2 mètres au moins le long des
chemins de fer, de 3 mètres environ le long des routes ordinaires, et de 4^m.50 aux traverses parcourues par des véhicules
chargés.

Dans certains cas où la ligne doit traverser la route, on établit les isolateurs sur une barre transversale posée sur des poteaux plantés aux deux côtés du chemin (fig. 70), à une hauteur

Fig. 70.

suffisante pour livrer passage aux chariots. Bien entendu, on ne
doit faire passer les fils au-dessus des voies que dans le cas de
nécessité absolue.

Lorsque le nombre des fils devient considérable, on préfère
établir une seconde ligne sur le côté de la voie qui est disponible, plutôt que d'augmenter la hauteur des poteaux sur un
seul côté.

On obtient ainsi une économie réelle et une sécurité plus grande pour le service : les poteaux chargés d'un grand nombre de fils sont, en effet, plus sujets à être renversés que les autres, et leur chute entraîne souvent l'interruption complète de la ligne, ce qui ne peut se présenter que dans des circonstances tout à fait exceptionnelles lorsque les poteaux sont doublés.

Les poteaux de 9 mètres ne sont employés d'une façon continue que sur de très petits parcours, par exemple à l'intérieur des stations, lorsque les fils passent au-dessus de nombreuses voies, ou lorsque plusieurs lignes de direction différente se réunissent en une seule. Ils sont utilisés isolément, dans la construction des lignes ordinaires, à toutes les traverses peu importantes.

Les poteaux de 7^m.50 à 9 mètres, ayant de 0^m.60 à 0^m.63 de circonférence à 2 mètres de leur base, sont employés chaque fois qu'une forte résistance est nécessaire. Quand ils doivent supporter les appareils de tension, qu'ils se trouvent au sommet d'un angle prononcé, ou bien exposés aux grands vents, on les préfère aux poteaux ordinaires de cette taille qui n'ont que 0^m.42 de circonférence à 2 mètres de la base.

Les poteaux de 10^m.50 à 12 mètres, ayant respectivement 0^m.63 et 0^m.68 de circonférence, servent pour les grandes traverses à relever les fils, suivant leur nombre; les premiers suffisent généralement.

On emploie même des poteaux de 14 à 20 mètres, mais seulement dans des cas très rares, par exemple pour le passage des cours d'eau, pour faire passer les fils au-dessus d'un édifice, ou bien encore pour supporter un très grand nombre de fils, lorsque l'établissement d'une seconde ligne présenterait des difficultés. Dans la construction d'une ligne télégraphique, on doit chercher, autant que possible, à donner aux fils une direction générale rectiligne constante, tant dans le sens horizontal que dans le sens vertical. Les changements dans la direction de la voie ainsi que la différence de hauteur des supports ont pour résultat de former des angles qui rendent le réglage des fils, au moyen des tendeurs, difficile, très lent et de peu d'efficacité; il est donc de toute nécessité de raccorder les poteaux de dimension inférieure à ceux de dimension élevée au moyen de poteaux de dimension intermédiaire.

Il importe que l'effort que subissent les poteaux ne dépasse pas celui qui correspond à la limite d'élasticité. Pour un poteau de 9 mètres, enterré à $1^m.50$ de profondeur et ayant $0^m.20$ de diamètre au point d'affleurement, cette traction maximum est de 62 kilogrammes, si cette résultante a son point d'action à un mètre du sommet.

Cette considération suffit pour faire ressortir la nécessité de renforcer les appuis aux endroits où les fils s'arrêtent ou forment des angles très prononcés. Nous verrons, en effet, que l'effort de traction exercé par un fil de 4 millimètres, tendu d'après les conditions ordinaires de la pratique, peut atteindre 120 kilogrammes.

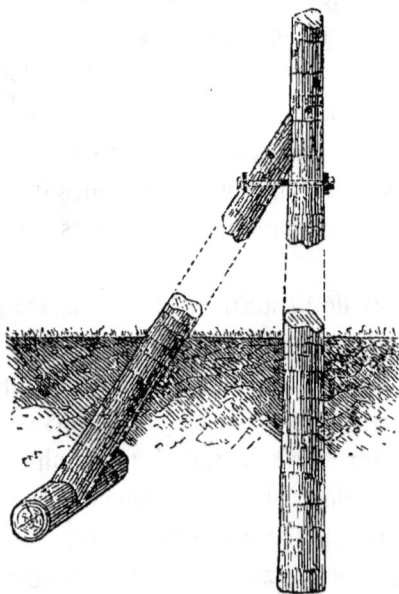

Fig. 71.

A l'entrée des bureaux importants, les fils sont ordinairement arrêtés à un potelet fixé dans la maçonnerie au moyen de ferrures spéciales.

Aux points où les fils aériens sont raccordés avec les lignes souterraines ou sous-marines, on assemble deux ou quatre poteaux, selon le nombre de fils, et on les réunit par des ferrures de manière à ce qu'ils soient parfaitement solidaires.

On fixe, en outre, au pied de ces poteaux, des traverses ou semelles en bois qui répartissent sur une plus grande étendue de terrain l'effort qui tend à les faire descendre. On consolide l'ensemble par des jambes de force dont on assujettit plus ou moins les pieds selon la nature du sol. Dans les courbes prononcées, on maintient les poteaux par des jambes de force que l'on fixe d'autant plus haut que la traction des fils est plus forte (fig. 71). Lorsque celle-ci atteint une certaine limite, soit par le grand nombre de fils, soit par une augmentation de portée, soit parce que l'angle formé par la direction des fils est trop aigu, on assemble les poteaux deux à deux par des ferrures en les réunissant à la tête A, et en les écartant l'un de l'autre au pied (fig. 72). Au besoin, on ajoute des jambes de force C, D. Il arrive parfois que la nature trop mobile du sol, la nécessité d'éviter le moindre déplacement des fils, ou d'autres causes, rendent ces moyens de consolidation insuffisants.

On a alors recours à des haubans, c'est-à-dire à des cordes de fils de fer tordus que l'on atta-

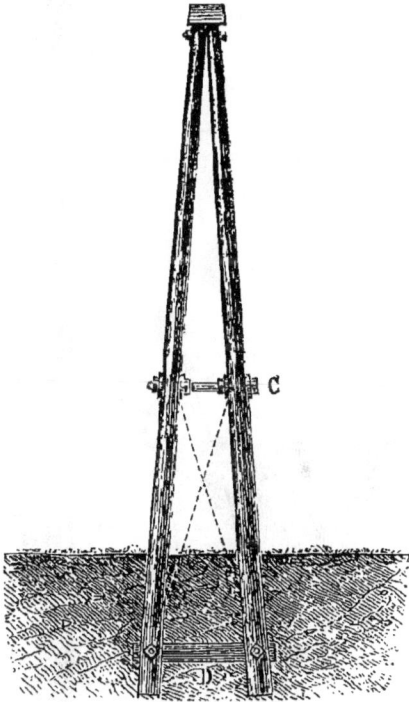

Fig. 72.

che d'une part à la partie supérieure des poteaux, et de l'autre à des points fixes qui existent déjà, tels que constructions en maçonnerie, etc., ou à des pieux ou traverses que l'on enfouit dans le sol. La direction des haubans doit être opposée à celle de la résultante des forces (fig. 73) qui agissent sur le poteau. La profondeur à laquelle sont plantés

les poteaux varie avec la nature du sol et l'effort à vaincre, mais
dans les terrains de bonne consistance, tels que les terrains ar-
gileux ou argilo-sablonneux, cette profondeur est généralement
de 1^m.50 pour les poteaux de 6 à 9 mètres inclusivement, de

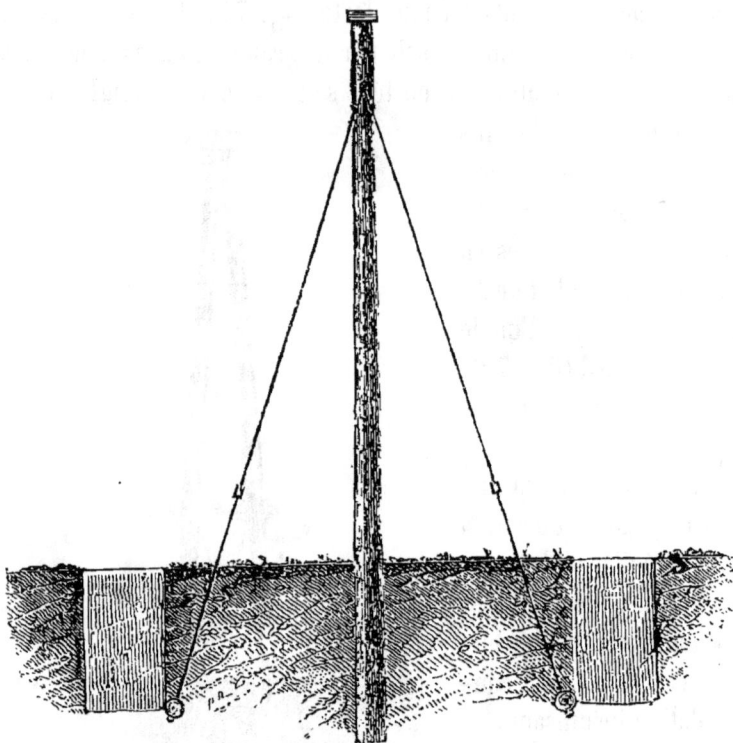

Fig. 73.

deux mètres pour ceux de 10 à 14 mètres, et de trois mètres pour
ceux de 20 mètres. Dans les terrains formés de roches quart-
zeuzes, calcareuses ou schisteuses, les trous doivent être forés
à la mine ou au moyen de fleurets. Dans ce cas, leur profondeur
ne dépasse guère 0^m.60. Quant à l'écartement ordinaire des
poteaux, il est de 100 mètres en ligne droite, et de 50 mètres
dans les courbes.

Les poteaux qui supportent les appareils de tension sont placés de kilomètre en kilomètre. Si deux lignes longent une même voie, on distribue avec égalité les fils de grande importance sur chacune d'elles, et on place ces fils, autant que possible, à la partie supérieure des poteaux, parce qu'ils y sont à l'abri des dérangements que peuvent produire les autres fils par contact ou par rupture.

Les brigades chargées de la construction des lignes se composent de dix à douze ouvriers, auxquels on adjoint parfois un ou deux jeunes poseurs dans le but de les initier aux détails pratiques du métier. Un contre-maître ou un poseur exercé a la surveillance immédiate de l'atelier.

La première opération de toute construction proprement dite consiste dans la distribution à pied d'œuvre des poteaux qui sont déposés dans les différentes stations de la ligne. Ce travail s'effectue sur les lignes de chemins de fer en exploitation au moyen de petits wagons poussés à bras d'hommes ; la longueur que l'on peut ainsi parcourir en une journée de dix heures varie ordinairement de 6 à 15 kilomètres, d'après la facilité avec laquelle on circule sur la voie par suite du passage des trains, les dimensions des poteaux, l'éloignement des stations de dépôt, etc.

Après la distribution vient la plantation des poteaux. Deux ouvriers ou deux jeunes poseurs fixent les supports isolants sur les poteaux avant qu'ils soient dressés. Cinq ou six hommes sont chargés de creuser les trous. Le reste de la brigade s'occupe de la plantation proprement dite. Les poteaux de dimension moyenne sont dressés à la main ; ceux de 12, 14 et 20 mètres sont soulevés au moyen de cordes et d'échelles. On donne aux trous la profondeur voulue en les creusant en forme de gradin C (fig. 74). On a soin de donner à l'excavation que l'on forme ainsi une direction parallèle à celle des fils A, afin que l'effort de renversement que le poteau pourrait avoir à subir, surtout dans les courbes, s'exerce sur les parties de terrain intactes et non ameublies par le déblai, comme cela arriverait si le trou était creusé dans le sens de B.

Comme il convient de remuer le terrain le moins possible,

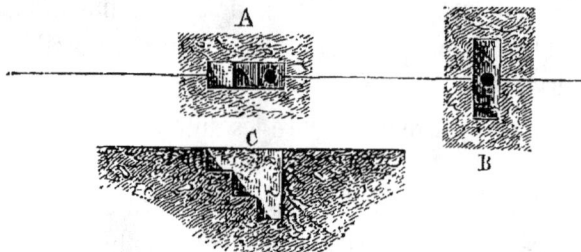

Fig. 74.

différents instruments ont été inventés pour retirer la terre des
trous ([1]). Les Espagnols se servent depuis quelques années d'une espèce de cuiller connue sous le
nom de *cuiller espagnole* (fig. 75), qui consiste en
un disque métallique a à bords coupants. La péri-
phérie est munie d'un rebord c qui retient la terre à
enlever. Le tout est muni d'un manche b. Avec cet
appareil on emploie une longue barre destinée à
désagréger le terrain, puis on introduit la cuiller,
que l'on fait tourner de façon à la faire pénétrer dans
le sol; on la retire chaque fois chargée, et l'on continue le jeu de la barre et de la cuiller jusqu'à la
profondeur convenable. Pour des lignes légères, où
les poteaux ne doivent pas être enfouis au delà de
1 mètre à 1^m.25, cet appareil est très-suffisant.
Mais quand il faut enterrer les poteaux à 2 mètres
et au delà pour des lignes plus lourdes, la difficulté qui résulte de la désagrégation du sol à ces
profondeurs ne permet plus d'employer la cuiller espagnole.

Fig. 75.

On a introduit récemment en Angleterre plusieurs systèmes
de fouissage dont voici le plus usité, inventé par M. Marshall.
Les figures 76 et 77 représentent l'appareil en plan et en sec-

([1]) Preece and Sivewright—Telegraphy.

tion. Un disque en métal est coupé, du centre à la circonférence, de manière à former deux lames aiguës. Par rotation, la terre passe par l'ouverture que forment ces deux lames, et on l'extrait de temps à autre en enlevant l'appareil hors du trou. En bas du

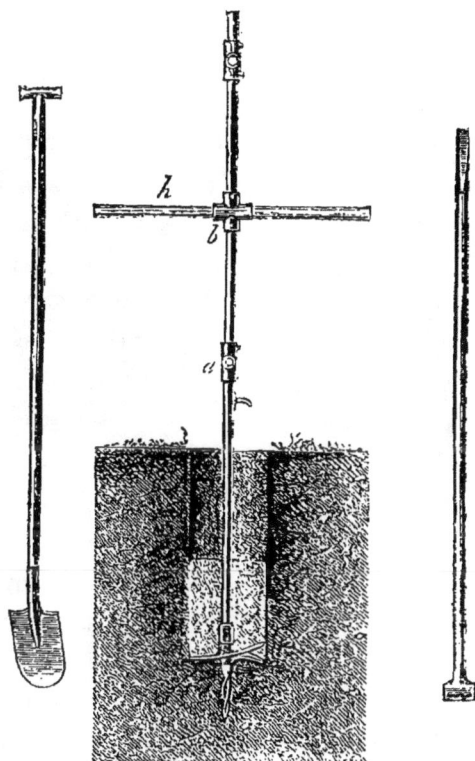

Fig. 76.

manche, et sous les lames, se trouve une sorte de vrille qui facilite jusqu'à un certain point le travail. Le manche est formé de sections tubulaires dont le nombre varie suivant la profondeur à atteindre. Ils sont munis de trous *ab* permettant l'insertion des manches *h* destinés à faire tourner ou à soulever l'ensemble. Une barre à mine accompagne l'appareil ainsi qu'une pelle à long manche. La barre sert à tasser le terrain autour du poteau une fois planté, ou bien à le dégager des pierres qu'il peut contenir.

Il paraîtrait que dans certains terrains l'*earth borer*, comme on l'appelle en Angleterre, a donné d'excellents résultats malgré l'opposition latente des ouvriers. Il ne peut, du reste, être utilisé que dans les terrains très meubles et dépourvus de pierres.

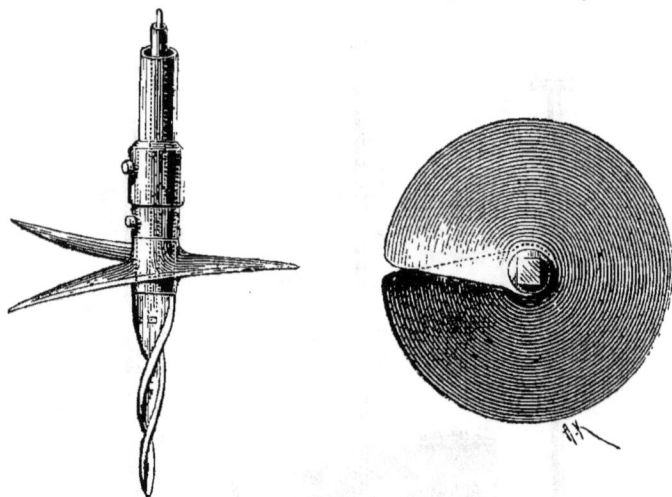

Fig. 77.

Dans une nouvelle forme d'*earth borer* inventée par M. Marshall, la vrille est supprimée, et la plaque formant une hélice à bords coupants la remplace. Le nouvel appareil est, paraît-il, moins coûteux que le précédent, et peut fonctionner sous l'effort d'un seul ouvrier dans les terrains légers.

Les poteaux sont fixés verticalement, sauf dans les courbes, où on les incline généralement du côté extérieur. On tasse le terrain à la hie par couches de 0^m.10 à 0^m.15.

L'avancement moyen d'une brigade de dix ouvriers, de deux poseurs et d'un contre-maître, est de 3 kilomètres par jour dans un terrain d'argile et de sable.

Lorsque les poteaux sont plantés sur tout le parcours, on procède à la pose des fils. Cette opération s'effectue ordinairement sur un fil à la fois. Une brigade place en moyenne dix kilomètres de fil par jour. Trois ouvriers s'occupent à tendre le fil sur le sol; deux tirent le fil par une de ses extrémités, et le troisième fait tourner une bobine qui le contient. Ces ouvriers s'avancent d'une manière continue, et raccordent provisoirement les bouts des rouleaux.

Trois ouvriers font les ligatures définitives et soudent; deux ouvriers, munis d'échelles, placent le fil dans les isolateurs. Si les poteaux de grande hauteur sont nombreux, un homme en plus est nécessaire pour porter une longue échelle, ou pour monter sur les poteaux au moyen d'appareils grimpeurs.

Le reste de la brigade pousse le petit wagon chargé des outils et objets nécessaires, ainsi que le fil de fer destiné à la pose d'autres fils s'il y a lieu. Arrivés au poteau d'arrêt, les ouvriers qui soudent se réunissent à ceux qui les suivent pour opérer la tension du fil. Six à huit hommes sont nécessaires pour cette opération, selon la dimension du fil. Un ouvrier tourne le tambour du tendeur, pendant que les autres tirent le fil au moyen de pinces. La flèche que l'on donne en ce moment aux fils est ordinairement exagérée et irrégulière. Après que tous les fils sont posés, on procède à la révision complète de la ligne.

Une brigade opère, en général, en dix heures de travail, la pose de quatre kilomètres de fil supplémentaire, installation des isolateurs comprise.

Lignes aériennes des villes en Angleterre. — Dans certains grands centres anglais où l'on n'a pas voulu faire des li nes souterraines, et où il n'a pas été possible de construire la ligne sur poteaux ou sur consoles, on a adopté le système des *over- house telegraphs*, où les fils sont établis sur le toit des maisons. Une compagnie de télégraphie, le « Metropolitan Tele- graph », que le Post Office a absorbée comme les autres, avait établi ses lignes sur des potelets en fer supportant un fil unique, au-dessous duquel était suspendu un léger câble aérien conte- nant un certain nombre de fils isolés. Ce système a été modifié, et voici comment sont établies ces lignes là où l'administration anglaise les a conservées (¹).

(¹) Preece and Sivewright-Telegraphy.

Dans leur construction, on n'emploie que des matériaux de choix. Les supports sont des potelets en fer, dont la hauteur varie suivant les conditions du travail. Ils sont fixés dans des socles plantés sur la crête des toits, ou bien on les adapte dans des coussinets ordinairement en fer, mais que l'on peut aussi façonner en bois. Un trou est ménagé dans ces coussinets pour y fixer le potelet aussi solidement que possible. Tous les potelets employés dans ce genre de travail doivent être raffermis dans toutes les directions par des haubans, Le conducteur employé est composé d'une corde formée de trois brins en fil numéro 16. De cette façon, la ligne est moins susceptible de rompre sous son poids, et cause d'ailleurs moins de bruit dans ses vibrations que ne le ferait un fil solide. Quand elle doit être exposée à l'action de la fumée ou des gaz émis dans le voisinage, on la recouvre de rubans goudronnés qui retardent beaucoup les effets de la destruction. Les isolateurs employés sont du modèle ci-contre (fig. 78-79), qui a pour effet de diminuer

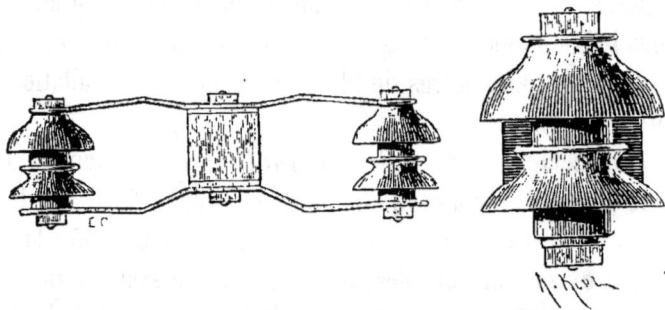

Fig. 78.

la friction inhérente aux longues portées qu'il faut donner aux fils. Cette forme d'isolateurs réduit d'ailleurs le risque que court le fil de se casser sous l'effet de la tension. Autant que possible, il ne faut traverser les grandes voies qu'à angle droit et non en biais. Plus la longueur de fil qui les croise est courte moindre est le danger qui résulterait d'une rupture.

Lorsqu'il n'est pas possible de fixer les potelets, on peut se servir des cheminées comme de points d'attache; mais alors il faut les choisir avec grand soin et s'assurer de leur solidité. On les encercle alors d'une bande de fer qui sert de point d'attache. En général, les propriétaires se plaignent du bruit que causent les vibrations des fils attachés à leur immeuble; ce qui se produit surtout lorsque le fil est trop tendu. L'hiver, les vibrations augmentent encore par l'effet de la contraction. On a cherché à

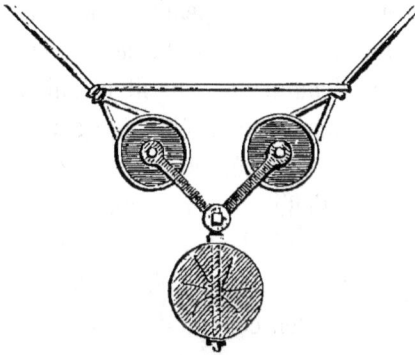

Fig. 79.

remédier à ces inconvénients en enveloppant les isolateurs de peau de chamois; ce qui donne d'assez bons résultats. Toutefois, le meilleur moyen de supprimer tout bruit consiste dans l'emploi d'un morceau de chaîne d'environ un mètre, de chaque côté de la ligne, au point d'attache. A l'extrémité de ces chaînes, le fil est solidement fixé et soudé, et les vibrations cessent.

Lignes souterraines. — Les premiers fils employés en Angleterre, à l'origine de la télégraphie, étaient enfouis sous terre et formés d'un conducteur en cuivre numéro 16, recouvert de coton imbibé jusqu'à saturation d'une épaisse solution de goudron. Ces fils, groupés en un cordage de trois, quatre ou plus, étaient ensuite enfermés dans un tuyau de plomb, que l'on garantissait à l'extérieur par de la corde goudronnée. A certains intervalles, les bouts des fils étaient ramenés à la surface dans une borne d'épreuve en fonte. Les lignes sous tunnels étaient construites de la même façon et renfermées dans des augets en bois. M. Walker paraît avoir introduit le premier la gutta-percha, en Angleterre, comme matière isolante des fils télégraphiques qu'il posa sous les tunnels du *South Eastern Railway*. M. Siemens avait, vers la même époque, recouvert également des fils de cuivre d'un enduit où la gutta-percha entrait comme base. C'est au printemps de 1848 que le gouvernement prussien adopta le système des fils souterrains enduits de gutta-percha. Dès cette époque, M. Siemens avait posé les bases d'un système rationnel d'épreuves, pendant la construction et la pose, et même pour la découverte du lieu précis des solutions de continuité soit de l'enduit, soit du fil métallique. Il signalait en même temps des phénomènes électriques produits sur une ligne de plus de 2 500 kilomètres, où des courants de retour se produisaient sous l'effet de l'induction due à ce que le fil souterrain, avec son enduit isolant, représentait une énorme bouteille de Leyde qui se chargeait d'électricité, comme cela se passe dans l'expérience bien connue de Volta.

Le système primitivement adopté en Angleterre pour l'enfouissement des lignes souterraines a été conservé ; on se sert de tuyaux en fonte dans les endroits où le sol peut vibrer fortement sous le charroi, et de tuyaux en poterie dans les parties moins éprouvées. Les dimensions de ces tuyaux varient suivant le nombre de fils qu'on y veut introduire, et, en construisant la ligne, on laisse à l'intérieur de chaque tuyau un fil de fer se raccrochant au suivant, de manière à pouvoir amener les câbles.

En France, on procède à peu près de la même façon, et M. Ch. Bontemps a donné une description complète et intéressante de la pose des lignes souterraines. Toutefois les systèmes anglais et français nécessitent l'introduction de câbles ou de fils à l'intérieur de tuyaux ayant des dimensions assez restreintes. Tant qu'on va en ligne droite, la traction du fil s'opère sans trop de difficulté ; mais il n'en est plus ainsi dès que la moindre courbe se présente, et souvent le guide casse, et l'on est obligé de briser des tuyaux ou de les dessouder au prix d'une grande perte de temps et d'argent.

Aussi sommes-nous surpris que l'on n'ait pas donné plus d'extension au système Delperdange adopté en Belgique, et que nous allons décrire ici pour montrer sa supériorité.

Les tuyaux qui doivent servir au dépôt des câbles sont en fonte, et ont tous une longueur de trois mètres ; mais leur diamètre diffère suivant qu'ils doivent contenir 7, 5 ou 3 câbles ; ils ont alors respectivement $0^m.077$, $0^m.062$ ou $0^m.052$ de diamètre intérieur.

Leur épaisseur est de $0^m.008$. Ils sont munis sur toute leur longueur d'une rainure de $0^m.025$ de large qui a pour but d'introduire le câble dans le tuyau sans qu'il soit nécessaire de l'y tirer par une de ses extrémités. Cette rainure vient de fonte lors de la coulée des tuyaux. Une barre de fer à T renversé (fig. 80)

Fig. 80.

s'engage dans la rainure, et y est fixée par trois clavettes placées l'une au milieu, et les autres aux extrémités du tuyau. L'espace libre de la rainure est ensuite rempli d'un mastic composé de limaille de fer, de sel ammoniac et de soufre, que l'on tasse fortement.

L'assemblage des tuyaux deux à deux se fait comme suit. On les aboute de manière à ce qu'ils soient en ligne droite. Comme ils sont munis d'un renflement aux extrémités, après que les câbles y ont été introduits, on entoure les deux bourrelets en contact d'une même bande en caoutchouc. Dans l'assemblage tel qu'il se pratique d'ordinaire pour les conduites d'eau ou de gaz, cette bande forme un anneau complet ; mais dans la construction des lignes télégraphiques, cet anneau doit être coupé, puisqu'il n'est placé qu'après la pose du câble. Ses deux extrémités sont taillées en biseau de manière que leur recouvrement présente une épaisseur égale à celle de la bande. On réunit les deux extrémités au moyen d'un boulon que l'on fait pénétrer dans une ouverture ménagée *ad hoc*.

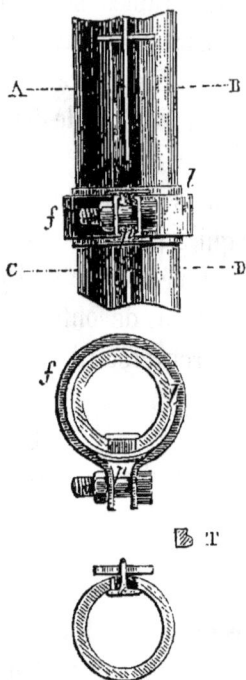

Fig. 81 et 82.

Sur l'anneau en caoutchouc ainsi formé (fig. 81), on place une bride en fer forgé *f* qui saisit parfaitement la forme des bourrelets. Les extrémités de cette bride sont recourbées, et on les rapproche au moyen d'un boulon à écrou, de façon à comprimer fortement la bague en caoutchouc. On empêche que celle-ci ne se plisse pendant le serrage en interposant une petite plaque de cuivre *p* entre elle et la bride en fer au point où cette dernière se recourbe.

Avant d'opérer l'assemblage, il est nécessaire de faire disparaître l'ouverture qui existe dans les bourrelets des tuyaux par suite de la rainure dont ils sont munis. On y introduit, à cette fin, une petite pièce en fonte T (fig. 82) qui a précisément la forme du bourrelet et la largeur de la rainure. Les barres laminées en forme de T sont coupées à leurs extrémités de manière à permettre le placement de cette pièce supplémentaire.

De 200 en 200 mètres se trouvent, dans la ligne souterraine, des tuyaux de 1 mètre de longueur qui sont munis d'un renflement en forme de cylindre vertical, fermé à la partie supérieure par un couvercle. Ces regards permettent de faire avec facilité les recherches nécessaires pour découvrir les dérangements (fig. 83) qui peuvent se produire. Ils sont recouverts par le pavage, et leur position doit être relevée sur le plan de la ligne.

Les conducteurs isolés au moyen de la gutta-percha, et réunis

en forme de câble, sont également utilisés pour traverser les cours d'eau, les
tunnels et les égouts.

Dans le premier cas, les câbles sont
identiques à ceux que l'on jette au fond
de la mer pour relier des rivages éloignés. L'armature protectrice en fer doit
toujours être de forte dimension si la
rivière est navigable, à cause de la faible profondeur des eaux dans lesquelles ces câbles sont plongés.

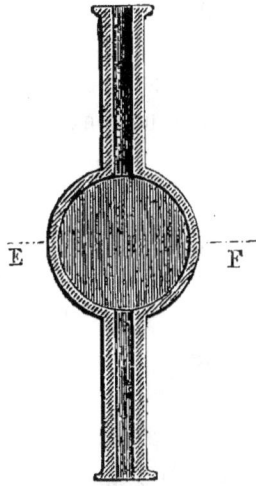

Dans les tunnels, les câbles sont uniquement formés (fig. 84) de fils de cuivre isolés par une double gaine de
gutta-percha entourée de chanvre goudronné et recouverte de glu marine. On
les fixe aux parois du tunnel au moyen
de cornières que l'on maintient à la
naissance de la voûte par des supports
en fer forgé en forme de double équerre,
fixés au moyen de crampons. Ces supports sont espacés l'un de l'autre d'un
mètre; ceux qui réunissent deux cornières voisines ont 0m.05 de largeur,
tandis que les autres n'ont que
0m.03 (fig. 85).

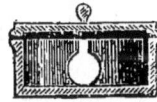

Fig. 83.

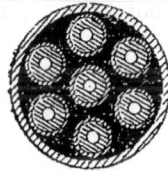

Fig. 84.

Les câbles qui traversent les
tunnels sont raccordés aux fils
aériens au moyen de bornes,
serre-fils, etc., destinés à faciliter les recherches en cas de
dérangement.

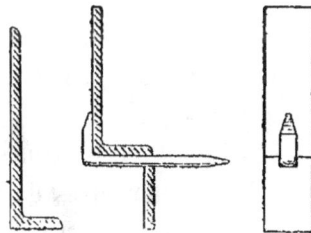

Fig. 85.

Voici une disposition de boîte pour bornes d'épreuve adoptée

en Belgique (¹), qui offre toutes les garanties désirables, tant
sous le rapport de la durée que sous celui de l'isolement.

Une console en fonte (fig. 86), fixée dans la pierre de taille
par des boulons scellés au plomb, supporte une tablette en bois
de chêne dans laquelle est encastrée une planche verticale qui
porte les écrous. Une caisse en zinc laminé de 2 millimètres
d'épaisseur recouvre cette planche, et repose sur la tablette de
la console en fonte, en s'adaptant à frottement sur la tablette en
bois. Des vis à tête ronde fixent, en outre, la caisse à cette tablette.

Les fils des câbles et ceux en gutta-percha qui sont soudés
aux fils aériens pénètrent dans la boîte par deux ouvertures ménagées de chaque côté de la tablette.

La boîte étant écartée des parois du mur par la console, il est
de toute impossibilité que l'humidité puisse pénétrer jusqu'à l'intérieur.

Quand il s'agit de relier les câbles sous-marins à la station
d'opérations, on fait toujours aboutir la ligne marine à un petit
bâtiment spécial que les Anglais appellent *Cable house*, et dans
lequel se font chaque semaine les épreuves électriques qui indiquent l'état de la ligne sous-marine.

A Marseille, deux maisonnettes affectées à ce service par l'État
et l'*Eastern Telegraph Company*, se trouvent près de l'entrée
du parc Borély et sur les bords de l'Huveaune. Ces deux édifices,
situés respectivement sur la rive gauche et sur la rive droite de
la rivière, reçoivent plusieurs câbles qui arrivent de la mer par
l'Huveaune, dont l'embouchure est située à environ 140 mètres
plus bas.

Les lignes sous-marines sont reliées aux lignes souterraines
par des paratonnerres dont nous donnerons plus tard la description. Quelques-unes sont en égout, d'autres en tranchée.
Dans les deux cas, ces lignes sont formées de sections de câbles

(¹) Notice de M. Delarge, *Annales des travaux publics*.

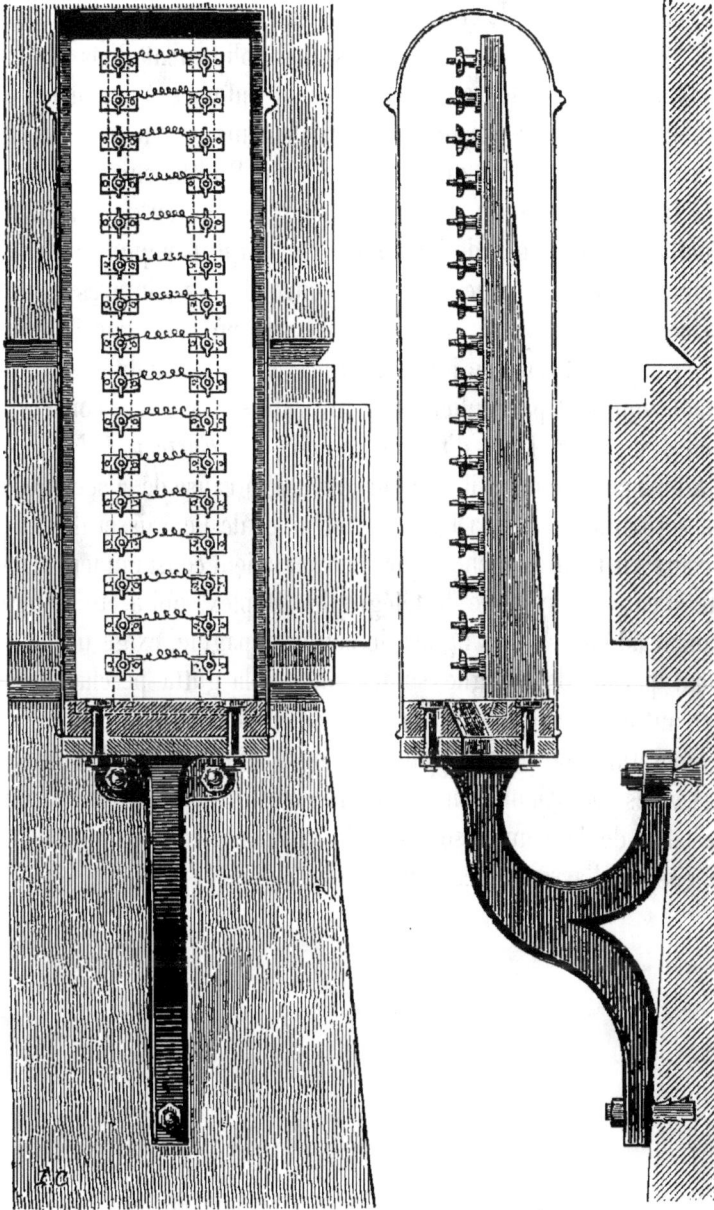

Fig.° 86

marins des grandes profondeurs. Dans l'égout ils sont fixés à
la voûte au moyen de crampons semblables à ceux que nous avons
décrits plus haut, et que l'on a scellés solidement dans la maçonnerie. Les lignes souterraines sont enfouies à un mètre de
profondeur dans le sol, et les raccordements sont faits au moyen
des joints du système de M. Willoughby Smith, encaissés dans
des tuyaux en poterie rendus étanches au moyen de ciment de
Portland. Les lignes de l'*Eastern Telegraph Company* ne contiennent d'ailleurs que trois ou quatre de ces jointures sur un
parcours d'environ 4 kilomètres. Le sol où ces lignes ont été
déposées (le Prado de Marseille) présente des conditions d'humidité qui sont particulièrement favorables à la bonne conservation des câbles. Dans d'autres stations de l'*Eastern Telegraph*,
à Aden, par exemple, il a été nécessaire, à cause de la sécheresse
du sol parcouru par la ligne souterraine, de l'encaisser dans des
tuyaux en fonte étanches, que l'on maintient constamment remplis d'eau. Le système de télégraphie Duplex, qui a été généralement adopté sur les lignes de cette compagnie, exige un isolement parfait de la ligne souterraine, et la gutta-percha, en se
gerçant au bout de quelques mois sous l'effet des variations de
température, ou bien par suite des émanations du gaz d'éclairage
des villes, occasionne une perte de courant telle qu'il n'est plus
possible de la compenser dans la balance électrique si délicate
exigée par l'arrangement du Duplex.

CHAPITRE III

CONSTRUCTION ET POSE DES CABLES SOUS-MARINS.

Atterrissements. — Choix de la route. — Causes de détérioration. —
Réparations. — Relèvements.

> C'est là qu'immense et lourd, loin de l'assaut des ondes,
> Un câble, un pont jeté pour l'âme entre deux mondes,
> Repose en un lit d'algue et de sable nacré ;
> Car la foudre, qu'hier l'homme aux cieux alla prendre,
> Il la fait maintenant au fond des mers descendre,
> Messagère asservie à son verbe sacré.
>   SULLY PRUDHOMME.

> Ce siècle a vu sur la Tamise
> Croître un monstre à qui l'eau sans bornes fut promise,
> Et qui longtemps, Babel des mers, eut Londre entier,
> Levant les yeux dans l'ombre au pied de son chantier,
> Effroyable, à sept mâts mêlant cinq cheminées,
> Qui hennissaient au choc des vagues effrénées.
>   V. HUGO, *Légende des siècles.*

Depuis 1857, date où put fonctionner régulièrement le premier câble entre Calais et Douvres, la télégraphie océanienne a fait des progrès gigantesques. Une demi-douzaine au moins de ces câbles traversent le lit de l'Atlantique vers le nord et vers le sud, et le réseau sous-marin est si étendu qu'il ne reste plus qu'à franchir l'océan Pacifique pour compléter la ceinture télégraphique du globe.

Ce grand développement de la télégraphie sous-marine est dû à l'Angleterre, dont l'entreprise et les capitaux ont amené ce brillant résultat ; nous donnons ici les portraits de quatre des principaux directeurs des grandes compagnies qui ont leur siège à Londres.

Les parties vitales d'un câble sont : 1° le conducteur, véhicule

des signaux formés au moyen de la source électrique ; 2° la matière isolante, qui environne le conducteur et empêche la déperdition du courant à la mer. Ces deux matériaux, réunis et convenablement combinés, forment l'âme du câble et suffiraient aux
transmissions, s'il était possible de les déposer sans secousse ni
abrasion au fond de la mer.

On a agi de cette façon pour le câble d'essai posé entre Dou-

Fig. 87. — M. John Pender, membre du Parlement,
chairman de l'*Eastern Telegraph C°*.

vres et le cap Grinez en 1850, et aussi pour le câble mis à la
disposition des armées alliées en Crimée en 1855 ; mais, bien
que, dans le second cas, les communications aient pu être maintenues pendant onze mois, on comprend aisément qu'il n'est pas
possible, en général, d'abandonner à son sort, au fond des eaux,
un fil simplement protégé par la gutta-percha.

L'âme des câbles est donc généralement recouverte de filin de chanvre ou de jute, goudronné ou préservé dans le tannin ; c'est autour de ce cordage que l'on enroule, en spirale, des fils de fer ou d'acier galvanisés, destinés à donner au câble une très grande force longitudinale. Cette enveloppe métallique est protégée de la rouille par deux couches inverses d'étoupe mélangée à du bitume silicaté.

La constructon des câbles nécessite deux opérations bien distinctes, qui sont souvent dirigées par des ingénieurs spéciaux. La

Fig. 88. — Le baron Emile d'Erlanger, directeur consultant de l'*Eastern Telegraph C°*.

première se rapporte aux conditions électriques à donner au câble , la seconde se préoccupe spécialement de lui fournir la force nécessaire pour résister aux efforts qu'il doit supporter pendant la pose. Suivant les longueurs à franchir et les profondeurs à traverser, les câbles doivent remplir, électriquement et mécaniquement, certaines conditions dont nous allons nous occuper.

On emploie toujours le cuivre comme conducteur, parce que ce métal résiste moins que tout autre au passage de l'électricité et permet, par conséquent, de transmettre plus vite. Ainsi, l'on peut écouler six fois plus de mots par minute, par un fil de cuivre, que par un fil d'acier de mêmes dimensions. Les ingénieurs contrôlent toujours scrupuleusement, par l'épreuve électrique du pont de Wheatstone, la qualité des fils conducteurs telle qu'elle a été stipulée dans les marchés.

Fig. 89. — Sir James Anderson, directeur général de l'*Eastern Telegraph C°*

Dans les premiers câbles, les interstices entre les fils fins du toron restaient vides, et l'eau pénétrait invariablement jusqu'au cuivre, à travers les pores de la gutta-percha ; l'eau trouvait un écoulement le long de ces interstices et produisait une oxydation, que l'on a constatée dans presque tous les câbles primitifs. C'était une source de danger à laquelle on a obvié depuis, en empâtant le toron de composition Chatterton. C'est un mélange de 3 par-

ties en poids de gutta-percha, de 1 partie de résine et de 1 partie
de goudron de Stockholm, qui a l'avantage de combler les interstices du toron et de le faire adhérer fortement à la gaîne isolante.

La manufacture du toron cuivre est excessivement simple.

Les bobines, contenant le fil fin destiné à former le faisceau,
sont placées sur une table tournante, mise en rotation autour

Fig. 90. — Sir Daniel Gooch.
chairman de la *Telegraph Construction and Maintenance C°*.

d'un fil central. Des freins règlent convenablement le mouvement
de chaque bobine et s'ajustent à la main, jusqu'à ce que l'ouvrier
sente une tension égale sur chaque fil. Chaque fil du toron s'écoule
avec un effort égal et constant, autrement un fil pourrait parfois
former bosse et se boucler, durant le recouvrement avec la matière isolante, à travers laquelle il se forcerait un chemin. Chaque
longueur de fil est soudée à la suivante, de façon qu'aucune extrémité libre ne puisse percer la gutta-percha. Lorsqu'il faut joindre

un toron à un autre, les extrémités sont rendues rigides, au moyen de soudure, puis limées en biseau, de façon à ce que les deux becs de flûte s'adaptent parfaitement. Un petit étau *ad hoc* permet de maintenir les deux parties rapprochées et de les souder entre elles. Cette première soudure est recouverte de fils fins, et l'on soude à nouveau, afin de donner au joint la rigidité d'un fil solide.

En recouvrant le toron de gutta-percha, cette matière est appliquée à chaud et à l'état plastique, par couches successives, passant à travers une série de matrices progressivement et convenablement agrandies. On interpose entre chaque couche de gutta-percha un enduit de chatterton, qui ajoute à l'isolement et soude parfaitement entre elles les couches de matière isolante (fig. 91 et 92).

A mesure de sa formation, le fil est entraîné dans de longs augets, remplis d'eau maintenue très-froide. Le fil se consolide promptement et s'enroule automatiquement sur des tambours. Une fois terminé, le fil séjourne pendant quelque temps dans l'eau où il s'assaisonne. Il y a deux cylindres à chaque machine, disposés de façon qu'on évite le chômage en chargeant l'un d'eux de pâte, tandis que l'autre se décharge par le moule. On conçoit qu'en fabriquant des fils télégraphiques, il est essentiel de maintenir le conducteur parfaitement au centre de la gutta-percha. Ce résultat s'obtient au moyen de guides et d'une disposition particulière du moule dont nous avons parlé, et que la figure indique.

Les jointures du fil s'opèrent à la main, en appliquant sur les extrémités, convenablement ramollies et réunies entre elles, une ou deux couches de gutta-percha plastique en feuille, cimentées entre elles au moyen de chatterton (fig. 93). Cette opération exige de grands soins et une extrême propreté; mais les ouvriers chargés de faire les soudures, dans les usines, acquièrent promptement une très grande habileté, et il est rare que la jointure, éprouvée à l'électromètre ou par la méthode d'accumulation, doive être rejetée comme mauvaise par l'électricien. La gutta-percha se

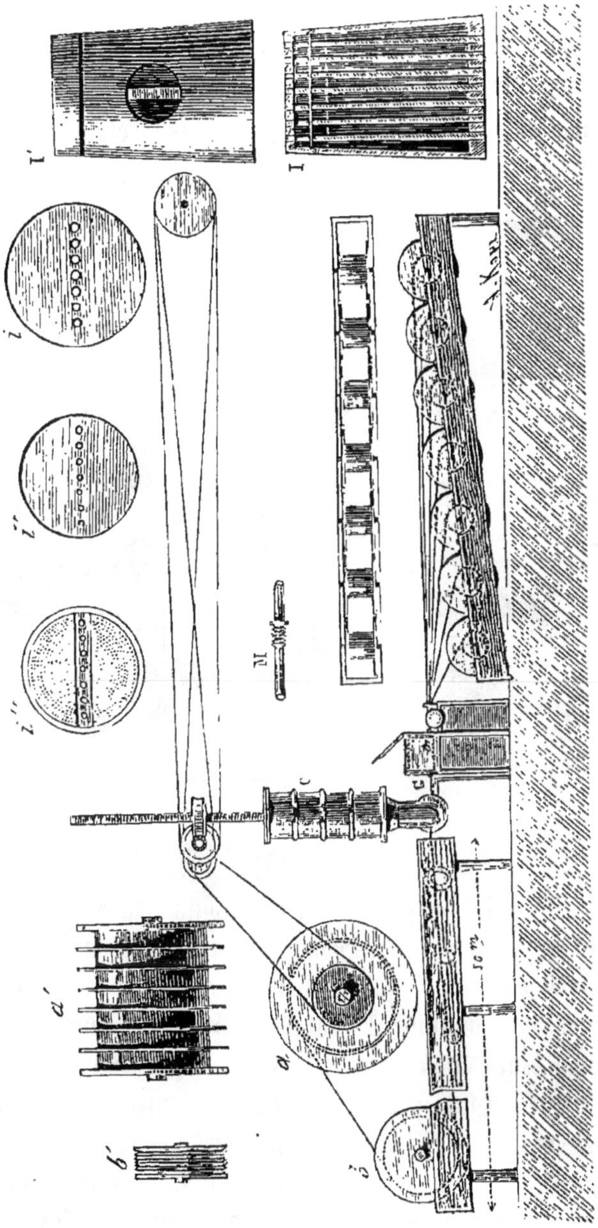

Fig. 91.

conserve merveilleusement bien sous l'eau et semble avoir été
créée exprès pour la télégraphie sous-marine.

En ce qui concerne les conditions électriques qui déterminent
les meilleures dimensions à donner au conducteur et à la matière
isolante, il suffira de faire observer que : 1° pour chaque propor-

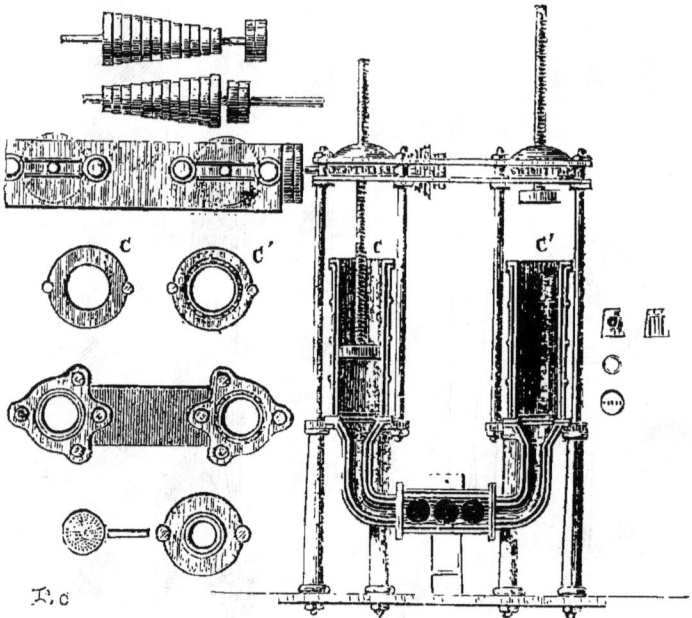

Fig. 92.

tion donnée entre le coût des matériaux (conducteur et isolement),
il existe une proportion correspondante entre les poids ou les diamètres de ces matériaux, qui permet d'atteindre le maximum de
travail à un prix minimum ; 2° pratiquement, l'épaisseur de l'isolement est presque toujours plus forte que l'épaisseur théorique ;
3° si l'on maintient une proportion constante entre les diamètres
du conducteur et de l'isolement, le nombre de mots par minute
que l'on peut transmettre par une longueur donnée de câble est
simplement proportionnel à la quantité de matière employée ; de
sorte que l'âme d'un câble qui transmettra vingt mots par mi-

nute, pèsera et coûtera quatre fois plus que celle d'un autre câble qui ne transmettrait que cinq mots par minute ([1]).

On emploie maintenant fréquemment le caoutchouc pour isoler les câbles. Dans ce cas, il est appliqué sur le fil conducteur en bandes spiralisées se superposant en sens inverse. Lorsque l'on a

Fig. 93. — Opération de la soudure du câble.

obtenu une épaisseur convenable, le fil ainsi enroulé est enfermé entre deux bandes longitudinales de caoutchouc, qui se relient entre elles par le simple contact, sous pression, des bords fraîchement coupés. Les deux moitiés du fil sont ensuite fortement serrées et maintenues jointes par une bandelette faite en bourre de soie et enroulant le fil dans toute sa longueur. On le dispose sur

([1]) Voir sur cet intéressant chapitre la nouvelle édition des *Applications de l'électricité, technologie électrique*, du comte Dumoncel, tom. I, pages 492 et suivantes.

un tambour en fer, s'adaptant sur un pivot placé au fond d'un cylindre en tôle avec couvercle vissé à l'écrou, dans lequel le fil est soumis à une chauffe d'environ 120 degrés centigrades, qui le vulcanise au degré convenable.

La vulcanisation s'obtient en mélangeant le caoutchouc des lanières longitudinales avec 6 pour 100 de soufre et 10 pour 100 de sulfure de plomb.

Les bandes spiralisées, placées autour du conducteur, sont composées de caoutchouc contenant le séparateur, c'est-à-dire 25 pour 100 d'oxyde de fer, dont l'effet est d'empêcher le soufre d'attaquer le conducteur. Ce système d'isolement au moyen du caoutchouc est dû à M. Hooper; il a donné de bons résultats, surtout dans les mers tropicales.

La valeur relative du caoutchouc et de la gutta-percha offre un très grand intérêt pratique. La gutta-percha a été considérablement étudiée, depuis 1851, dans ses propriétés électriques et plastiques, et l'on peut maintenant éviter absolument les bulles d'air et les impuretés qui lui faisaient principalement échec au début. La gutta-percha, devenant plastique à une température relativement peu élevée, est naturellement dangereuse dans les pays chauds et sous l'action d'un soleil ardent. Les joints de gutta-percha sont aussi susceptibles de s'altérer promptement, s'ils ne sont faits avec le plus grand soin par des ouvriers habiles. D'un autre côté, la gutta-percha possède des qualités inappréciables. Elle est complétement inaltérable sous l'eau de mer, et cette qualité ne peut être trop estimée. Les propriétés électriques de cette matière sont d'ailleurs tellement grandes, que le courant reçu à l'extrémité d'un câble en gutta-percha, si long qu'il soit, ne perd même pas 1 pour 100 de sa force initiale. Les câbles actuels sont certainement dans les limites possibles de la perfection, en ce qui concerne leurs propriétés électriques; ce qui n'empêche pas, toutefois, la recherche de nouveaux perfectionnements. M. Willoughby Smith, ingénieur-électricien de la fabrique de gutta-percha de la *Telegraph Construction and Maintenance*

Company, a réussi à fabriquer une qualité spéciale de gutta-percha qui se rapproche absolument du caoutchouc, en ce qui concerne la faible inductivité de la matière. On sait que les câbles, opérant comme d'immenses bouteilles de Leyde, donnent lieu à des phénomènes d'induction dont la réaction contrarie et retarde sensiblement les courants transmis. Le caoutchouc possède, à un degré beaucoup moins élevé que la gutta-percha, cette capacité inductive, et lui est certainement supérieur à cet égard. La nouvelle gutta-percha de M. W. Smith et le caoutchouc Hooper ont, à peu de chose près, la même capacité électro-statique, le rapport étant de 98 à 100.

Le caoutchouc est moins susceptible que la gutta-percha d'être endommagé dans les manufactures; mais certains conducteurs isolés avec du caoutchouc Hooper ont donné lieu, après leur pose, à des phénomènes nouveaux et peu expliqués, que l'on peut sans doute attribuer aux actions chimiques résultant des mélanges variés que contient le seul spécimen de gomme élastique qui ait réussi jusqu'à ce jour.

L'élévation de température, dans la gutta-percha comme dans le caoutchouc, diminue considérablement la résistance électrique de ces substances. Nous entendons par *résistance électrique* le pouvoir non conductif qui rend la matière plus ou moins isolante. Dans la gutta-percha, la perte de courant due à l'élévation de la température s'élève plus rapidement que dans le caoutchouc, qui, à cet égard, offre encore une supériorité sur sa congénère. En outre, et pour les causes ci-dessus énoncées, il permet de transmettre un plus grand nombre de mots par minute, à poids ou dimensions égales; c'est-à-dire que, dans deux câbles où le même conducteur serait recouvert d'un poids égal de gutta-percha ordinaire et de caoutchouc, on pourrait transmettre deux fois plus de mots par minute avec le câble en caoutchouc. Nous avons déjà dit que la gutta-percha de M. Willoughby Smith permettait, à cause de la supériorité de son isolement et par suite de sa faible induction, des transmissions presque égales à celles du caoutchouc Hooper; nous donnons ci (fig. 94) la section du câble de Marseille à Bône, qui est le

Câble côtier.

Câble profond.

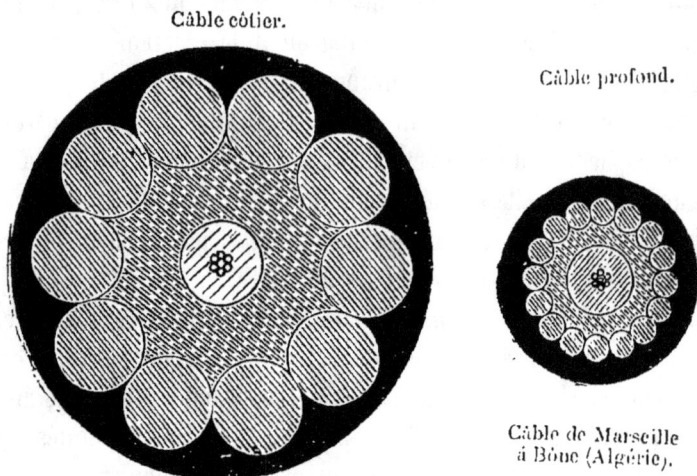

Câble de Marseille à Bône (Algérie).

Fig. 94.

type où la gutta-percha de M. W. Smith a été pour la première fois employé. Dans ce câble, posé en 1870, l'isolement par nœud atteint 1482 mégohms (¹), et la capacité électro-statique seulement 0.286 microfarads.

L'âme des câbles est toujours enveloppée de chanvre ou de jute en filin, appliqué, humide et saturé de tannin ou de sel, en une double couche spiralisée et au moyen de machines à cordages. Le filin est (fig. 95) tordu et s'applique sous une certaine tension. Plus il est tendu, plus il ajoute de sa force à celle du câble. On emploie un assez grand nombre de ces cordelettes, qui sont déposées sur l'âme avec un pas d'hélice assez allongé, afin d'éviter toute chance de nouer l'âme ou de la tordre, si un

(¹) L'*Eastern Telegraph C°* possède un second câble posé entre Marseille et Bône en 1877, où le diélectrique est de la gutta-percha de M. W. Smith. L'isolement y atteint jusqu'à 8000 megohms par nœud après la première minute d'isolement.

des filins vient à se rompre ou n'est pas aussi tendu que les autres. Il faut toutefois éviter d'appliquer le filin avec un trop grand effort sur l'âme; la nature plastique de la gutta-percha

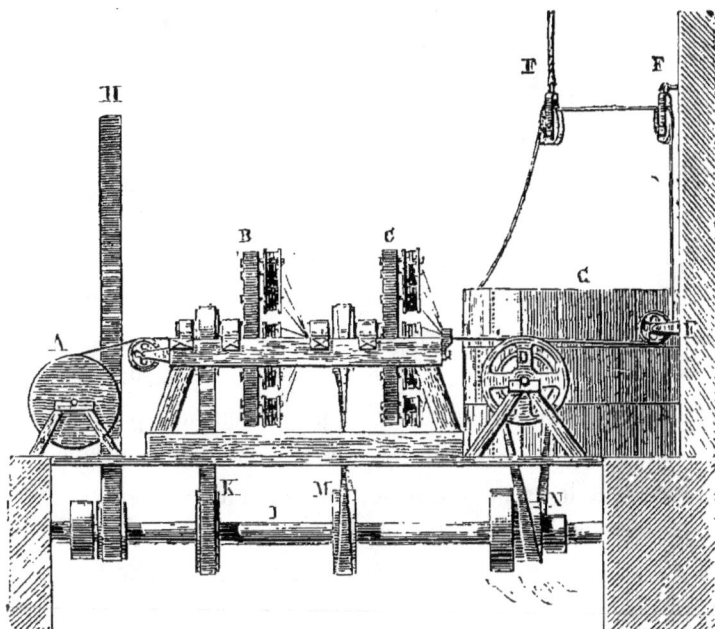

Fig. 95.

exige cette précaution. En outre, la garniture en chanvre doit être déposée de façon à servir non seulement de coussinet protecteur contre les fils de fer de l'armure, mais aussi de manière à ajouter sa force à celle du fer extérieur. Primitivement, on enduisait le chanvre de goudron pour le protéger contre l'envahissement du taret; on a abandonné ce préservatif, qui empêche la découverte des fautes, et on lui préfère le tannin.

Quelquefois on réunit 3, 4 ou même 6 et 7 âmes (fig. 96) en un seul cordage pour les câbles de petite longueur entre les pays de grande communication; plus généralement, les câbles n'ont qu'un seul fil, et il vaut mieux doubler l'appareil complet, en cas

13

de besoin, que de risquer la perte simultanée d'une communication multiple.

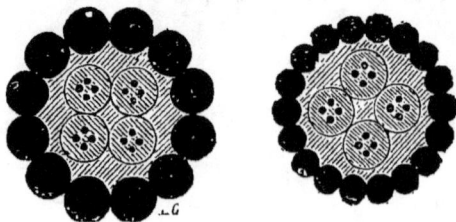

Fig. 96. — Câble de Cagliari à Bône.

Le procédé par lequel les câbles sont renforcés des fils de fer de l'armure est semblable en tous points à celui que l'on emploie pour fabriquer les cordages en fer, et les machines employées dans ce dernier cas peuvent servir à construire des câbles avec la simple addition d'un guide central, qui protège l'âme contre une pression inégale des fils métalliques. Dans un câble bien fait, le cordage central, formant l'âme, ne doit subir aucune pression latérale des fils de fer arc-boutés autour de lui. Toutes les machines employées déposent les fils de fer sans leur faire subir aucune torsion, de même que cela se passe dans la fabrication des cordages métalliques (fig. 97).

Les câbles en fer sont maintenant tous recouverts de deux couches inverses d'étoupe grossière, mélangée à de la poix minérale ou de l'asphalte combiné avec un silicate de chaux qui lui donne la consistance suffisante. Les machines employées à ce procédé ressemblent aux précédentes, et le bain de poix minérale est maintenu au degré de température convenable au moyen d'un jet de vapeur. Il faut éviter avec soin de laisser séjourner le câble sous le déversoir d'asphalte en fusion, cela endommagerait bientôt l'isolement ; ce déversoir est immédiatement éloigné, aussitôt que l'arrêt des machines a lieu. Le câble recouvert de bitume prend une forme arrondie en passant à travers une matrice qui rejette l'excédent de matière dans le bain en fusion (fig. 98).

On galvanise maintenant tous les fils employés dans la con-

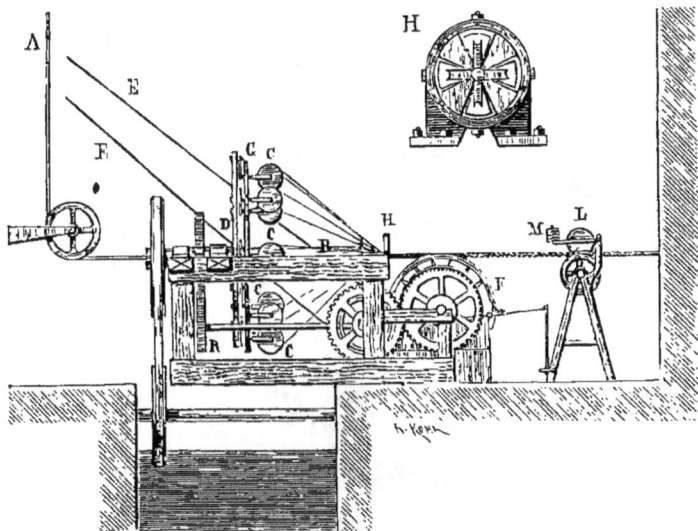

Fig. 97.

struction des câbles; cette précaution, doublée de la protection

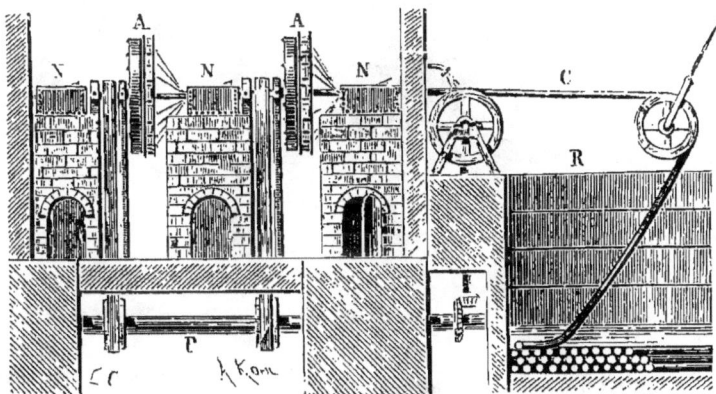

Fig. 98.

de l'enveloppe de composition bitumineuse de Clark, assure la
durée et la conservation des lignes sous-marines

Un câble revêtu de bon fer doit supporter deux tonnes au
mètre par kilogramme de fil de fer. On n'emploie jamais moins
de 9 fils ou plus de 18, et 10 ou 12 fils forment une bonne
corde suffisamment flexible. Près des côtes, on renforce considérablement les dimensions de la carapace métallique, afin de
protéger la ligne contre les dangers de l'abrasion et des ancrages. Les câbles côtiers ont, en général, un poids de 9 à 12
tonnes par nœud, et l'on en construit qui pèsent jusqu'à 20
tonnes. La plus grande dimension est représentée à la figure 99

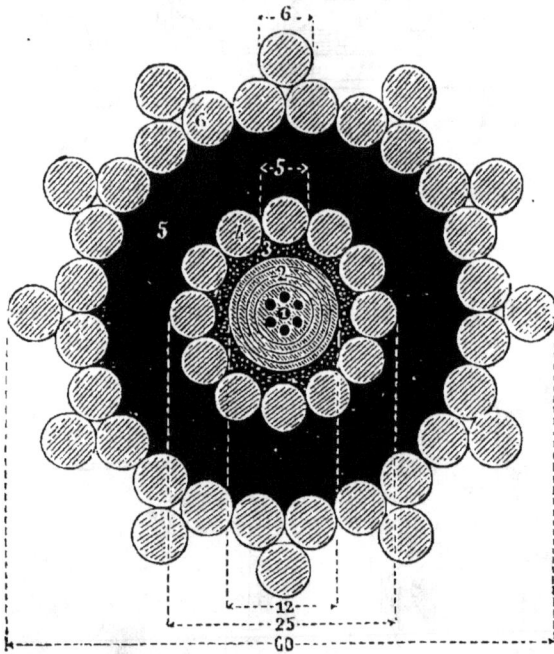

Fig. 99. — Câble côtier, section de Brest à Saint-Pierre-Miquelon.

par le câble côtier du transatlantique français. Les torons, tressés
de trois fils de petite dimension, rendent les câbles côtiers beaucoup plus maniables que s'ils étaient recouverts de fils massifs.

Les câbles de l'Atlantique et de l'océan Indien, pour lesquels il
a fallu franchir des profondeurs de 3800 (océan Indien) et de

5 000 mètres (Atlantique), ont nécessité un type plus compliqué.
Dans ce cas, chaque fil d'acier est garni de chanvre ou de jute de
Manille, dont la force s'ajoute à l'a-
cier, tandis que la garniture n'augmente pas le poids du câble dans
l'eau. En fabriquant la tresse avec
soin, on trouve que la force du fil
garni est plus grande que la somme
des forces des parties ; cela vient
de ce que, seules, les parties se bri-
seraient à leurs points faibles, qui
ne coïncident pas dans l'ensemble.
Les câbles de ce type sont les plus
forts et en même temps les plus
légers que l'on ait construits (figure 100).

L'effort nécessaire pour les rompre est égal à onze fois leur poids
par mille nautique dans l'eau ; c'est-
à-dire que, s'ils devaient traverser
des profondeurs de onze milles nautiques ou de vingt kilomètres, ils
pourraient supporter cet effort sans

Fig. 100.

se briser. Les plus grandes profondeurs de l'Atlantique ne dépassant pas 2 700 brasses, soit environ cinq kilomètres, le module de rupture est donc quatre fois plus grand qu'il n'est absolument nécessaire.

Enfin M. Siemens a construit des câbles que l'administration
française a fait poser sans succès de Bone à Bizerte, et de Car-
thagène à Aïn-el-Turck, près d'Oran. Dans ces câbles (fig. 101),
les fils protecteurs en fer sont remplacés par du cuivre phospho-
risé en lanières (métal de Muntz) posées en spirale par-dessus
l'âme recouverte de filin de chanvre fortement tendu. En se
superposant, les lanières de cuivre grippent fortement le chanvre

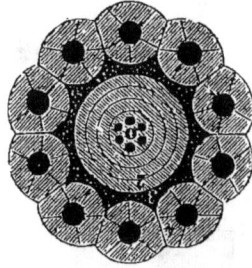

et l'empêchent de se contracter longitudinalement. On obtient ainsi un câble en même temps très fort et très léger, et le spécimen donné ci-contre peut supporter environ 1 000 kilogrammes avant de se rompre, et ne s'étendrait que de 0,8 pour 100 sous le poids d'une longueur égale à 500 kilogrammes.

Les câbles sont parfois embarqués aussitôt construits; parfois aussi on les emménage, dans des réservoirs, à l'usine, jusqu'à ce que le vapeur en charge puisse être amené à quai. La figure 102 donne le plan et la coupe d'une usine importante ayant dix machines à corder et trente réservoirs pouvant contenir jusqu'à deux mille milles nautiques de câble. Le vapeur y est représenté en plan et en coupe, avec ses neuf cuves superposées. La figure 103 représente l'arrière d'un autre navire, sur le pont duquel se trouvent la machinerie d'émission et le cabinet d'expériences. Tout y est représenté comme si le câble était filé à la mer pendant la pose.

Pendant la construction et la pose d'un câble télégraphique, des épreuves électriques permanentes sont faites, du commencement à la fin de ces opérations, et elles se continuent jusque après l'achèvement de la pose. Nous parlerons plus tard de ces épreuves.

Le câble est amené à bord au moyen de locomobiles, et sur des poulies pla-

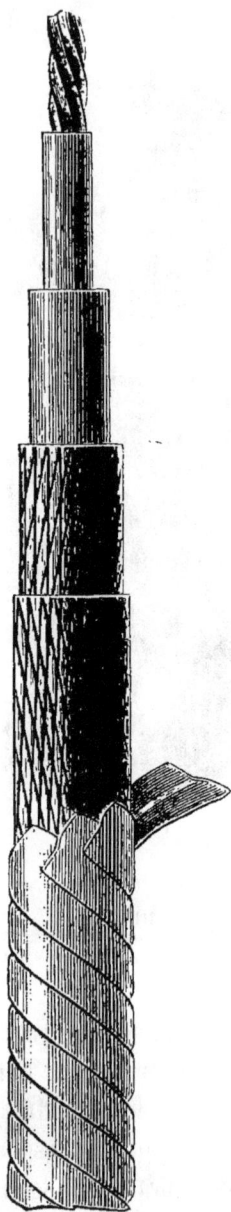

Fig. 101.

cées le long d'un cordage tendu entre la rive et le navire.
Généralement, les navires sont munis de cuves en tôle, disposées dans les cales. Ces cuves sont à fond plat et soigneusement calées sur la carène et les flancs du vaisseau. Les plaques

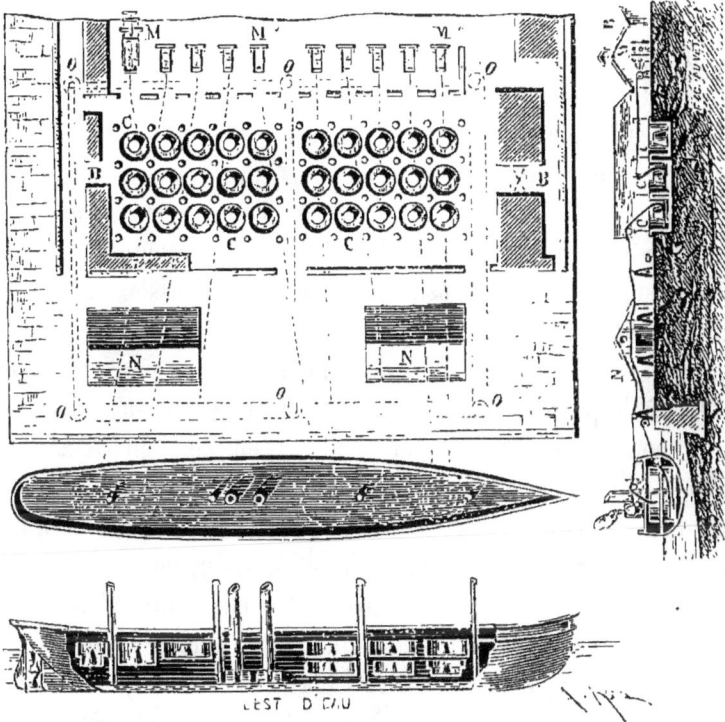

Fig. 102.

du fond sont plus épaisses que celles des murailles, dont l'épaisseur diminue à mesure qu'elles s'élèvent. Au centre des cuve se
trouve un cône central creux, dont l'espace peut être utilisé. Le
câble est d'abord lové, à partir du centre vers la circonférence,
en une couche uniforme; la seconde couche revient commencer
près du cône, en abandonnant, de la circonférence au centre, un
rayon dont la saillie est diminuée, autant que possible, lors de la
formation de la seconde couche. On évite ainsi tout entanglement
d'une couche par l'autre. Cet embrouillement est d'ailleurs en-

tièrement évité par l'emploi de la *crinoline*. Cet appareil consiste (voir fig. 103) en une série de cercles concentriques reliés entre eux par dix à douze rayons qui, en venant s'appliquer sur les couches du câble arrimé convenablement dans les cuves, l'obligent à se diriger horizontalement vers le moyeu du réservoir, pour s'élever ensuite verticalement par l'orifice de sortie, qui est formé d'un anneau s'abaissant sur le cône central et forçant le câble à ne s'écouler autrement que dans une direction circulaire et de petit diamètre. On évite ainsi les effets de la force centrifuge et les boucles qui en résulteraient. Du cône et de l'anneau, le câble est dirigé, au moyen de larges tubes en fonte et coudés, au-dessus des rouffles jusqu'à la machine d'émission. Sur tout son parcours, le câble est contenu dans des augets en bois, pour empêcher la chaleur du soleil de ramollir la gutta-percha.

Le câble passe, dans les augets, entre des rouleaux qui le maintiennent convenablement tendu avant son entrée sur le frein ; comme d'ailleurs un accident peut se produire à bord, et qu'en effet le câble atlantique de 1865 s'était rompu à bord du *Great Eastern*, entre les réservoirs et le frein, on avait ajouté, en 1866, six roues qui n'étaient autre chose que des freins permettant de resserrer le câble entre deux poulies à gorge, de manière à le saisir et à l'arrêter à bord en cas de rupture.

La machinerie d'émission, où passe le câble avant d'arriver à la poulie d'arrière par laquelle il plonge à la mer, donne les moyens de maintenir constante la tension du fil et de régulariser son immersion suivant les profondeurs, de façon à ne faire supporter au câble aucun effort supérieur à un certain coefficient, au delà duquel l'allongement pourrait devenir plus grand qu'il ne convient à la délicatesse de l'âme qu'il contient (fig. 104).

Ce coefficient est à peu près égal au poids de la longueur de câble qui rejoindrait verticalement la surface au fond, en pendant à l'arrière du navire. Ce poids devrait être, bien entendu, diminué d'une quantité égale au poids d'eau déplacée.

Il en résulte que, pour allonger le câble sans perte, sur le

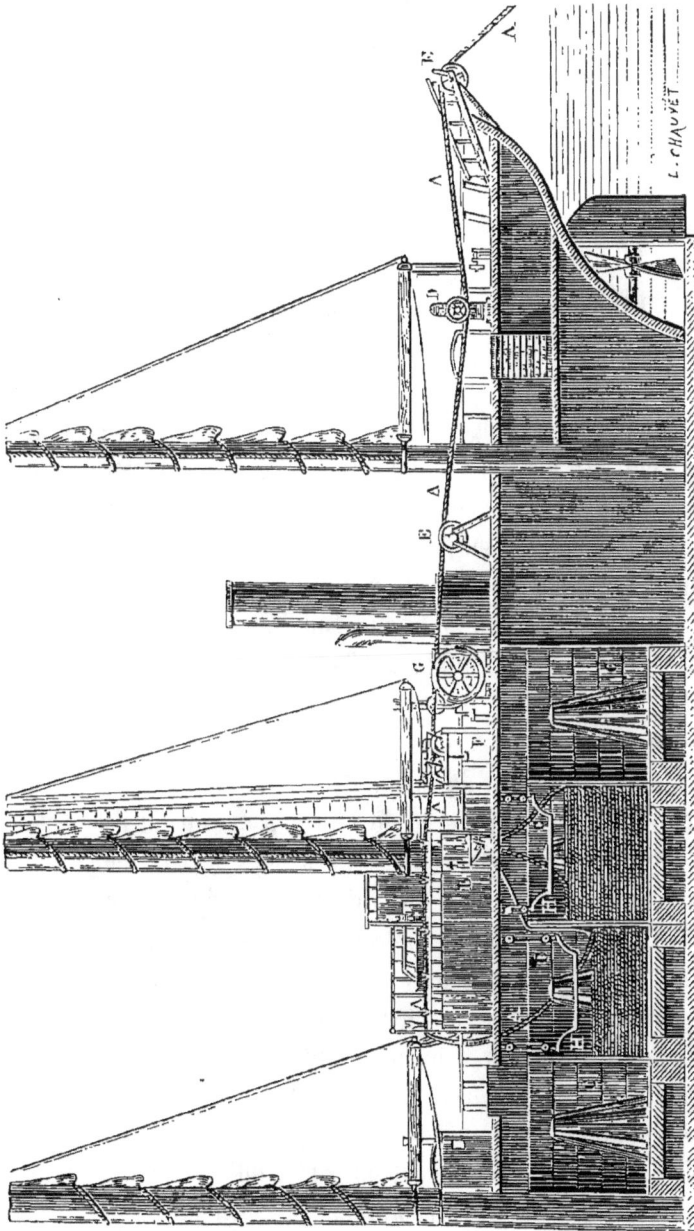

Fig. 103.

L. CHAUVET

fond de la mer, l'effort qu'il faut appliquer sur les freins pour empêcher son écoulement trop précipité, doit être seulement un peu inférieur au poids de la portion de câble qui pendrait verticalement du navire au fond de l'eau.

La machinerie d'émission doit être construite en vue d'obtenir un grand degré d'exactitude dans l'application de l'effort nécessaire à l'émission de la quantité déterminée de câble que l'on veut poser.

Il est évident que l'effort retardateur, s'il contrebalance exactement le poids extérieur du câble, permettra de le poser tendu ; toutefois, on préfère écouler de 10 à 12 pour 100 de câble en trop, plutôt que de lui faire subir l'effort nécessaire pour qu'il soit tendu. Le coulage est d'ailleurs fort utile au cas, toujours possible, où le câble devra être relevé pour en retrancher une faute, soit pendant, soit après les opérations de la pose.

Il est clair que l'on peut alléger l'effort du frein, en permettant l'écoulement d'un certain surplus de câble, puisque la résistance obtenue par la fraction additionnelle qui en résultera, ajoutera son effet en diminuant l'effort à l'émission.

On obtient ainsi des résultats remarquables en poussant la vitesse du navire de façon à la rapprocher, le plus possible, de celle de l'écoulement du câble.

On voit, par ce qui précède, jusqu'à quel point il faut pousser la force de résistance des câbles, lors de leur construction. Il convient que leur module de rupture dépasse de beaucoup l'effort maximum auquel ils sont en général soumis. On comprend, en effet, qu'il peut se produire, pendant la pose, des nécessités qui obligent à arrêter le navire et à le mettre en panne. Certaines opérations demandent aussi le transport du câble de l'arrière à l'avant du navire. Il y a, dans toutes ces causes, des chances additionnelles d'accident. En outre, il faut toujours avoir en vue, en construisant un câble, qu'il pourra, un jour ou l'autre, demander des réparations ou bien être renouvelé par parties. Il faut non-seulement prévoir la pose et la faciliter, mais encore songer à la durée et à l'entretien. Par conséquent, il convient de construire le câble suffisamment fort pour qu'il puisse se maintenir, pendant des années, dans des conditions de solidité qui permettent de l'accrocher avec le grappin sans le rompre, et de le soulever et manipuler à bord sans trop de risques.

La machine d'émission se compose essentiellement d'un grand tambour, sur la caisse duquel le câble prend quatre tours, et dont l'axe porte les deux freins de friction d'Appold.

Au-dessus du point où le câble pénètre sur la caisse du tambour, un soc aigu pousse rapidement chaque tour de câble, à mesure qu'il se produit, et l'empêche de chevaucher sur le tour précédent (fig. 104).

Le poids du câble émis suffirait à faire tourner le tambour lorsque le navire est en marche, mais il est parfois nécessaire de le faire évoluer lorsque le navire est au repos. La machinerie d'émission est donc pourvue de deux corps de pompe, dont les pistons donnent le mouvement à toute la machine, au moyen d'engrenages. Le mouvement peut être renversé et permet de relever le câble par l'arrière, ce qui est un avantage, dans les eaux profondes, où il est dangereux et fort long de passer le câble à la machine de relèvement de l'avant, lorsqu'il s'agit de lever et de réparer une faute.

Des rouages, munis d'un compteur, sont mis en mouvement par l'axe de la machine, et permettent de connaître, à chaque instant, la quantité de câble écoulé et la vitesse de l'émission, dont le rapport à celle du navire en marche est une des fonctions importantes du calcul de la tension. Un mécanisme assez simple, muni d'un timbre, indique la fin de chaque unité de longueur (mille nautique ou kilomètre).

Les freins Appold, qui sont fixés sur le prolongement de l'axe du tambour, sont des roues lisses et un peu convexes, d'environ 1m.50 de rayon et 0m.25 de bande. Ces roues sont entourées de courroies d'acier, garnies intérieurement de blocs en

bois dur, fixés de distance en distance. Les extrémités des
courroies du frein se terminent, à des distances différentes, sur
un bras de levier situé dans le prolongement d'un rayon de la
roue. L'appareil est complétement lubréfié en le plongeant en

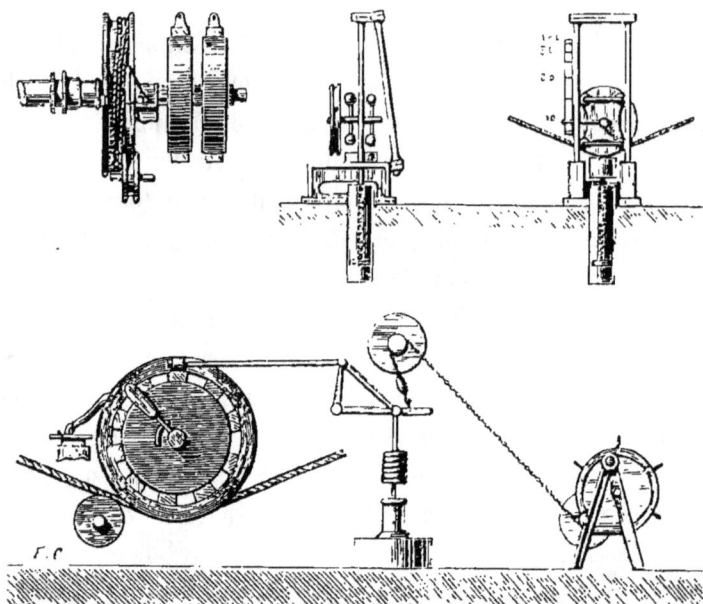

Fig. 105.

entier dans une cuve d'eau. Lorsque les blocs ne sont pas suffisamment lubréfiés, ou bien si la friction augmente, la bande de
la roue du frein tend à entraîner les blocs avec elle (fig. 105).

Cette tendance a pour effet de faire fléchir le levier, dont la
déflexion rapproche la distance qui sépare les points a et b,
écarte les courroies, et diminue le pouvoir du frein. Dans une
certaine mesure cet appareil peut s'ajuster de lui-même. En
effet, la différence qui existe entre cb et ca, sur la barre du
levier, étant très petite, en plaçant un poids P au point où le
plus grand effort se produit, c'est-à-dire en a, le levier sera em-
porté par une force qui réagira sur la circonférence, en propor-

tion de l'effort exercé en P et de la différence des forces aux
points a et b. Le rapport $\dfrac{ab}{ac}$ des longueurs de levier exprime
cette résultante. En supposant que le tambour tourne dans le
sens indiqué par la flèche, juste au moment où le poids P suffit
à contrebalancer la friction du frein, si le coefficient de friction

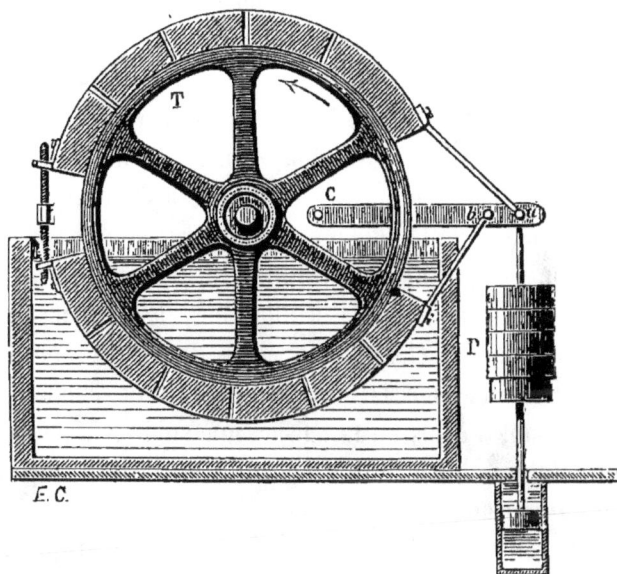

Fig. 105.

entre les surfaces vient à augmenter par une cause quelconque,
l'effort devenant plus grand sur a que sur b, le levier sera pro-
portionnellement soulevé et, par suite de la position excentrique
des points d'attache, il soulagera la courroie du frein et réduira
la friction. L'inverse se produira, au contraire, si le coefficient de
friction vient à diminuer.

La tige qui porte le poids P se prolonge sous le pont et se
termine par un piston, plongeant dans un corps de pompe rempli d'eau. On évite ainsi les chocs qui pourraient se produire,
par suite de variations brusques de la tension sur le câble.

Comme d'ailleurs il convient de pouvoir, dans certaines circonstances, soulager immédiatement le câble de tout ou partie de l'effort du frein modérateur, l'extrémité du levier du frein *a* est fixée à une chaîne s'enroulant sur un tambour, d'où part une autre chaîne, attachée diamétralement et venant, par-dessus une poulie, aboutir à une roue de gouvernail fixée devant le dynamomètre. On peut ainsi modérer, à volonté, l'effet du frein, suivant les indications du dynamomètre, sans être obligé de faire subir aucune variation au poids P appliqué sur le levier (voir fig. 104).

Voici comment est disposé le dynamomètre qui sert à mesurer la tension que subit le câble. En avant du tambour des freins, le câble passe au-dessus d'une poulie à gorge, située à environ 12 mètres de la poulie d'arrière, par-dessus laquelle le câble va plonger sous l'eau. A moitié distance de ces deux poulies, élevées également au-dessus du pont, le câble passe sous une troisième poulie chargée de poids, qui glisse, au moyen de galets, dans un châssis vertical dont un des montants est gradué. Suivant l'effort ou la tension que subit le câble, cette poulie monte ou descend le long du châssis et marque, au moyen d'un indicateur fixé à la poulie, le degré de l'effort supporté par le câble. L'échelle de ces degrés est construite empiriquement.

Choix de la route. — M. Delamarche a publié (¹) un excellent ouvrage, que nos lecteurs pourront consulter avec fruit et auquel nous empruntons les conclusions suivantes sur la détermination de la route à suivre.

Indépendamment des raisons politiques, commerciales ou administratives qui peuvent intervenir, la route à suivre doit être déterminée par la distance la plus courte et les profondeurs les plus faibles et les plus régulières. La plus courte distance demande moins de câble et exige un navire plus petit ; les profondeurs plus faibles diminuent l'effort que doit supporter le câble pendant la pose, et les profondeurs plus régulières préviennent

(¹) *Éléments de télégraphie sous-marine.* Firmin-Didot. Paris, 1858.

les anomalies dangereuses qui se produiraient dans l'émission par des fonds brusquement variables.

Il est indispensable d'avoir aussi exactement que possible le profil de la mer suivant la route qu'on doit suivre, et de connaître aussi les fonds qui se trouvent à droite et à gauche de la route adoptée, afin de savoir de quel côté on devra se diriger au cas d'une déviation forcée dans la marche du navire suivant la route choisie.

Les sondages peuvent être faits à des distances très espacées l'une de l'autre, lorsque les fonds sont uniformes; mais, par des profondeurs variables, il faut les rapprocher de 2 à 3 milles au moins, jusqu'à ce que l'on arrive à la profondeur maximum, qui se maintient généralement la même sur une étendue considérable.

En outre des sondages, il est très important d'étudier avec soin les points d'atterrissement les plus favorables pour le câble. Ces points devront être exempts de mouillage où les gros navires pourraient casser le câble en relevant leurs ancres, et de rochers sur lesquels le câble s'userait par le frottement résultant des mouvements de mer qui se produisent toujours aux côtes. Enfin, le câble doit, autant que possible, être rejoint à la ligne de terre par l'intermédiaire d'un bureau télégraphique, ou tout au moins n'avoir qu'une très-faible distance à parcourir avant de rejoindre la première station.

Le câble devra être construit en vue de cette route à suivre, et nous avons déjà eu l'occasion d'expliquer pourquoi les câbles légers ne pouvaient suffire, même aux profondeurs moyennes, qui sont presque toujours inégales, et que les câbles lourds doivent être choisis toutes les fois que les profondeurs à traverser ne dépassent pas une moyenne de 600 à 800 mètres.

L'atterrissement des bouts côtiers ne peut se faire qu'au moyen de chalands ou de bateaux plats pouvant aborder convenablement les parages où le câble doit atterrir. Lorsque la marée est à son point culminant, on peut, au moyen de bateaux d'un faible tirant d'eau, décharger le câble à la mer et le re-

trouver à sec à la marée basse. Il est parfois nécessaire d'employer des barques ; mais presque toujours les ouvriers doivent
se mettre à l'eau dans le voisinage du point d'atterrissement.
Cette opération varie évidemment suivant les circonstances et
les localités (fig. 106).

Souvent le gros câble de la côte est posé par un navire spécial, surtout quand il doit s'étendre à une grande distance
en mercomme, cela était le cas pour les câbles de l'Atlantique.

Fig. 108.

Le steamer *Caroline* avait posé le bout côtier de 1865, et le
William-Cory opéra la pose du second bout côtier en 1866 ;
du bord de ces navires, le câble était transmis à la côte d'abord
par deux grandes chaloupes, puis par des canots, et enfin à
main d'homme (fig. 107 et 108).

Cette façon d'agir est celle qu'emploie le plus souvent la
Construction and Maintenance Telegraph Company. Il y a
d'autres manières d'opérer, et voici comment procède, pour les

atterrissements, la compagnie de l'*India Rubber,   Gutta-Per-cha and Telegraph Works*. La première opération consiste à relier le navire à la côte au moyen d'un cordage porté à terre par une barque ; à ce cordage est attachée une haussière de trois pouces, puis une autre de cinq pouces, destinée à passer sur

Fig. 107.

des poulies fortement amarrées sur la plage au moyen d'ancres. Les poulies sont de la forme appelée *toiles d'araignée*, parce qu'elles sont à jour et offrent une gorge assez large pour livrer passage aux attaches de la haussière. A la dernière haussière est fixé le câble, et on la passe sur une seconde poulie la ramenant à bord pour la faire passer à l'avant du navire sur une troisième poulie et sur la machine de relèvement, qui attire ainsi le câble à terre. Les câbles côtiers, qui pèsent de dix à vingt tonnes par mille nautique, ne pourraient aisément être amenés s'ils frot-taient sur le fond. Il faut donc les soulager, et on y procède en les soutenant de distance en distance par des barriques ou des

14

ballons en caoutchouc, dont le pouvoir flottant est d'environ 640 kilogrammes lorsqu'ils sont à demi submergés (fig. 109). On les fixe à des distances de neuf à quinze mètres, au moyen de cordages passant à travers deux anneaux supérieurs et deux anneaux inférieurs, disposés de telle façon que, le cordage *a* une fois coupé, le câble se détache complètement des barriques et descende sur le

Fig. 108.

fond. Cette méthode, qui permet de faire flotter un câble pesant et de l'amener à la côte par les plus mauvais temps, paraît avoir des avantages réels sur l'ancienne méthode d'atterrissement au moyen de nombreuses barques. En outre, il n'est pas besoin, dans ce cas, de connaître exactement la distance qui sépare le navire de la côte; puisque tout le câble nécessaire est posé aussitôt que la première barrique touche la plage. La figure 109 donne l'ensemble de l'opération, et la figure 110 détaille la position du câble flotté et celle de sa descente sur le fond quand on a tranché, au point *a*, le cordage qui le fixait au flotteur.

Durant la pose de la section de Chorillos à Mollendo, sur la côte occidentale de l'Amérique du Sud, le câble côtier a pu être atterri au moyen de la traction d'une locomotive. Au lieu de ramener la haussière à bord, on l'a d'abord passée autour d'une poulie fixée à la plage, puis derrière une locomotive longeant une voie parallèle à la côte, à la station de Mollendo. Il était

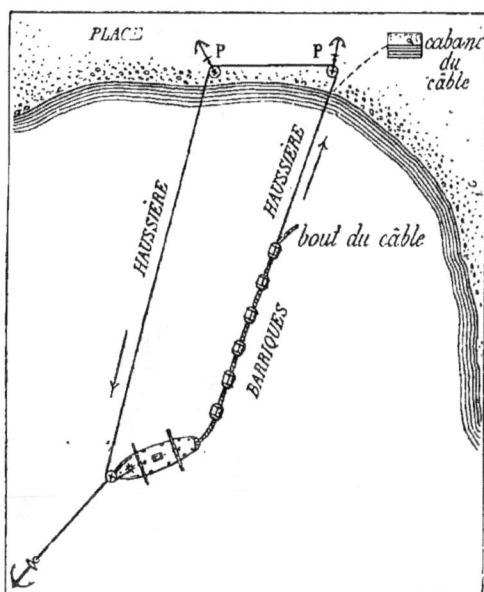

Fig. 109.

impossible d'opérer autrement; la baie de Mollendo est absolument pleine de récifs, au milieu desquels il eût été impossible de manœuvrer des barques. Il fut même difficile d'atterrir un cordage au moyen des « balsa », petits radeaux formés de deux outres en peau de bœuf et montés par des indigènes entièrement nus. Toutes les opérations d'atterrissement faites sur la côte sud-ouest de l'Amérique l'ont été au moyen de ce système (fig. 111).

Les accidents auxquels sont exposés les câbles submergés sont très nombreux. Il semble, au premier abord, qu'un câble qui repose au fond de la mer, doit être à l'abri de toute vicissitude et n'est assujetti à aucune cause de détérioration. Il n'en est malheureusement pas ainsi ; car, outre les dangers inhérents à un vice de construction, l'énumération des ennemis des câbles sous-marins fournit une liste beaucoup trop longue.

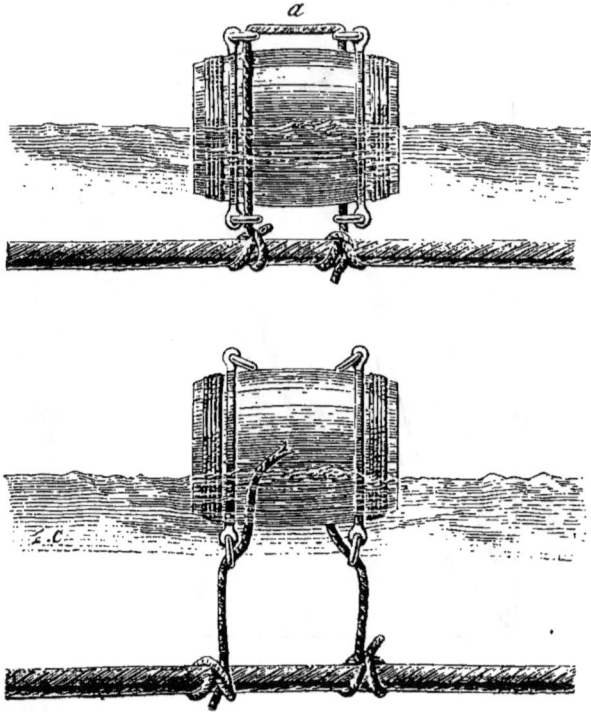

Fig. 110.

On peut classer comme suit les causes accidentelles destructrices des câbles :

Causes physiques. — Bancs de glace. Frottement et usure sur la roche. Bancs de corail. Tremblements de terre et éboulements sous-marins. Température surélevée sur les côtes des tropiques.

Animaux destructeurs. — Teredo, Limnoria, Xylophaga, Requins, Scies, Baleines.

Causes mécaniques accidentelles. — Ancres et engins de pêche.

Il convient d'examiner l'un après l'autre chacun de ces agents de destruction.

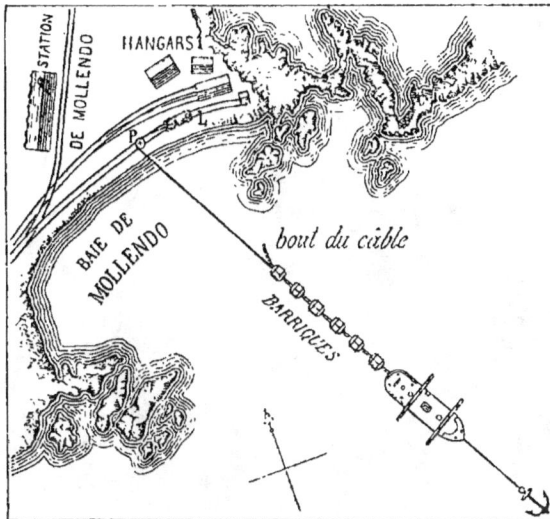

Fig. 111.

CAUSES PHYSIQUES. — *Bancs de glace.* — Les câbles de l'Atlantique qui se rapprochent le plus du pôle Nord sont évidemment exposés, plus que les autres, à être détruits ou tout au moins endommagés par les icebergs. Dans ces parages, la hauteur des bancs de glace dépasse toujours considérablement la ligne de flottaison, et, dans ce cas, le glaçon se développe sous l'eau à une profondeur parfois considérable.

La profondeur d'immersion serait, en effet, à peu près double de la hauteur du banc flottant au-dessus de l'eau, si la glace était pure de tout mélange; mais, des sables et des quartiers de roche s'y mêlent souvent et rendent la densité de la partie submergée bien supérieure à celle de la partie visible. Un banc de glace s'élevant de 100 mètres au-dessus de l'eau peut donc atteindre à 5 ou 600 mètres de profondeur. Il en résulte un danger terrible pour les câbles du nord de l'Atlantique. Les parties inférieures des bancs de glace, sous l'influence de la marche et d'un dégel qui s'accentue à mesure qu'ils avancent vers le sud, finissent par ne plus présenter que des arêtes vives sous l'eau. Ces arêtes, en râclant le fond de la mer, y labourent de profonds sillons et coupent, comme feraient de fortes cisailles, les câbles qui se trouvent malheureusement sur leur chemin (fig. 112).

Fig. 112.

Frottement et usure sur la roche. — Il arrive souvent, surtout dans le voisinage des côtes, que les fonds subissent de brusques ressauts qui empêchent le câble de reposer uniformément sur le fond. Il en résulte alors un ballant, dont l'une des extrémités reposant sur un rocher, subit tout l'effort du poids de la partie de câble non appuyée. Un mouvement de va-et-vient continu, provenant de l'agitation de la mer, détermine l'usure graduelle, quoique lente, des fils extérieurs d'abord.

Cette force extérieure du fourreau venant à manquer, les fils conducteurs finissent par céder et rompre, ou bien, l'usure continuant jusqu'à l'âme du câble, le conducteur est mis à nu, fait terre et interrompt les communications.

Toutes les fois que les câbles côtiers atterrissent au milieu des rochers, il convient de les y fixer au moyen de crampons. Lorsqu'une plage offre des aspérités rocheuses trop nombreuses, on emploie avec avantage des tuyaux en fonte divisés en deux parties demi-cylindriques, qui entourent le câble et s'emboîtent de manière à le préserver de tout accident.

Bancs de corail. — Les excroissances sous-marines sont un danger permanent pour les câbles, dans certaines mers. Les côtes d'Afrique, la mer Rouge et les mers d'Australie, par exemple, contiennent des fonds tellement parsemés de bancs de corail qu'il est difficile, sinon impossible, de les éviter.

Tremblements de terre. Éboulements sous-marins. — Les interruptions dues à ces causes sont heureusement très-rares. Toutefois le câble de Cagliari à Malte, qui passait entre la Sicile et l'île de Pantellaria, fut soudainement interrompu à deux reprises en 1858, dans le voisinage de l'île Maretimo, par suite d'éruptions sous-marines. On sait qu'une île a autrefois surgi dans ces parages et a disparu depuis sans laisser aucune trace.

Il s'est produit en 1873, sur le câble du *Direct Spanish*, reliant l'Espagne à l'Angleterre, un éboulement sous-marin, dû sans doute à une action volcanique, qui a suspendu les communications pendant plusieurs semaines. Lors des réparations on reconnut que la partie du câble comprise sous l'éboulement embrassait une longueur de plusieurs milles qu'il fallut sacrifier. Le choix d'une nouvelle route est indispensable dans ces cas, et généralement, plus les fonds sont grands, moins ils offrent de chances aléatoires.

Température surélevée sur les côtes des Tropiques. — La température des câbles est en général surélevée à la côte et dans les bas-fonds. Il en résulte que les câbles côtiers des mers très chaudes ne devraient jamais être construits avec âme en gutta-percha. Cette matière devenant plastique à 30 degrés centigrades (température qui se rencontre parfois aux Antilles et dans les mers indiennes), l'âme d'un câble en gutta-percha peut y subir des déformations pouvant amener, tout au moins, un grand affaiblissement du diélectrique. Le caoutchouc résiste à la chaleur dans des proportions bien plus élevées que la gutta-percha, et offre d'ailleurs un isolement bien supérieur.

ANIMAUX DESTRUC-TEURS. — *Teredo navalis ; Xylophaga ; Limnoria lignorum.* — Parmi les animaux sous-marins qui exercent leurs ravages sur les câbles, aucun n'est plus redoutable que les espèces variées de vers ou de petits crustacés qui s'attaquent aux câbles dans toutes les mers du globe.

Le *teredo navalis* et son congénère le *xylophaga*, que le professeur Huxley découvrit pour la première

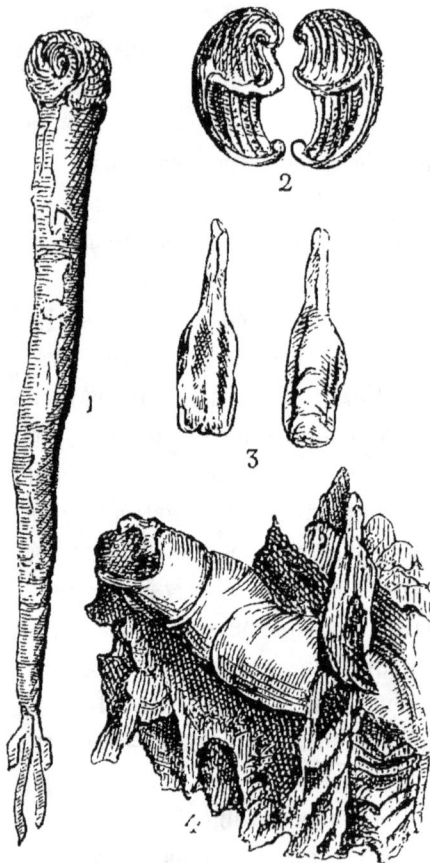

Fig. 113.

fois en 1860, dans un des câbles du Levant, se loge dans le câble et pénètre même dans la gutta-percha, partout où les fils de l'armature extérieure lui livrent un passage suffisant.

Le *teredo* est un ver qui se construit un abri en forme de tube, en sécrétant des matières calcaires, tandis que le *xylophaga* s'en distingue par sa forme bivalve. Le *xylophaga* ne pénètre pas profondément dans la gutta-percha, mais il y loge en plein l'une de ses valves. Sur des fils de petite dimension, la gutta-percha peut, de la sorte, être suffisamment entamée pour qu'une perte considérable du courant en résulte (fig. 113).

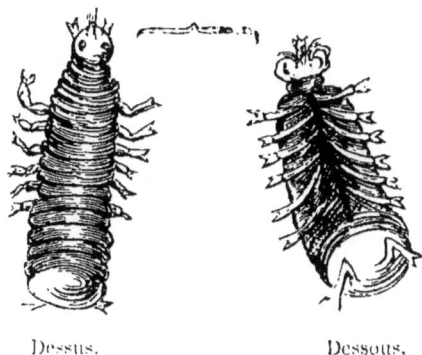

LIMNORIA
Vue agrandie.

Dessus.   Dessous.

GRAND. NAT.

Pattes vues au microscope.

Fig. 114.

Le *teredo* et le *xylophaga* ont été rencontrés sur les câbles de la Méditerranée, dans l'Atlantique, et même dans les mers du Nord. Il en existe certainement plusieurs espèces qui n'ont pas été, jusqu'ici, complétement étudiées au point de vue des ravages qu'elles exercent sur les fils sous-marins.

Le *teredo norvegica* (fig. 113) est un ver de dimensions considérables, armé à la tête de deux valves en forme de coquilles, qui lui permettent de ronger le bois le plus dur. Ce ver appartient au genre des mollusques acéphales, et les naturalistes n'en comptent pas moins de vingt-quatre espèces différentes.

Le *limnoria lignorum*, appelé encore *limnoria terebrans* par le Dr Carpenter, est un petit crustacé de la grosseur d'une fourmi (fig. 114) (¹), ce qui lui permet de pénétrer par les interstices

_____

(¹) Les figures 113 et 114 sont empruntées au *Journal of Telegraph En-*

des fils de l'armature du meilleur câble jusqu'à l'âme, à travers laquelle il chemine sans montrer, comme le *teredo*, aucun dégoût pour la gutta-percha. Dans les mers de l'Inde et le golfe Persique, le *limnoria* atteint de plus fortes proportions et produit des orifices d'un diamètre considérable. On le rencontre fréquemment dans les parages de l'Irlande, où il a endommagé sérieusement plusieurs câbles.

Comme remède à ces attaques des insectes marins, on a enveloppé le fil conducteur de câbles récemment construits d'une armure intérieure qui le protège aussi contre de plus gros animaux de la mer. Considérant les nombreuses fautes produites par les vers et autres animaux marins, ce système méritait d'être mis à l'épreuve.

Requins, Scies, Baleines. — Les requins ont attaqué le câble de la Floride et y ont laissé des traces de leurs morsures. Même accident s'est produit sur un des câbles de la côte chinoise et sur une des portions dénudées du câble de Malte à Alexandrie. Dans ce dernier cas, une dent de requin était restée fixée dans la gutta-percha mordue.

Fig. 115.

En mars 1871, une faute se produisit dans le câble de Singapore, à 200 milles de la côte, et M. Frank Buckland, en examinant le morceau fautif relevé (fig. 115) y trouva un os qu'il

gineers qui les a publiées avec un article de M. G.-E. Preece, intitulé : *Cable Borers.*

reconnut bientôt comme ayant appartenu à un espadon (*Pristis antiquorum.*)

Le câble de Para à Demerara a été, à plusieurs reprises et en différents endroits, attaqué par les espadons. Ces accidents se sont presque toujours produits dans les mêmes parages, et à des distances de 130 à 140 milles de Para. Il paraît que ces squales ont l'habitude de fouiller les fonds de la mer, avec leur appendice, pour y chercher de la nourriture. Il est probable que leur scie s'engage parfois dans les interstices du câble, et dans les efforts qu'ils font pour se dégager, le fil conducteur peut être meurtri fatalement, comme l'indique la figure 115. Il est notoire que la côte brésilienne abonde en poissons de cette nature, attirés par la chasse à la baleine, qu'ils poursuivent et attaquent avec activité.

Baleines. — Cet énorme cétacé a causé lui-même un accident mémorable à un des câbles du golfe Persique. Une fois déjà, lors de la pose du premier câble de l'Atlantique, en 1859, une baleine avait failli rompre le câble en passant à l'arrière du *Niagara* pendant la pose. L'accident arrivé au câble de Gwadur à Kurrachee est d'une nature si extraordinaire, qu'il est essentiel, dans ce cas, de citer la source officielle.

M. Izaak Walton, superintendant des télégraphes du Mekran et du golfe Persique, rapporte ce qui suit au gouvernement de Bombay : « Le câble de Kurrachee à Gwadur, long d'environ 300 milles, fut soudainement interrompu dans la soirée du 4 courant ([1]). Le vapeur télégraphique l'*Amberwitch*, commandant Bishop, avec le personnel des ingénieurs et électriciens, sous les ordres de M. Henry C. Mance, partit le jour suivant pour réparer le dommage, qu'on avait placé à 116 milles de Kurrachee, à la suite des expériences faites aux deux extrémités.

» L'*Amberwitch* arriva en ce lieu à deux heures du soir du 6. La mer était forte et un épais brouillard régnait en ce moment,

([1]) 4 juillet 1872.

mais le câble put néanmoins être accroché à un quart de mille de la rupture.

» Les sondages opérés sur le lieu même de cette fracture étaient très irréguliers et indiquaient un ressaut de 70 à 80 brasses. En relevant le câble, on éprouva une résistance insolite, comme si le fil avait accroché une roche, mais en persévérant pendant quelque temps, le corps d'une énorme baleine entortillé dans le câble, fut amené à la surface, où l'on s'aperçut qu'elle était solidement fixée au câble par deux tours et demi, pris immédiatement au-dessus de la queue. Des requins et d'autres poissons avaient en partie dévoré la carcasse, qui se décomposait rapidement, au point que la mâchoire se détacha en arrivant à fleur d'eau. La queue, dont les dimensions avaient 12 pieds de large, était parfaitement conservée et recouverte de nombreux coquillages à ses extrémités. Apparemment, la baleine avait dû se servir du câble comme d'un grattoir pour se débarrasser des parasites qui tracassent toujours les cétacés, et le fil pendant en une boucle énorme au-dessus d'un précipice sous-marin, l'animal avait pu, d'un coup de sa queue, briser à la fois le câble et l'enrouler plusieurs fois du même coup autour de son corps de façon à en être étouffé. »

Il n'y a évidemment aucun remède contre des accidents aussi extraordinaires, mais celui du golfe Persique démontre une fois de plus combien il est important d'éviter les ressauts de fond, avoisinant les côtes, par une étude complète du profil sous-marin.

CAUSES MÉCANIQUES ACCIDENTELLES — *Ancres et engins de pêche.* — Il est toujours aisé d'éviter les ancrages dans le parcours côtier des câbles, et ce n'est qu'assez rarement que ces fils ont été relevés par les ancres des navires (1). Les capitaines savent en général ce qu'ils ont à faire en pareil cas, et soulagent promptement les câbles ainsi amenés à la surface. Les câbles de

_____

(1) Les parages de la Manche font exception à cette règle.

la Manche sont particulièrement exposés à être accrochés et brisés par des ancres. Il arrive fréquemment, par les gros temps, que les navires chassent sur leur ancre, afin de n'être pas jetés à la côte. S'ils se trouvent dans le voisinage des fils télégraphiques (et ils sont nombreux dans la Manche), on comprend le risque auquel ceux-ci sont exposés. Dans la nuit mémorable du 2 janvier 1856, où le paquebot belge *la Violette* fit naufrage sur les *Goodwin S.nds* et où tant d'autres navires périrent corps et biens, un navire à voile, chassant sur ses ancres, accrocha successivement les câbles de Douvres à Ostende et de Douvres à Calais, détruisant, dans la même nuit, les deux seules communications existant alors entre l'Angleterre et le continent.

Les engins de pêcheur, surtout ceux des corailleurs, offrent un danger réel pour les câbles légers. La pêche du corail s'exerce jusqu'à des profondeurs de 200 mètres. Au delà de cette limite, on pose généralement les câbles de petit diamètre désignés sous le nom de câbles des grands fonds. Les bateaux corailleurs sont toujours munis de cabestans ou de treuils puissants, et leurs filets ou dragues, composés de fauberts fortement enlacés, peuvent s'engager et s'enrouler autour d'un câble de façon à le saisir. On peut dès lors l'amener à la surface sans trop d'efforts, surtout s'il n'est pas très tendu sur le fond. Les ruptures dues aux corailleurs ont été fréquentes sur les côtes d'Algérie. Il existe des instructions officielles tendant à empêcher la recherche du corail dans certains parages, mais la surveillance des côtes n'est plus aussi active qu'autrefois et les corailleurs omettent souvent de se conformer aux prescriptions édictées par l'autorité maritime.

Réparations.— La restauration des câbles sous-marins comporte de nombreuses opérations bien plus compliquées que la submersion. En général, on considère comme à jamais perdus les objets qui sont tombés au fond de la mer, à de grandes distances des terres, et cependant lorsqu'une interruption se produit maintenant dans un des câbles de la Manche, de la Méditerranée, de la mer Rouge, ou même de l'Atlantique, il se passe à peine une semaine ou deux qu'ils sont déjà réparés, et la nouvelle en parvient au public sans qu'il éprouve la moindre surprise.

On connaît à peine les opérations au moyen desquelles on recherche et répare ces cordages légers reposant au fond de la mer, parfois à des profondeurs considérables. On accepte simplement les résultats sans y attacher aucune importance, bien que la submersion des mêmes câbles ait toujours été considérée comme un exploit important. Il y a plus, les systèmes employés pour réparer les câbles sont si peu connus que beaucoup d'ingénieurs et de télégraphistes en ignorent eux-mêmes les premiers éléments. Et pourtant ces opérations se renouvellent fréquemment.

Le premier câble qu'on ait essayé de réparer appartenait à l'*Electric and International Telegraph Company* et reliait l'Angleterre à la Haye. L'ingénieur de cette compagnie, M. F.-C. Webb, entreprit cette réparation en 1853 et continua dans d'autres circonstances. Les règles qu'il a dès lors établies ont conduit au système adopté généralement depuis, sans grandes modifications.

L'armement d'un navire chargé de ces opérations comprend à la fois les machines de pose et de relèvement, les deux opérations devant souvent être effectuées l'une après l'autre. Nous n'avons à décrire que les apparaux nécessaires au relèvement. Sur le gaillard d'avant, on fixe solidement deux grandes poutres en bois ou en fer, s'avançant au-dessus du bossoir, dans lesquelles s'enchâsse une large poulie de 0^m.65 à 0^m.95 de diamètre et de 0^m.20 à 0^m.30 de large. Cette poulie contient une gorge profonde en forme de V. A ses côtés sont fixées des joues en fonte, boulonnées aux poutres, destinées à empêcher les cordages ou câbles qui passent dans la poulie de glisser au dehors lorsque leur direction hors du navire forme un angle trop prononcé avec la ligne des mêmes cordages à l'intérieur du navire. Cette poulie est désignée sous le terme de *poulie d'avant*. On emploie aussi trois de ces poulies juxtaposées dans l'intérieur des guides ou joues en fonte.

Une machine appelée *machine de relèvement* (¹) (fig. 116) est fixée à l'avant du navire et mise en mouvement par une ma-

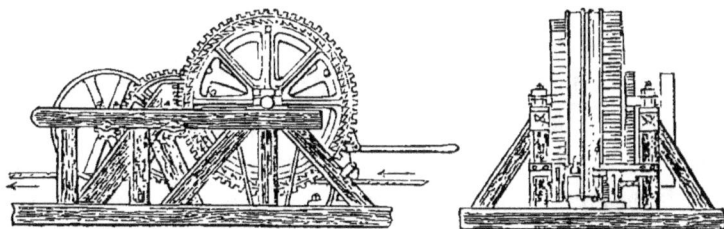

Fig. 116.

chine à vapeur de 10, 15 ou 20 chevaux, suivant le besoin. Cette machine consiste en un treuil, avec large tambour en fonte de 2 mètres à 2ᵐ.25 de diamètre et offrant une surface de 0ᵐ 22 à 0ᵐ.38 de bande, avec trois cloisons profondes qui divisent cette surface en deux partitions dont l'une, d'environ le quart de la largeur totale, sert à placer la courroie d'un frein, tandis que l'autre partition reçoit les 3, 4 ou 5 tours de câble ou de cordage qu'il s'agit de ramener à bord. Ce grand treuil est fixé sur un arbre de 0ᵐ.18 de diamètre, sur lequel s'adapte aussi une roue de champ s'engrenant dans une série d'autres roues dentées ou de roues et de courroies mises en mouvement par la machine d'entraînement. Parfois cette roue dentée principale est séparée du tambour; dans d'autres cas, elle est boulonnée au tambour, et parfois aussi les dents se trouvent sur la surface interne ou externe du tambour. C'est le cas de notre dessin, qui représente la machine que M. Webb avait installée à bord du *Monarch*. Souvent l'arbre du treuil est soutenu par des portées fixées toutes les deux sur le même côté du tambour, de façon que les tours de câble à prendre autour du treuil puissent être enroulés ou

(¹) Cette figure est empruntée à un travail de M. Webb, publié en 1858, par l'*Institution of Civil Engineers de Londres*. Nous ne la reproduisons qu'au point de vue historique; les machines de relèvement actuelles diffèrent complètement de ce modèle, bien que leur action soit la même.

déroulés sans avoir à passer le bout ou à couper le câble, ce qui est un grand avantage. Dans certains cas, le tambour est muni d'un rochet permettant d'engrener ou de désengrener à volonté. Parfois encore cette roue à rochet, au lieu d'être fixée au cadre, est jointe à une poulie fixée sur l'arbre principal et que l'on peut arrêter au moyen d'un frein à courroie.

Tout cordage de bouée ou de grappin, toute chaîne ou tout câble à relever de la mer, passe sur la poulie d'avant, puis fait trois ou quatre tours sur le treuil qu'on met en mouvement pour attirer le cordage. Pour maintenir le câble tendu, on le fait passer dans une poulie à gorge profonde appelée *poulie de retrait*, ayant 0m.65 à 0m.90 de diamètre et placée à l'arrière du tambour. Le câble, en sortant du treuil, passe dans la gorge de cette poulie dans laquelle le presse fortement une poulie à jockey chargée de poids. Cette poulie est mise en connexion avec la machinerie de relèvement, et on la fait tourner à la vitesse convenable pour que le câble soit toujours maintenu avec une tension suffisante sur le treuil. Une pièce de fer forgé ou même en fonte, appelée *soc* ou *couteau*, est fixée contre le tambour, juste au-dessus de l'endroit où le câble y pénètre. Ce soc fait continuellement glisser les tours par côté sur le tambour et les empêche de chevaucher les uns sur les autres, de façon qu'il y a toujours une partie de la surface du treuil prête à recevoir le câble qui s'enroule sur lui. Ce soc est ajustable et, qu'il soit en fer ou en fonte, sa surface est toujours durcie ou recouverte d'acier.

En outre de cette machinerie, il existe à l'arrière une seconde poulie à gorge semblable à celle de l'avant et un tambour avec freins pour la pose des sections de câble. Cette machinerie n'est que la contre-partie de celle de l'avant, et la planche 103, page 201, la fera suffisamment comprendre sans description.

On a autrefois employé avec avantage, et pour de courtes distances, un système au moyen duquel on pouvait filer sous le câble et l'examiner en l'amenant à fleur d'eau sur une poulie moufflée d'environ un mètre de diamètre descendue près de l'avant.

Cette poulie (fig. 117) (¹), soutenue par un fort cadre en fer et maintenue éloignée des flancs du navire, pouvait pivoter sur

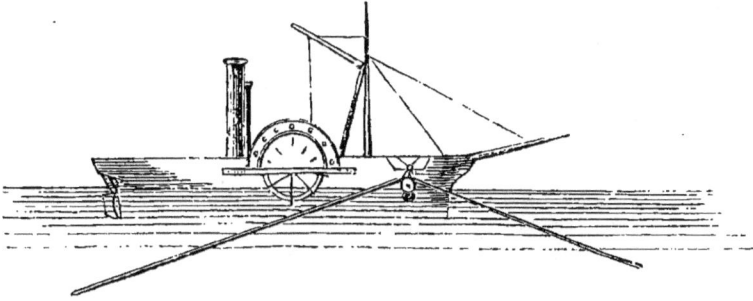

Fig. 117.

un anneau et était, d'ailleurs, maintenue en position par des chaînes. Le câble à visiter, après avoir été relevé au grappin, était passé sur la poulie par un des côtés du cadre qui pouvait s'ouvrir et se refermer, et l'on évitait de la sorte de couper le câble à l'endroit où on l'avait relevé, si cet endroit était peu éloigné de la faute. Le navire, marchant doucement, pouvait ainsi relever successivement chaque portion du câble, le laissant ensuite retomber dans sa position primitive.

Ce procédé ne peut être employé que dans des bas-fonds et là où le câble n'est pas enfoui sous le sable ou accroché à des rochers.

On y a, d'ailleurs, entièrement renoncé, les moyens actuels permettant de déterminer la faute avec précision.

On emploie, pour draguer les câbles, de forts grappins à trois ou quatre griffes (fig. 118), pesant de 15 à 20 kilos. Ils tombent naturellement sur le fond avec deux griffes pour appui. On les fixe à un morceau de chaîne de 20 à 30 brasses au moyen d'un anneau, et la chaîne est elle-même bouclée à un cordage de $0^m.10$, $0^m.15$ ou $0^m.20$ de diamètre, suivant le travail à exécuter. Ce cordage est fréquemment formé de torons de chanvre et de fils d'acier tordus ensemble, pour les très

(¹) Figure empruntée au travail de M. Webb, déjà cité.

15

grands fonds. Dans les petits fonds, on file une longueur de cordage égale à trois ou quatre fois la profondeur d'eau sous le navire.

A partir de 400 mètres, deux ou trois fois cette longueur suffit. Dans l'Atlantique, le câble fut accroché avec un cordage qui n'avait en longueur qu'un cinquième en plus de la profondeur de l'eau.

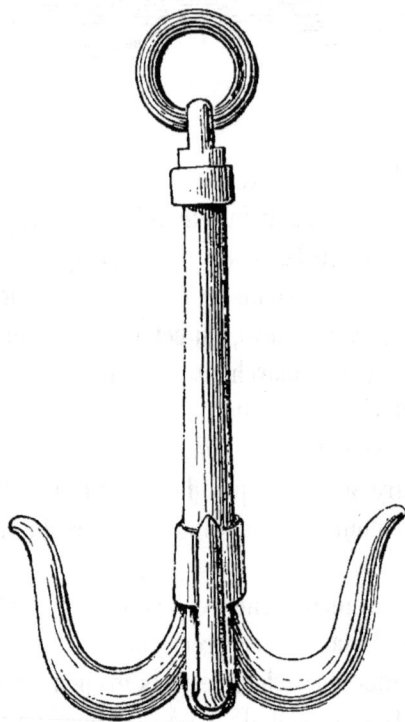

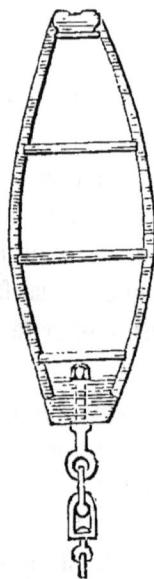

Fig. 118.

Fig. 119.

On emploie des bouées de deux sortes. Les bouées en baril ou biconiques sont celles qui servent à marquer les extrémités d'un câble brisé (fig. 119). On les amarre à une ancre de touée en forme de champignon (fig. 120). Cette ancre est elle-même attachée au câble par une chaîne. Ainsi, le câble repose entièrement sur le fond et n'est pas soulevé, comme on pourrait le croire (fig. 121). La bouée est amarrée à une chaîne dans les bas-fonds et à un cordage dans les grands fonds.

Des bouées armées d'un mât (fig. 122) et d'un pavillon que l'on peut distinguer à distance, marquent la place de l'extrémité et sont mouillées auprès des bouées à baril. On les emploie aussi pour indiquer toute localité particulière qui doit être marquée avec précision.

Quand on doit réparer un câble, la première opération à faire est de rechercher, par des épreuves électriques, la position exacte de la fracture ou de la faute. Cette

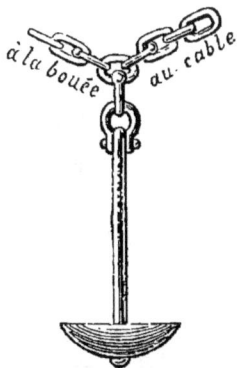

Fig. 120.

opération délicate sera décrite plus loin. La distance et la position de la faute étant reconnues, le navire se dirige sur ce point, qu'il

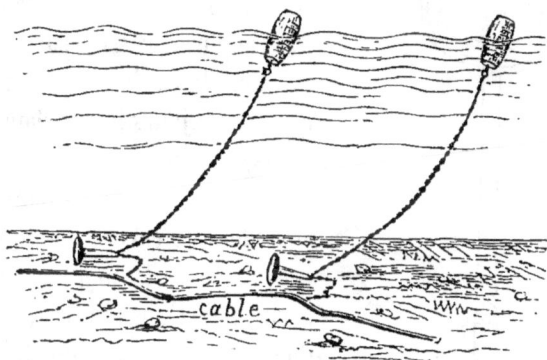

Fig. 121.

détermine au moyen d'angles horizontaux, si la côte est en vue, ou bien en suivant sa course aussi régulièrement que possible et au moyen du loch, à partir d'un point déterminé avec les mêmes angles de la côte, si la faute est située hors de vue de la terre. En pleine mer, il faut avoir recours aux observations nautiques habituelles, en y apportant la plus rigoureuse exactitude. Une fois arrivé sur le lieu présumé de la fracture, on mouille une bouée à pavillon, comme point de repère des opérations à entreprendre. Puis, le navire mouille le grappin et procède à draguer le câble, s'efforçant de se maintenir à une distance suffisante de la faute pour que, le câble une fois accroché, il reste suffisamment de ballant sur le grappin pour maintenir le câble équilibré, en le relevant, ou encore pour que l'extrémité ne glisse pas avec le grappin sur le fond, sans fournir aucune indication de tension sur le dynamomètre.

Si le grappin accroche loin de l'extrémité brisée, la partie de câble qui va du grappin à cette extrémité ne revient pas sur le fond vers le grappin et résiste par son poids. Si donc le câble est posé tendu (ce qui est toujours le cas dans les bas-fonds), l'effort du soulèvement est très-grand sur le cordage et plus considérable encore sur le câble.

S'il y a de la marée, on drague avec elle. Dans ce cas, le navire doit prendre une position telle, qu'en tenant compte du vent et de la marée, il dérive par l'arrière de façon à accrocher le câble au bon endroit. Un dynamomètre, sous lequel passe le cordage, indique les effets de la tension, et, dès que l'on observe un excès de la tension normale due à la simple friction du grappin sur le fond et au poids du cordage, c'est un indice que l'on a accroché. Si l'on a des présomptions que l'on a rencontré le câble, on fait de suite vapeur en avant pour réagir contre le courant de marée. Dès que la corde du grappin se détend, on

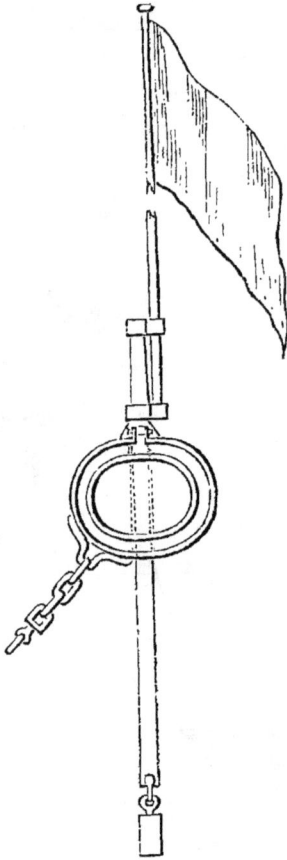

Fig. 122.

ramène vivement à bord toute la partie qui repose sur le fond,
jusqu'à ce qu'elle redevienne tendue et d'aplomb. La machine
est alors ralentie de manière à réagir uniquement contre le cou-

Fig. 123. — Relevage de la bouée.

rant de marée, et c'est alors surtout qu'il faut conduire la manœuvre avec précaution, employant en même temps la barre et
les voiles, afin d'éviter la dérive du navire à droite ou à gauche.
Trop peu d'aire causerait, toutefois, une tension considérable sur
le cordage du grappin et pourrait occasionner la rupture d'un
câble léger.

Quand le câble est halé à bord, le degré de tension du cordage suffit pour indiquer si l'extrémité rompue est proche, ce
qui détermine les opérations qui doivent suivre. Si ce cordage
est très relâché, le ballant peut être amené à bord en manœu-
vrant avec précaution. Il arrive, toutefois, très rarement que le
grappin accroche le câble assez près de la faute pour permettre
cette manœuvre. Il est presque toujours impossible, en dra-

guant, de préciser de quel côté de la fracture on accrochera le
câble, et lorsqu'on le hale, le relâchement de la ligne de drague
peut seul indiquer si la faute est voisine. Si donc il n'y a pas
de mou, il devient nécessaire de couper le câble et d'essayer
électriquement, afin de reconnaître la partie la plus courte. On

Fig. 124. — Descente de la bouée du câble.

comprendra facilement cette indécision, si l'on songe qu'à l'erreur électrique qui peut se produire en déterminant l'emplace-
ment fautif, peut s'ajouter l'erreur nautique de la détermination
de la position de cette faute.

La section du câble, quand il est gros et tendu, est une opération qui exige de grandes précautions afin d'éviter les accidents,
surtout si la mer est forte. On attache une chaîne solide au
câble, on la tend et on la fixe sur le pont. Une seconde chaîne
est également fixée de l'autre côté du grappin et l'on en laisse
couler une certaine longueur à la mer, fixant l'autre extrémité

sur le pont. Un homme solidement attaché descend par une des petites échelles en fer fixées aux côtés du bossoir d'avant, et lime successivement chacun des fils du câble jusqu'à ce qu'il devienne suffisamment affaibli pour rompre. La partie attachée à la chaîne molle retombe à la mer tout en restant disponible (fig. 125). Celle qui est fixée à la chaîne tendue est halée à bord au moyen du treuil. Les épreuves électriques font de suite connaître si cette extrémité conduit à la côte ou à la fracture. Si le bout conduit à terre, on communique avec la station, rendant parfois compte des opérations, et faisant au besoin des épreuves électriques tendant à déterminer avec précision la distance qui sépare le navire de la terre. Puis l'extrémité du conducteur est scellée avec soin, afin d'empêcher la pénétration de l'eau dans le câble ; on la mouille ensuite avec l'ancre et la bouée suivant le mode déjà décrit.

La chaîne attachée à la partie courte du câble est ensuite relevée, ainsi que le morceau de fil dont la longueur peut varier d'un quart de mille à cinq milles ou plus. On hale ce morceau à bord au moyen du treuil, prenant soin de diriger le navire de façon à ce que le câble ne subisse qu'une tension horizontale, car autrement il pourrait être endommagé en traînant sur le fond. Lorsqu'on arrive à la fracture, on mouille immédiatement une bouée et une ancre pour marquer la position de l'autre extrémité du câble rompu. Cette seconde extrémité peut, par conséquent, être draguée avec la plus grande précision, et on peut l'amener à bord sans couper le câble, même si on l'a accroché assez loin de la faute pour qu'il soit très tendu. On soude alors un morceau de câble neuf à cette extrémité et on le file à la mer. Si la distance est courte, cette opération peut se faire par la poulie d'avant. Sinon on mouille le câble par l'arrière, le filant jusqu'à ce que l'on ait atteint la première bouée, rattachée à la partie de la ligne aboutissant à terre. Cette bouée est ramenée à bord par l'avant, et l'extrémité du câble est conduite sur l'arrière où les deux bouts sont rejoints, de manière à éviter tout embarras de cordage ou d'agrès. La jointure finale et l'épissure une fois terminées, on tranche l'attache avec une hache, et le câble reprend sa position au fond de la mer.

Telle est la description sommaire des opérations de réparation, telles qu'on les exécute dans les circonstances les plus favorables.

Les opérations que nous venons de décrire se rapportent principalement aux opérations à faire dans les profondeurs ordinaires. Nous procéderons maintenant à l'examen des moyens qui furent employés pour réparer un des câbles de l'Atlantique, par des fonds de 3 à 4 000 mètres. Ces opérations, accomplies en 1866, afin de retrouver et de compléter le câble perdu en 1865, offrent un intérêt trop grand pour que nous n'en parlions pas ici.

Fig. 125. — Great Eastern.

La route suivie par le *Great-Eastern* à travers l'Atlantique dans ses diverses expéditions, a toujours été déterminée et mar-

quée sur les cartes avec une précision mathématique, et le point
de rupture du câble en 1865 était
connu aussi exactement au point
de vue électrique qu'au point de
vue nautique.

Le *Great-Eastern* avait passé
plusieurs semaines, en 1865, à
essayer de retrouver le câble
perdu. Il l'avait accroché plus
d'une fois, et, bien qu'on dût
abandonner l'entreprise, on n'a-
vait pas perdu de temps puisqu'on
avait acquis la certitude qu'il
était non seulement possible d'accrocher le câble, mais encore de
le relever de ces profondeurs
immenses. Sir Jas-Anderson,
commandant du *Great-Eastern*,
avait, en effet, accompli cette
tâche difficile de le faire dériver
à travers la ligne du câble, et
par trois fois, c'est-à-dire à chacune de ces tentatives, le câble
avait été accroché. Il est vrai
que, chaque fois, la ligne du
grappin rompit; mais elle ne le
fit, une fois, qu'alors que le câble était déjà presque entièrement ramené. Pendant des jours
entiers, l'ingénieur en chef de
l'expédition poursuivit son but

Fig. 106.

avec la plus grande et la plus louable détermination, jusqu'à ce
qu'il n'eût plus une brasse de cordage à bord et qu'il fût évident qu'on devait renoncer à l'espoir de réussir cette année.

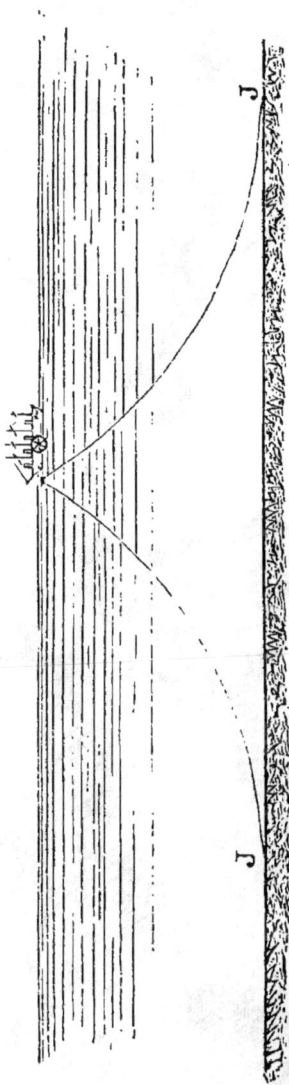

Fig. 127.

On y revint, l'année suivante, en employant les moyens que nous allons décrire, ainsi que la machinerie et les engins qui servirent en cette circonstance.

Le câble de 1865 avait été posé avec environ 15 pour 100 de coulage, et ce chiffre élevé était la base sur laquelle on fondait l'espoir d'un relèvement possible. On avait, en effet, calculé qu'en accrochant le câble en un seul point et en le soulevant à fleur d'eau, la double chaînette, ainsi maintenue en suspension dans l'eau, n'aurait pas moins de 9 1/4 milles nautiques (¹) par des fonds de deux milles, et que la distance horizontale JJ (fig. 126), séparant les portions de câble restées sur le terrain, serait de 8 milles, donnant ainsi un excès de 15 pour

(¹) Mille nautique ou nœud = 1854ᵐ.

100 dans la partie suspendue. Le résultat du relèvement prouve que ce calcul représentait assez exactement la courbe du câble suspendu.

Les dimensions du câble étaient : diamètre, $31^{mm}.7$; poids, 1 812 kilogrammes par nœud dans l'air, et 719 kilogrammes dans l'eau. Le poids total des 9.25 nœuds suspendus dans l'eau devait donc être 5 867 kilogrammes; comme le module de rupture du câble était de 7 866 kilogrammes, il pouvait supporter environ onze nœuds de sa propre longueur dans l'eau avant de rompre. Toutefois, on écarta immédiatement l'idée de relever le câble en un seul point, et on s'arrêta à la résolution de le hisser à bord par degrés. Trois navires à vapeur, la *Medway*, le *Great-Eastern* et l'*Albany*, furent, par conséquent, armés de machines de relèvement, afin de pouvoir draguer simultanément le câble en trois points différents : la *Medway* à l'est et l'*Albany* à l'ouest du *Great-Eastern*.

La machinerie de relèvement de cette expédition était entièrement nouvelle, et on l'avait construite pour subir un effort bien supérieur à celui que pouvait supporter la machine de l'année précédente.

Le grappin, de fortes dimensions, avait cinq branches au lieu de trois. Sa hauteur était de $1^m.20$, son poids 114 kilogrammes. L'œil supérieur pivotait sur l'axe, et les branches pouvaient résister à un effort de 8 à 9 tonnes sans être même endommagées. Attachée au grappin, une chaîne de 28 millimètres, longue de 27 mètres, était ensuite reliée au cordage aboutissant à bord. Ce cordage (fig. 127) était formé d'un gros toron de sept brins, dont chacun était formé de sept brins plus fins ayant au centre un fil de fer galvanisé de $2^{mm}.5$, entouré de chanvre. L'ensemble du cordage avait 47 millimètres, et il ne cassa jamais sous un effort moindre de 30 tonnes dans les nombreuses épreuves auxquelles il fut soumis. Son poids dans l'air était de 5 000 kilogrammes, et, dans l'eau, de 3 750 par mille nautique.

Sur le gaillard d'avant étaient fixées quatre fortes poutres en fer supportant les poulies en fonte de 1ᵐ.15 de diamètre destinées à supporter la ligne du grappin. Ces poulies s'avançaient sur le bossoir de façon à éviter tout obstacle, et c'était sur celle du centre qu'on amenait le cordage à bord. Ce cordage aboutissait directement au treuil de relèvement, en passant sous un dynamomètre qui permettait de mesurer à chaque instant l'effort auquel la ligne était soumise.

La machine de relèvement était la plus puissante que l'on eût encore construite, et il devait en être ainsi puisqu'elle devait relever et casser, au besoin, un cordage dont le module de rupture dépassait trente tonnes. Cette machine est représentée en élévation et en plan dans la figure 128. Les deux grands tambours B, B, ayant chacun 1ᵐ.82 de diamètre, étaient fixés sur des arbres parallèles distants de 3ᵐ.25. La corde du grappin faisait quatre fois le tour de ces tambours, passant sur le côté opposé à celui où elle entrait.

Le glissement du cordage sur le tambour s'opérait au moyen des rouleaux ou disques C, C, placés sur des arbres entre les tambours; quatre en haut, quatre en bas, et chaque partie du cordage était ainsi repoussée, après avoir quitté un tambour et avant d'entrer sur l'autre. De cette façon, chacune des parties de cordage enroulé était maintenue hors du chemin des suivantes. Ce glissement demandait beaucoup plus de soin avec cette machine qu'avec le treuil ordinaire, car les boucles en fer de chaque partie du cordage se renversaient souvent et retenaient le tour précédent sur le tambour. Quand ces boucles rentraient à bord, on avait soin d'espacer les quatre tours de cordage des tambours, afin d'éviter cet inconvénient.

Comme l'effort que pouvait subir cette machine était très grand, on crut convenable de ne pas communiquer le mouvement directement aux arbres B, B; conséquemment, ces tambours reçurent des roues d'engrenage D, D, fixées de chaque côté, dans lesquelles engrenaient les pignons E, E. Par ce

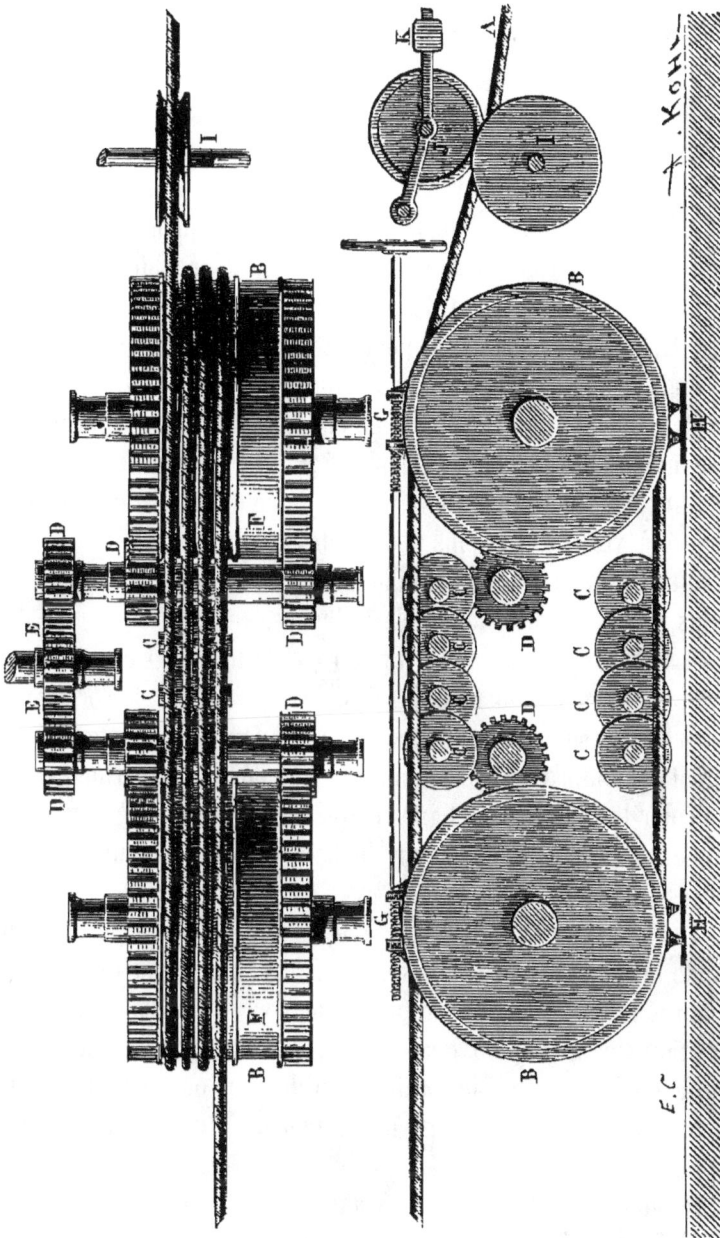

Fig. 128.

moyen, on n'infligea aucun effort de torsion aux arbres des tambours.

L'effort sur le cordage était, d'ailleurs, ainsi divisé entre quatre roues d'engrenage, dont l'épaisseur de dents avait dix centimètres.

Chacun des tambours avait un frein F fixé à ses côtés. Ces freins étaient actionnés par un arbre GG, supportant deux pas de vis et allant de l'avant à l'arrière de la machine au-dessus des freins. Tout l'effort de ces freins résidait dans les supports H, H, fixés à la platine du pont, et non pas dans l'arbre GG, et c'était là une application nouvelle de la courroie du frein.

La machinerie était entraînée par une paire de machines qui, de même que le treuil, avaient été fournies par MM. Penn. Un embrayage spécial permettait de changer de vitesse ou de puissance à volonté. La plus petite vitesse, de 80 révolutions par minute, ramenait 3/4 de mille nautique de ligne à bord, et la plus grande environ le double à l'heure.

La machine était munie d'une roue de tension I et d'un jockey J avec poids ajustable K, destinés à maintenir le cordage A bien tendu sur les tambours. Un rotomètre ou compteur indiquait le nombre des révolutions de la machine et permettait de calculer la longueur de ligne relevée. Pendant le relèvement, la ligne ramenée à bord était graduellement enroulée dans une des cuves libres.

Le draguage s'opéra comme il suit : la position exacte du câble ayant été marquée avec soin par deux bouées placées d'après les observations nautiques, le navire fut amené dans une position sise à trois ou quatre milles au nord ou au sud de la ligne des bouées, suivant la direction du vent ou du courant, de façon à laisser dériver le navire lentement à travers la ligne du câble.

Le nouveau câble de 1866 ayant été posé à 30 milles au sud de la ligne ancienne, il n'y avait aucun risque d'endommager ce câble.

Par des fonds de 1 900 brasses (près de deux nœuds), on fila une longueur de 2 200 brasses de ligne avec la chaîne et le grappin que nous avons décrits. Cette opération, faite avec soin, occupa de une heure à une heure et demie. Pendant la descente du grappin et de sa ligne, on observait scrupuleusement les indications du dynamomètre, et le moment où le grappin frappait le fond était immédiatement marqué au dynamomètre par une diminution de poids, puisque le grappin et sa chaîne pesaient ensemble un peu plus d'une demi-tonne. Environ 200 brasses de cordage additionnel furent encore filées, et, à partir de cet instant, le dynamomètre ne fut plus perdu de vue. Les moyennes des indications qu'il fournissait étaient enregistrées chaque minute, et il se passa fréquemment des heures entières sans que ces moyennes donnassent la moindre variation. Il était intéressant d'observer avec quelle régularité ces moyennes se maintenaient entre 8 1/2 tonnes et 9 1/2 tonnes. Ces variations légères dépendaient uniquement de la longueur de la ligne filée et de la force du vent et du courant.

L'indication d'un accroissement d'un quart de tonne était généralement considérée comme une preuve suffisante que le câble était accroché, et cette présomption fut rarement déçue. Aucune tentative de relèvement ne fut néanmoins faite avant que la tension s'élevât à 2 tonnes au-dessus des moyennes précédentes. Dès qu'une tension de 10 1/2 tonnes à 12 tonnes fut observée, le navire fut ramené par la machine de façon à alléger l'effort sur le câble, et l'opération du relèvement commença. La tension s'éleva à ce moment à 14 ou 15 tonnes et se maintint à ce chiffre, jusqu'à ce que le câble quitta le fond, après quoi cet effort diminua graduellement. On essaya une fois de relever le câble directement à la surface sans l'assistance des autres navires et cet essai fut presque couronné de succès. Le câble fut, en effet, ramené à quelques pieds au-dessus de la surface avec une tension de 6 1/2 tonnes environ. Toutefois, la houle assez forte du moment fit tanguer le navire et le câble rompu retomba à la mer.

Après de nombreux essais infructueux, le câble put enfin être repêché de la façon suivante. Il fut d'abord accroché par le *Great-Eastern* qui, l'après avoir élevé à 900 brasses du fond, le suspendit à une bouée B (fig. 129). Cette bouée avait les plus fortes dimensions, pesait 3 1/4 tonnes et pouvait supporter 13 tonnes. Le

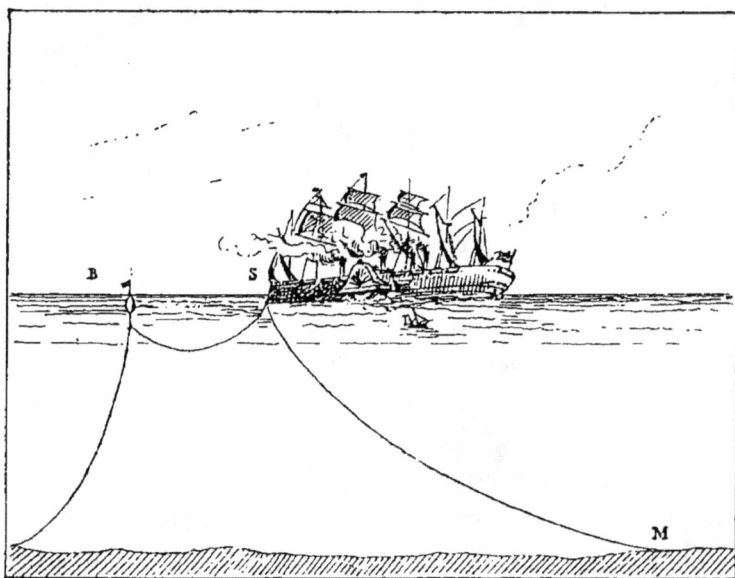

Fig. 129.

Great-Eastern alla de nouveau draguer à 3 ou 4 milles à l'ouest, au point S, et trouva encore une fois le câble. La *Medway* le trouva également en M, situé à environ 2 milles du *Great-Eastern*, et, sur le signal du *Great-Eastern,* commença à haler le câble, le grand steamer agissant de même. Les instructions données à la *Medway* consistaient à briser le câble, si elle ne pouvait le ramener à la surface. C'est ce qu'elle fit; le câble fut brisé par la *Medway* à environ 200 brasses du bord. Le *Great-Eastern* eut de cette façon une des extrémités du câble formant un balant relâché d'environ deux milles, et la tension sur la ligne du grappin fut immédiatement soulagée d'une façon considérable. Finalement le câble fut heureusement amené à bord, et le circuit électrique avec Valentia ayant été vérifié, le bout repêché fut soudé au câble du grand navire, qui en compléta la pose par l'addition des 680 milles nécessaires pour atteindre Hearts Contents et rejoindre Terre-Neuve à l'Irlande.

CHAPITRE IV.

SOURCES D'ÉLECTRICITÉ.

Piles Daniell, Thomson, Siemens, Minotto. — Pile à auge de Thomson, piles Callaud, Meidinger, Bunsen, Grove et Leclanché. — Disposition des piles. — Électro-aimants.

> Surgis, Volta ! dompte en ton aire
> Les fluides, noir Phlégéton.
> Viens, Franklin, voici le tonnerre,
> Le flot gronde, parais Fulton.
> V. HUGO.

La source d'électricité nécessaire au bon fonctionnement des appareils télégraphiques peut s'obtenir de plusieurs manières. Ohm a conclu à l'analogie de la chaleur et de l'électricité en observant le passage d'un courant dans un barreau chauffé à une extrémité et refroidi à l'autre. Aussi avons-nous des piles thermo-électriques aussi bien que des piles hydro-électriques. Il y a, d'ailleurs, d'autres sources d'électricité ; certaines machines, dont la machine Gramme est le type, produisent des effets analogues à la pile.

Nous n'examinerons ici que les piles adoptées dans la télégraphie pratique.

C'est à Volta qu'est due la découverte de la pile qui porte son nom. La pile à colonne date de 1800, et a servi longtemps à toutes les expériences faites au commencement du siècle. M. de la Rive, en observant les effets chimiques produits sur deux tiges de métal (zinc et platine) plongées dans l'eau acidulée, a pour ainsi dire établi la forme de nos piles actuelles. Bien que dirigées vers un but spécial (la galvanoplastie), les expériences de MM. de la Rive, Jacobi et Moride ont donné à Daniell l'idée de sa pile, qui est elle-même un appareil galvanoplastique simple.

La première pile de Daniell était très compliquée (fig. 130). Préoccupé de l'idée de donner à cet appareil une constance parfaite, son auteur l'avait muni de siphons qui, en débarrassant la pile des liquides saturés de sel, lui fournissaient en échange de l'eau fraîche, ce qui permettait de maintenir constant le degré de saturation des liquides. Après avoir essayé des diaphragmes en vessie, en cuir et en toile à voile, Daniell s'arrêta aux vases poreux si bien connus des télégraphistes. Dans le modèle de Daniell, le zinc était à l'intérieur du vase poreux, et le cuivre à l'extérieur. M. Bréguet renversa cet ordre de choses et fixa définitivement le type de la pile télégraphique par excellence. Cette pile à deux liquides, dont nous donnons

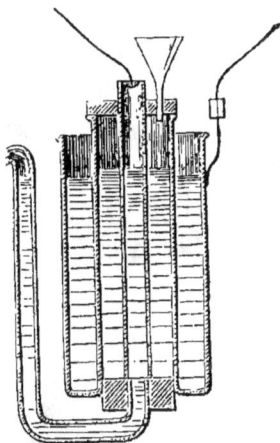

Fig. 130.

le dessin adopté par l'administration française dans la figure 131,

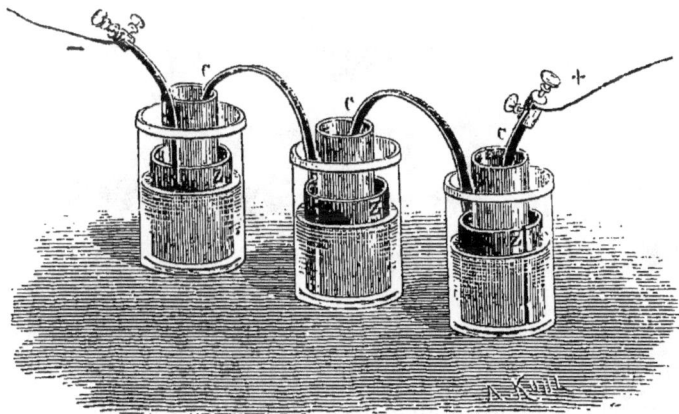

Fig. 131.

a des inconvénients que l'on a cherché à éviter, et dans les modification qui ont été apportées à la forme primitive, l'on a été amené à supprimer le diaphragme poreux.

Dans toutes les piles Daniell, le sulfate de cuivre finit toujours par atteindre le zinc, et gâte la pile. Daniell avait parfaitement raison de vouloir maintenir la première forme de pile qu'il avait produite, car elle évitait ce défaut. Sir William Thomson a cherché à retarder ce résultat fâcheux d'une façon indéfinie, et a construit une pile Daniell de la forme suivante : (¹)

Dans chaque élément, la plaque de cuivre est placée horizontalement au fond d'un vase en verre, et l'on verse au-dessus une solution saturée de sulfate de zinc. Le zinc est formé d'une grille placée horizontalement près de la surface de la solution. Un tube en verre (fig. 132) est placé verticalement dans la solution avec

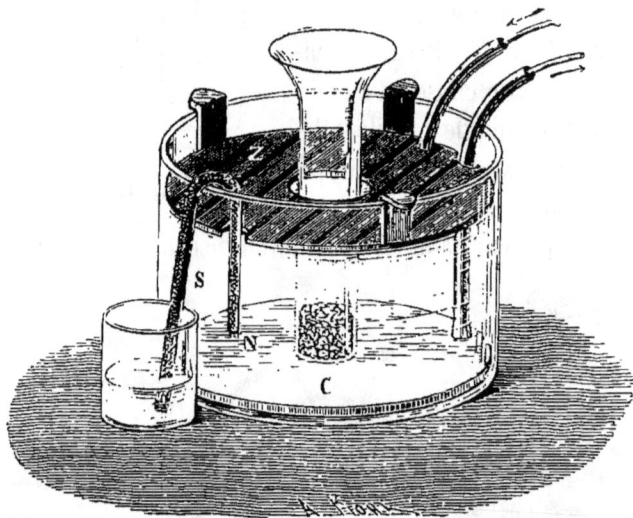

Fig. 132.

son extrémité inférieure immédiatement au-dessus de la surface du cuivre. Des cristaux de sulfate de cuivre sont descendus par ce tube, et, en se dissolvant dans le liquide, ils forment une solution de densité plus grande que celle du sulfate de zinc seul, de

(¹) *Proceedings Royal Society*. 19 janvier 1871.

sorte qu'il ne peut arriver au zinc que par diffusion. Pour retarder cet effet, un siphon consistant en un tube de verre rempli d'une mèche de coton est placé avec une de ses extrémités à mi-chemin entre le zinc et le cuivre, l'autre extrémité déversant les liquides par la pression et la capillarité dans un vase extérieur, de telle sorte que le liquide intérieur est graduellement attiré et extrait vers la moitié de sa hauteur. De cette manière, la plus grande portion du sulfate de cuivre, s'élevant à travers le liquide par diffusion, est extraite par le syphon avant d'avoir atteint le zinc, qui n'est plus, dès lors, environné que d'un liquide presque libre de tout mélange de sulfate de cuivre, et ayant un mouvement inférieur très lent dans la pile, ce qui retarde d'autant le mouvement ascendant du sulfate de cuivre. Pendant l'action de la pile, du cuivre se dépose sur la plaque du fond, et l'acide sulfurique se dirige lentement à travers le liquide sur le zinc, avec lequel il se combine formant du sulfate de zinc. Pour empêcher cette action de changer l'ordre de densité des couches, et de produire de l'instabilité et des courants visibles dans le réservoir, il faut avoir soin de maintenir le tube central bien rempli de cristaux de sulfate de cuivre, et de remplir la pile par-dessus avec une solution de sulfate de zinc, suffisamment diluée pour qu'elle soit plus légère que toute autre couche de liquide dans la pile.

La pile Daniell n'est pas la plus puissante des piles en usage : les Grove et les Bunsen ont une force électro-motrice presque double; mais sa principale qualité est de rester constante, surtout dans les formes pratiques que MM. Minotto et Siemens lui ont données.

La résistance intérieure d'un élément Daniell est généralement plus forte que celle d'un Grove ou d'un Bunsen de la même dimension. Ce défaut est compensé par l'avantage qu'a cette pile de se maintenir longtemps en bon état de fonctionnement sans émettre aucun gaz.

La pile Siemens-Halske, qui est une modification de la pile Daniell, en diffère essentiellement dans la forme du diaphragme.

A est le vase de verre ou de terre vernie que l'on rencontre dans toutes les piles. C est le diaphragme ou vase poreux qui, au lieu d'être simplement cylindrique, s'évase à la base pour reposer sur le fond de A. Il est ouvert à ses deux extrémités. K est la plaque de cuivre qui, dans ce cas, forme deux S s'entre-croisant verticalement. On remplit c de sulfate de cuivre et d'eau; g est une masse de papier mâché réduit en pulpe, que l'on entasse au-dessus de la base du vase poreux. Enfin, Z est un anneau en zinc embrassant le vase poreux et se terminant par un écrou. On baigne le tout d'eau salée ou acidulée jusqu'à environ moitié hauteur du zinc. Ensuite, il suffit de maintenir le tube c rempli de cristaux de sulfate de cuivre et de renouveler de temps en temps l'eau du vase extérieur. L'acide sulfurique néces-

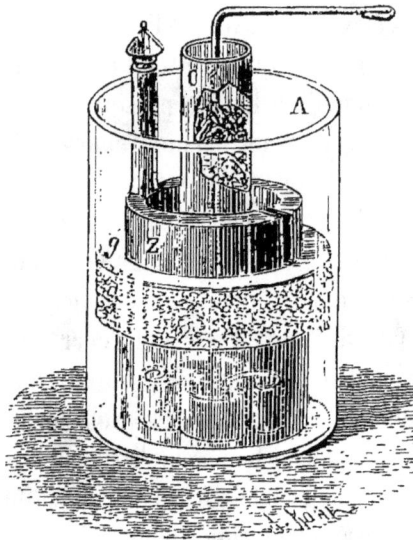

Fig. 133.

saire à la formation du sulfate de zinc est transporté par le courant lui-même à travers le diaphragme. Le zinc n'a pas besoin d'être amalgamé, et, afin d'empêcher le sulfate de zinc de se mélanger à la pulpe du papier, un séparateur en gros drap est placé sous lui.

Ces éléments ont trop de résistance pour être employés en pile locale; mais ils sont admirablement bien adaptés pour l'exploitation des longues lignes. Leur emploi est exclusif sur la ligne de l'Indo-Européen entre Londres et Téhéran.

La pile Minotto est aussi exclusivement employée dans les Indes anglaises et dans presque toutes les stations des compagnies de câbles sous-marins. Elle se compose (fig. 134) d'un vase en gutta-percha, au fond duquel on dépose une rondelle plate en cuivre, à laquelle est attaché un fil recouvert de gutta-percha formant électrode. Sur la plaque de cuivre on dépose du sulfate de cuivre en cristaux, et par-dessus un séparateur, soit en papier buvard, soit en chiffon. Au-dessus du séparateur on met de la sciure de bois bien tassée et humide, au-dessus de laquelle vient poser le zinc muni de son électrode. Cette forme de pile est très-portative, et c'est pour cela qu'on l'expédie de préférence dans les stations lointaines. Elle se maintient constante avec peu de soins.

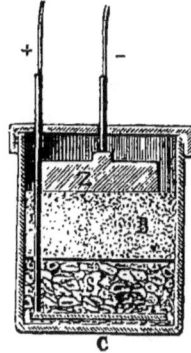

Fig. 134.

Sa résistance est d'environ 20 ohms, quand elle est en bonne condition. Elle est toujours employée pour les épreuves faites à la mer ou même à terre sur les câbles sous-marins. On com-

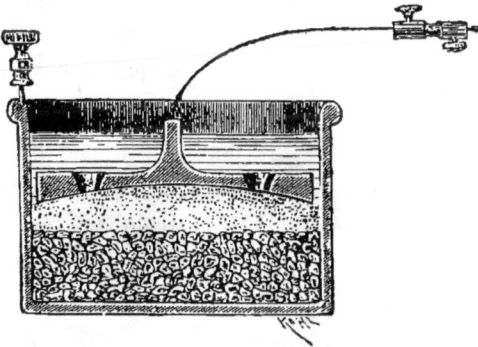

Fig. 135.

prend qu'à la mer cette forme de pile a l'avantage de ne pas être exposée aux effets de polarisation d'une pile à liquide.

Une autre forme de pile Minotto consiste en vases formés de cuivre en feuille, dans le fond desquels on dépose environ 3 kilogramme de sulfate de cuivre (fig. 135). On le recouvre de sciure de bois de pin humide, et c'est sur cette couche que repose le zinc dans lequel on a ménagé quelques trous. Cette pile est si simple que l'employé le plus inexpérimenté peut la monter. Elle fonctionne de trois mois à un an, sans être touchée autrement qu'en l'humectant de temps à autre. Sa résistance intérieure est comparativement faible, et elle est très utile sur les circuits courts où des courants comparativement forts et continus sont nécessaires.

Sir W. Thomson a diminué encore la résistance intérieure de la pile Daniell et augmenté son énergie dans les éléments qui servent à faire fonctionner le moulin et à charger les bobines fixes de son *Recorder* à siphon. Ces piles sont formées d'auges ayant $0^m.40$ carrés à la base et évasées au sommet ; elles sont doublées de plomb intérieurement et contiennent des grilles en zinc (fig. 136 et 137), s'appuyant sur des blocs en terre cuite émaillée. Une lame de cuivre est soudée sur le bord extérieur de chaque auge pour servir, au besoin, d'électrode. Afin de faciliter l'enlèvement des dépôts de cuivre, une lame étroite de ce métal est soudée au fond et au milieu de chaque auge, et tout le restant du plomb, qui recouvre l'intérieur et les côtés, est enduit d'un vernis isolant, formé de copal et de térébenthine. Une plaque de cuivre très mince, aussi vernie sur une de ses faces, excepté au centre et aux coins, fait contact, par la pression des blocs de terre cuite et de la grille en zinc, avec le revêtement de plomb convenablement gratté dans les coins. La face supérieure de la plaque de cuivre reste décapée ; elle est, d'ailleurs, de la même dimension que l'intérieur des auges, $0^m.40$ carrés ; sur ses coins on place les blocs de terre cuite qui supportent le zinc en forme de grille. Cet

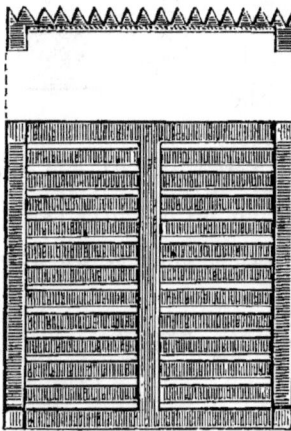

Fig. 136.

élément est enveloppé de papier parcheminé, plié avec soin sur les côtés, et fixé solidement par de la ficelle et de la cire à cacheter. Ce papier, une fois humecté, agit comme un diaphragme et retient, homogène, l'ensemble du grillage en zinc que le temps détériore. Pour supporter une de ces pièces à auge, on construit un bâti en bois, muni de quatre isolateurs en porcelaine, sur lesquels

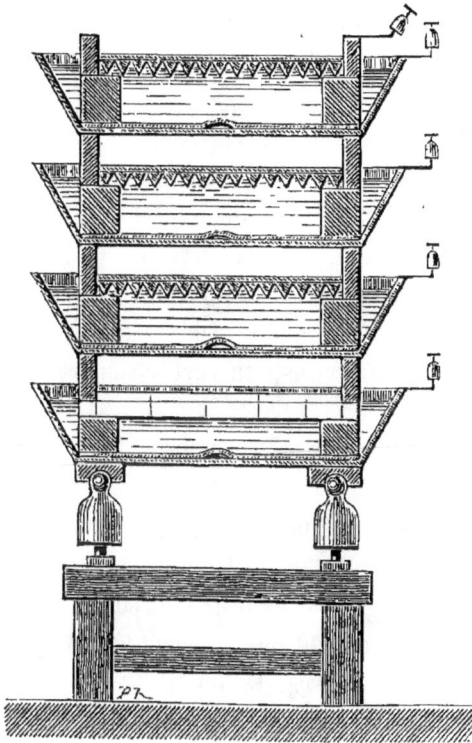

Fig. 137.

vient s'appuyer la première auge. Cette pile doit être disposée de façon à ce que l'on puisse tourner facilement autour. La première auge et le support doivent être soigneusement nivelés.

Au fond de la première auge, on place l'élément cuivre, dont on assure le contact métallique au centre et aux quatre coins ;

puis, on place sur ces coins les quatre blocs de terre vernie formant de petits cubes qui servent de support au grillage en zinc. On verse alors dans l'auge une solution de sulfate de zinc d'une densité de 1.1, humectant d'abord la grille et son enveloppe en parchemin. On s'assure ensuite que les quatre coins supérieurs du zinc et les quatre coins inférieurs en plomb de l'auge suivante sont propres et secs, et l'on appuie l'auge numéro 2 sur le zinc numéro 1. On recommence dans l'auge numéro 2 l'opération déjà faite dans le numéro 1, et ainsi de suite, jusqu'à ce que la pile soit complète.

Les cristaux de sulfate de cuivre qu'on emploie dans cette pile doivent être cassés en petits morceaux de la grosseur d'un pois ; on les pèse par petite quantité d'environ 30 grammes. Pour mettre la pile en action, on verse ces 30 grammes de sulfate de cuivre séparément, sur chaque face, distribuant cette quantité, aussi également que possible, entre les blocs de terre cuite. Immédiatement après, on met chaque élément en court circuit.

Dix minutes ou un quart d'heure après, la pile est prête à agir avec toute sa force.

De temps en temps, il faut ajouter du sulfate de cuivre, toujours par quantités égales pour chaque auge, comme au moment où la pile a été chargée ; mais il ne faut jamais mettre du nouveau sulfate de cuivre, tant que la quantité mise précédemment n'est pas complètement usée. De temps à autre, il faut retirer, avec un siphon, et à partir d'un point inférieur au niveau extrême du sulfate de zinc, assez de liqueur pour abaisser son niveau d'environ 7 millimètres, puis rétablir ce niveau en versant de l'eau fraîche, jusqu'à ce qu'elle soit à la hauteur des grilles de zinc.

La résistance intérieure de ces éléments est très faible, tandis que leur force électro-motrice est considérable. On comprend que la consommation considérable de cuivre doit être maintenue constante pour atteindre un résultat permanent.

M. Callaud décrit lui-même, ainsi qu'il suit, la pile connue sous son nom dans l'*Essai sur les piles*, qu'il a publié il y a quelques années (¹).

« L'objet que s'est proposé l'inventeur est la suppression du vase poreux de la pile Daniell.

» L'application en a été faite avec les agents Daniell ; la différence de densité des liquides est plus grande qu'avec les agents des autres piles. Cette invention est une de celles où l'auteur a trouvé plus et mieux qu'il n'attendait ; une sorte d'opposition électrique s'établit entre les deux liquides et les maintient séparés dans leur superposition, ce qui assure un très bon et très long service aux éléments chargés de cette manière. C'est une voie nouvelle ouverte à la science.

Le modèle qui est le type de cette pile est représenté figure 138. Le vase principal a les dimensions des piles de télégraphie ; il est percé en *a* et en *b* ; dans chacun de ces trous passe un soutien, sorte de boulon terminé par une tige taraudée, auquel est soudé le zinc en haut, le cuivre en bas ; une rondelle de caout

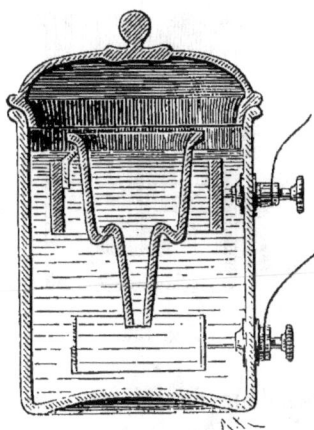

Fig. 138.

chouc sert de joint ; un écrou, vissé à l'extérieur, maintient le tout en place ; un serre-fil, vissé et serré par-dessus l'écrou, sert à recevoir les conducteurs. Un godet de verre, supporté par le zinc, plonge son petit tube inférieur au niveau de la lame de cuivre.

« On verse dans la pile de l'eau pure ou chargée d'une petite quantité de sulfate de zinc, de sel ou d'acide sulfurique, et, dans le godet, une solution de sulfate de cuivre ; cette solution,

(¹) *Essai sur les Piles*, par A. Callaud, 2e édition. Paris, Gauthier-Villars, 1875.

très dense, tombe au fond du vase et soulève, sans s'y mêler, le liquide supérieur, qui vient alors baigner le zinc.

» Le courant apparaît immédiatement. On jette dans le godet de verre des cristaux de sulfate de cuivre, qui entretiendront la solution saturée à mesure que le fonctionnement de la pile tendra à l'appauvrir. Cette pile joint à une grande facilité d'emploi l'avantage de pouvoir être couverte ; elle évite tous les désagréments causés par les vases poreux et énumérés en parlant des Daniell. La télégraphie de l'État et celle des chemins de fer emploient ordinairement leurs piles en grand nombre et les renferment dans des caisses ; les éléments Callaud, établis pour satisfaire à cette utilité, sont très simples et représentés figure 140.

Fig. 139.

» On charge ces éléments de la même manière ; mais, comme ils n'ont pas de godet de verre, on se sert d'un siphon ou d'un entonnoir pour ajouter la solution de sulfate de cuivre. Une autre disposition consiste à accrocher le zinc au bord d'un vase uni. Les piles Callaud réduisent de 60 pour 100 la dépense d'entretien des piles de télégraphie ; cela est prouvé par les rapports que les inspecteurs des télégraphes ont adressés à leur administration, qui a adopté ce système ; là est, croyons-nous, la solution du problème de l'électricité à bon marché ; c'est, du moins, la source d'électricité connue qui est la plus économique (¹).

» Des expériences de quinze ans de durée (1875) ont accru sa notoriété. Elle est adoptée exclusivement (?) par l'administration des lignes télégraphiques de France, d'Espagne, d'Italie,

_____

(¹) Cette prétention peut certainement être contestée, au point de vue de la consommation du sulfate de cuivre.

d'Allemagne et d'Angleterre. Les États-Unis d'Amérique l'emploient en très grande quantité. »

On a imaginé ailleurs qu'en France des piles à deux liquides de densité différente; nous avons vu combien celle de sir W. Thompson se rapproche de la pile Callaud. La pile de Meidinger (fig. 140), employée en Allemagne, rappelle par sa forme la pile à ballon, dont on s'est servi si longtemps en France.

Le type de la pile Callaud, employé en Amérique, diffère sensiblement du type français. Les vases ont 25 centimètres de haut et 15 de

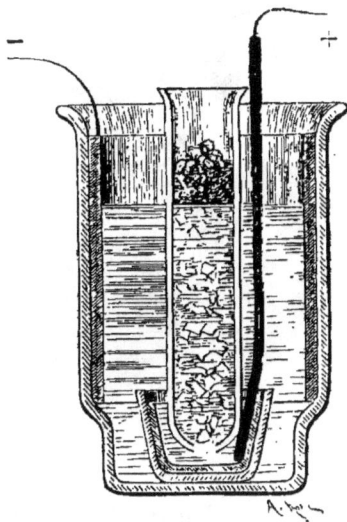

Fig. 140.

diamètre. Le zinc fondu a la forme d'une roue d'horloge à quatre barrettes sans denture; il est soutenu au centre par une tige (fig. 141).

Il nous reste à examiner les piles télégraphiques hydro-électriques autres que le type Daniell et ses dérivés. La pile de Grove, qu'on emploie surtout en Allemagne et en Angleterre, est si peu répandue, qu'il nous suffira, de dire que le modèle le plus connu en télégraphie, est celui qu'a proposé M. Poggendorff. Le vase poreux est cylindrique; le platine, qui est l'électrode conductrice, est arrangé en S, de manière à présenter une grande surface; cette feuille de platine est supportée par un bouchon de porcelaine qu'elle traverse et qui ferme hermétiquement le vase poreux. Il paraît que, même en Allemagne, on préfère la pile Bunsen à celle de Grove.

La substitution du charbon de bois ou de cornue au platine, comme électrode conductrice, est une idée qui paraît due à

Grove, qui fit des essais publiés à Londres. Il abandonna toutefois cette idée, qui fut reprise par Bunsen en 1843. Le type de cette pile est représenté dans la figure 142. V est le vase extérieur en grès vernissé. Le zinc z est formé d'une feuille de 4 millimètres, roulée en cylindre. On l'amalgame avec soin, afin d'empêcher sa dissolution trop prompte. Une lame de cuivre rouge, rivée au cuivre, forme le réophore négatif de l'élément. On préfère à cette disposition l'emploi d'une pince à écrou serrant fortement le zinc. P est le vase poreux, dans lequel on place le prisme en charbon de cornue c à base quadrangulaire, auquel on fixe une lame de cuivre rouge, en le soudant à une tête de cuivre galvanoplastique déposée sur la partie supérieure du prisme. On charge le vase poreux d'acide azotique additionné d'eau, et l'on verse de l'eau chargée de 10 à 12 pour 100 d'acide sulfurique, en poids, dans le vase de grès contenant le zinc.

Dans la pile Leclanché, le vase extérieur est carré et possède un goulot auquel s'adapte le vase poreux, presque à frottement.

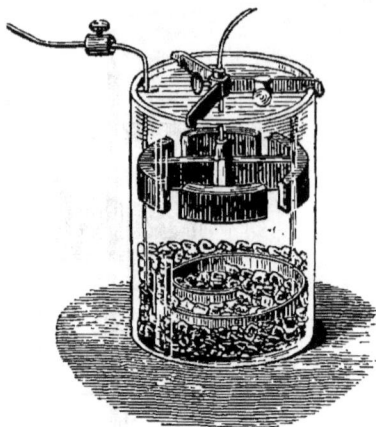

Fig. 141.

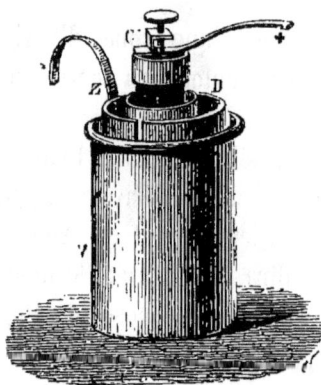

Fig. 142.

de façon à diminuer considérablement l'évaporation (fig. 143). Ce goulot a un renflement longitudinal qui donne passage au crayon de zinc et permet l'introduction des liquides. Le zinc est en métal étiré, et on soude à sa partie supérieure le réophore formé d'un fil de fer galvanisé. Le vase poreux contient, en quantités égales, du peroxyde de manganèse et du charbon de cornue. Au centre, une plaque de charbon, surmontée d'une

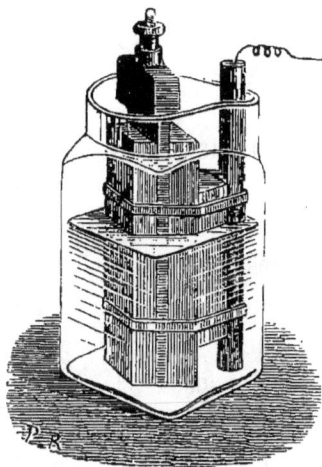

Fig. 143.   Fig. 144.

tête en plomb coulé, forme le réophore négatif de l'élément. On ne met qu'un peu d'eau dans le vase extérieur, environ la moitié, et l'on y ajoute du chlorhydrate d'ammoniaque.

M. Leclanché a apporté récemment des modifications à cette pile ; en tassant convenablement le mélange de peroxyde de manganèse et de charbon de cornue à la presse hydraulique, il a pu, avec de la résine gomme laque, agglomérer l'ensemble sous forme d'un cylindre contenant le bâton de charbon qui forme l'électrode conductrice. Le vase poreux est ainsi supprimé. Le zinc, dont la forme reste la même, est séparé du cylindre de charbon par des morceaux de bois et maintenu en place par des bracelets en caoutchouc (fig. 144).

Cette pile est la plus propre et la plus commode que nous connaissions. Elle peut, d'ailleurs, durer très longtemps sans recevoir de soins, pourvu qu'on l'emploie aux usages auxquels elle est appropriée. Les grandes compagnies de chemins de fer en France s'en servent presque exclusivement, et l'on cite certaines stations où les mêmes piles fonctionnent encore parfaitement après *neuf années d'usage.*

Nous n'étendrons pas davantage ce sujet. Les piles que nous venons de décrire sont celles qui sont surtout employées en télégraphie.

Nous avons omis à dessein la pile Marié-Davy, que l'on a complètement abandonnée, parce que les sels mercuriels qui la font agir sont d'une manipulation dangereuse. Les piles thermo-électriques sont peu employées en télégraphie.

Par ce qui précède nous voyons qu'une combinaison voltaïque peut s'obtenir de beaucoup de manières; mais, en tous cas, elle exige une triade, ou la combinaison de trois choses, dont l'une au moins doit être un liquide; les deux autres, dans l'application, sont généralement des métaux. Quand la combinaison est bien faite, la force qu'elle engendre, et que l'on appelle généralement *force électro-motrice,* peut exister à l'état latent ou se manifester suivant que le rapport entre toutes les parties de la triade est complet ou interrompu. On nous comprendra mieux si nous considérons les trois éléments de la triade comme formant un triangle dont l'eau acidulée serait la base, et les deux métaux les deux autres côtés. Tant que le triangle reste complet, les côtés sont unis sans solution de continuité, et tous se touchent aux coins comme Δ; tant qu'il en est ainsi, la force électro-motrice se manifeste en se mouvant dans une course continue tout autour du triangle, en direction analogue à celle des aiguilles d'une montre dans leur mouvement ordinaire. Mais, dès que l'u ou l'autre des côtés du triangle est séparé, soit le zinc, soit le cuivre, ou le liquide, ou que l'un d'eux se trouve supprimé, la force cesse d'agir. On peut toutefois rétablir cette action au moyen d'un fil, même de très grande longueur, qui réunirait les deux pôles de la pile, ou bien si l'un de ces pôles, le zinc par exemple, est mis en communication avec la terre, le fil continu qui est attaché à l'autre pôle sera doué de propriétés particulières si l'on met aussi à la terre son autre extrémité. Ces propriétés peuvent se manifester d'une manière sensible et se reconnaître par des moyens très ordinaires; mais en augmentant les proportions et en adoptant des dispositions qui multiplient ces effets, ils deviennent manifestes et très prononcés, et peuvent donner lieu à des mouvements mécaniques très accentués.

Un fil ainsi disposé acquiert des qualités magnétiques qui sont la base de la télégraphie. Enroulé autour d'un noyau de fer doux, il l'aimante chaque fois que le courant passe, et cette aimantation sert à attirer une pièce de fer doux susceptible d'imprimer son mouvement à un mécanisme. Si d'ailleurs ce fil est placé auprès ou autour d'une aiguille aimantée, le courant qui le parcourt imprime à l'aiguille des mouvements qui peuvent être alternés à droite et à gauche, et former les signes visibles d'un langage convenu.

Nous allons voir comment on doit employer le fil, et de quelle manière on peut multiplier ou augmenter la force qu'il possède, afin de produire d'une manière pratique ces effets qui, en réalité, sont les deux effets qui se produisent dans les télégraphes électriques. Le fil acquiert ces propriétés, quelle que soit sa longueur, mais les effets varient en raison de cette longueur. En tout cas, il faut (ce qui est un fait) considérer le fil comme un obstacle à vaincre; plus il est long et aussi plus il est fin, plus l'obstacle est grand. Cet obstacle ou cette résistance n'influe pas du tout sur la rapidité effective avec laquelle la force se transmet, et c'est un point important à noter, il ne fait que réduire la quantité qui se meut et diminue ainsi l'effet. En outre, quelle que soit la valeur de la force dans une partie quelconque

17

du circuit, elle est la même dans toutes les autres ; de telle sorte
que si le fil est plus gros dans un endroit quelconque du circuit,
la résistance générale est diminuée, et il passe plus de force dans
chaque partie du circuit dans un temps donné. Si le fil qui joint
les deux métaux était plié comme le représente cette petite figure A,
la force monterait d'un côté jusqu'au sommet, et puis redescen-
drait de l'autre ; mais si on ajoutait en travers, de cette manière A,
un autre fil de même grosseur, il ne passerait qu'une portion de
la force par le sommet, le reste prendrait le plus court chemin ;
et, en somme, il en passerait plus dans cette position que dans
l'autre. Si le bout qui traverse formait avec les autres un triangle
équilatéral, deux tiers passeraient par là, et un tiers par le sommet. C'est le principe des dérivations ou shunts que nous men-
tionnerons seulement ici. Pour produire un certain travail, un
seul élément de pile ne suffit pas, et il faut accoupler plusieurs
de ces éléments pour obtenir des effets marqués. Ces effets varient suivant la manière dont on les accouple. Les piles ont, comme
les conducteurs, une résistance propre que l'on peut diminuer en
augmentant leur surface d'une manière factice. Considérons, par
exemple, six couples, et admettons la règle de représentation
d'une pile où les gros traits (fig. 145) désignent le zinc, et les
traits allongés et fins le cuivre.

Dans A de la figure 145, ils sont associés en tension, et si E
désigne la force électro-motrice de chaque élément, et R, sa résistance, il est clair que la pile de six couples en tension aura
une force électro-motrice de 6E et une résistance de 6R.

On peut les associer tous en quantité comme en B. La force
électro-motrice de cette pile sera E, et sa résistance $\frac{R}{6}$. On peut
les associer par deux en tension et par trois en quantité, comme
en C ; la force électro-motrice sera alors 2E, et la résistance $\frac{2}{3}$R.

On peut enfin les associer comme en D, par trois en tension

et deux en quantité; la force électro-motrice sera 3B, et la résistance $\dfrac{3R}{2}$.

On voit donc qu'avec un nombre suffisant d'éléments on peut toujours réaliser une pile qui ait autant de force électro-motrice

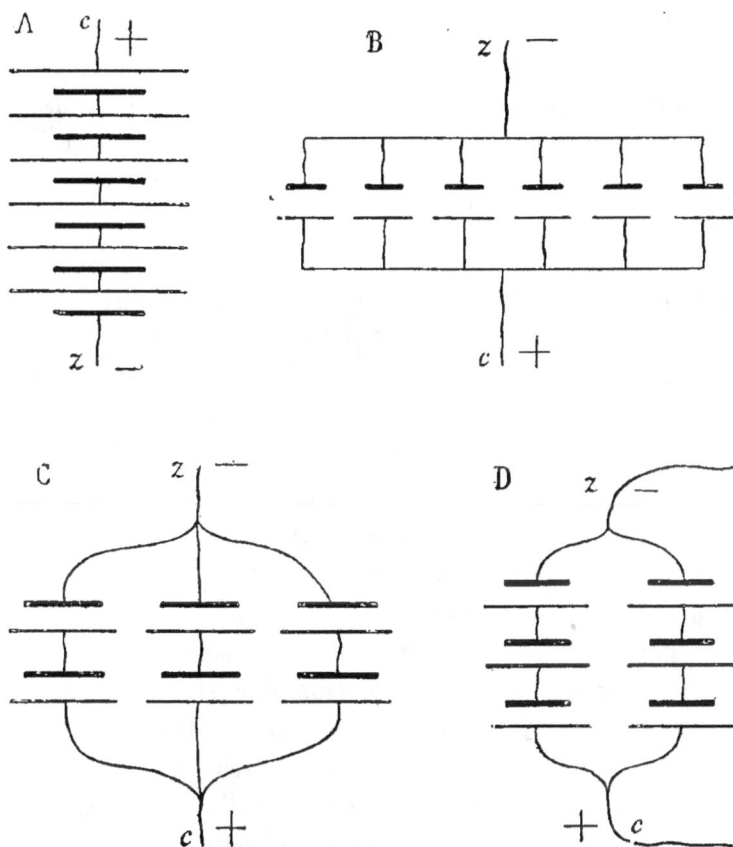

Fig. 145.

et aussi peu de résistance qu'on veut. Dans la pratique de la télégraphie électrique, on n'a besoin que d'augmenter la force électro-motrice sans se préoccuper de la résistance. On peut d'ailleurs diminuer sûrement celle-ci, en augmentant les dimensions des éléments qui la composent.

Nous avons dit que l'effet d'un courant de pile sur le fil qui joint ses électrodes pouvait dévier une aiguille aimantée. Si l'aiguille suspendue par son centre et le fil qui l'environne sont perpendiculaires, c'est-à-dire si l'aimant a son pôle N pointant en haut, et que l'on fasse descendre un courant de bas en haut, l'aiguille déviera à droite du fil, c'est-à-dire que le pôle nord de l'aiguille prendra une position oblique par rapport au fil. Bien entendu, le pôle sud de l'aimant suspendu se trouvera à gauche du fil et en bas. Si, après avoir descendu dans le fil par devant, le courant peut remonter par derrière l'aiguille, celle-ci sera encore déviée de façon à rester dans la même position; en effet, si tout le système était retourné, on verrait que le courant dans ce cas agit inversement au cas précédent, c'est-à-dire que le courant qui monte dans le fil fait dévier l'aiguille à la gauche du sens du courant : on a donc doublé l'effet du courant sur l'aiguille, et on peut ainsi le multiplier de façon à obtenir un appareil sensible à de très faibles courants. C'est à Sweigger qu'est due l'idée du multiplicateur ou galvanomètre. En disposant ces appareils astatiquement, c'est-à-dire avec deux aiguilles aimantées dont les pôles sont inversés, et en les renfermant dans deux bobines où les courants passent aussi en sens inverses, on obtient des galvanomètres d'une exquise sensibilité, et dont le galvanomètre à miroir de sir William Thomson est le type le plus parfait. Nous reparlerons plus loin de cet appareil.

On a mis à profit l'action du courant sur l'aiguille aimantée, pour construire des appareils télégraphiques formant des signaux au moyen de déviations de l'aiguille à droite ou à gauche; ces variations de direction s'obtiennent en changeant le sens du passage du courant.

Comme l'action exercée par le courant ou par les aimants puissants sur les solénoïdes est la même que celle du courant sur l'aiguille aimantée, on a aussi construit des appareils basés sur ce principe (le siphon recorder de sir William Thomson, par exemple).

Enfin, les effets mécaniques les plus puissants sont surtout obtenus au moyen des électro-aimants.

Arago observa un des premiers que le fer doux se transforme en aimant sous l'influence d'un courant électrique voisin. Si l'on introduit un barreau de fer doux dans une hélice, il s'aimante pendant le passage du courant; mais le magnétisme disparaît aussitôt que le courant est interrompu. L'hélice se forme avec un fil de cuivre isolé, auquel on fait faire un grand nombre de spires autour du barreau de fer doux.

Dans la pratique, le morceau de fer doux est recourbé en forme de fer à cheval ou toute autre forme similaire; le fil peut être enroulé sur les deux branches de façon à former une hélice dextrorsum et une sinistrorsum, ou deux hélices sinistrorsum, ou encore deux hélices dextrorsum, pourvu qu'en reliant les deux hélices l'une à l'autre on remplisse la condition rigoureuse d'avoir un pôle austral à l'extrémité d'une des branches, et un pôle boréal à l'extrémité de l'autre.

Quand on supprime le courant, l'électro-aimant rentre de suite à l'état neutre; mais il faut pour cela que le fer dont il est formé soit complètement dépourvu de force coërcitive.

La force des électro-aimants dépend : 1° de l'intensité du courant; 2° du nombre de spires de l'hélice magnétisante; 3° de la nature et de la forme du fer; 4° des dimensions et de la forme de l'armature.

On peut encore dire que, toutes choses égales d'ailleurs, un électro-aimant est d'autant plus puissant que le diamètre du fer est plus fort; que, dans des conditions identiques, l'intensité magnétique d'un même électro-aimant est proportionnelle à l'intensité du courant; que sa puissance paraît proportionnelle au nombre des tours de l'hélice.

Les données ci-dessus seront, sans doute, suffisantes pour faire comprendre à nos lecteurs le jeu des appareils que nous allons décrire dans le prochain chapitre. Nous n'avons pas voulu entrer dans plus de détails sur la théorie des électro-aimants; il y a d'ailleurs sur la matière d'excellents traités (¹) que l'on pourra consulter avec fruit, dans le cas où la lecture de notre travail engagerait à approfondir ces intéressantes questions.

(¹) M. le Cᵗᵉ Dumoncel. *Etude du Magnétisme* et de *l'Electro-Magnésme*. Paris, Hachette, 1858.

CHAPITRE V

APPAREILS TÉLÉGRAPHIQUES.

Wheatstone et Cooke. — Miroir de Thomson. — Commutateurs. — Con-densateurs. — Siphon-recorder. — Morse. — Relais. — Appareil automa-tique de Wheatstone. — Hughes, Duplex. — Plaques de terre, paraton-nerres.

> Oui, nous sommes rois de la terre,
> Notre fief s'étend plus loin que nos yeux.
>
> SOULARY.

Nous avons vu, dans l'historique des premiers essais de la télégraphie, qu'après avoir introduit en Angleterre une copie du télégraphe de Schilling, M. Cooke l'avait, d'accord avec Wheatstone, d'abord transformé en appareil à cinq aiguilles exigeant cinq fils, puis à deux aiguilles avec deux fils de ligne. Wheatstone réduisit l'appareil plus tard à une seule aiguille fonctionnant sur un seul fil de ligne. Cet appareil a été conservé en Angleterre par toutes les compagnies de chemins de fer et sur des lignes peu importantes du réseau du Post-Office.

Le *single needle* est basé sur le fait fondamental que nous avons exposé dans le chapitre précédent; c'est-à-dire qu'une aiguille aimantée, placée dans le centre d'une bobine de fils l'enveloppant de ses circonvolutions, déviera à droite ou à gauche, suivant que le courant entrera d'une façon ou de l'autre dans le fil de la bobine. Il y a deux formes de *single needle*; l'une à manette (fig. 146), l'autre à pédales (fig. 148). Les principes de ces appareils sont exactement les mêmes, la seule différence se trouvant dans le manipulateur. La figure 147 montre l'appareil découvert. A est le récepteur. Il consiste en deux bobines de fil de cuivre recouvert de soie et placées symé-

triquement par rapport à l'aiguille aimantée qui se meut dans
leur foyer magnétique. Une extrémité de ces bobines communique à la ligne, et l'autre aboutit à la terre. Sur le même axe
que l'aiguille aimantée, on a fixé un indicateur se projetant sur
un cadran extérieur. Les mouvements de cet indicateur sont

Fig. 146.

réglés par deux petites bornes en ivoire, qui en limitent le jeu.
Quand un courant traverse les bobines, l'aiguille et l'indicateur
sont déviés, et la direction de cette déviation dépend uniquement de la manière dont le courant passe. Bien que séparées
apparemment, les deux bobines ne forment qu'un seul et même
circuit, étant toutes les deux rattachées à un cadre métallique

qui permet l'action isolée d'une des deux bobines au cas où le fil de l'autre viendrait à être brûlé par la foudre.

Pour faire passer le courant de manière à faire dévier l'aiguille à droite ou à gauche à volonté, il suffit donc d'un arrangement qui permette de renverser le sens du courant dans les bobines. L'examen du manipulateur nous montrera comment cela s'effectue. Les fils de la pile sont amenés à z et c, où z reçoit le pôle zinc, et c le pôle cuivre. Le fil de ligne est amené en A, et de B part un fil aboutissant à la terre (fig. 149). L'arbre DF (fig. 150), qui se termine par la manette du manipulateur, est formé de deux parties D et F, en bronze, et séparées l'une de l'autre par une matière isolante ; à D se rattache le pôle cuivre, et à F le pôle zinc. Deux ressorts en acier p, p', rattachés séparément aux pièces b, b', mettent en communica-

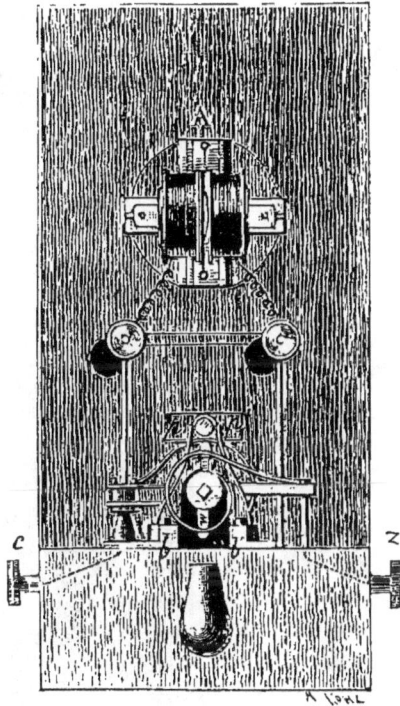

Fig. 147.

tion bp avec A, c'est-à-dire les bobines, et $b'p'$ avec B, c'est-à-dire la terre. Ces deux ressorts pressent fortement contre les parties D et F ; ce qui maintient la continuité de la ligne. La moitié de l'arbre F porte un goujon métallique m (fig. 147), qui reste entre les deux ressorts p et p', sans les toucher tant que le manipulateur est au repos ; une pièce semblable m' se trouve sur D entre les deux pièces b et b', qu'elle ne touche pas tant que le manipulateur reste fixe. Nous savons que bp et $b'p'$

sont en contact métallique. Si, maintenant, la manette du manipulateur est tournée à gauche, *m′* suit le mouvement, et,
pressant contre *b* (qui par *p* est en communication avec A), il
met en communication le cuivre de la pile avec la ligne ; au
même instant, le goujon *m* est amené à droite, et, pressant
contre le ressort *p′*, il met *b′*, et par conséquent B et *z*, en

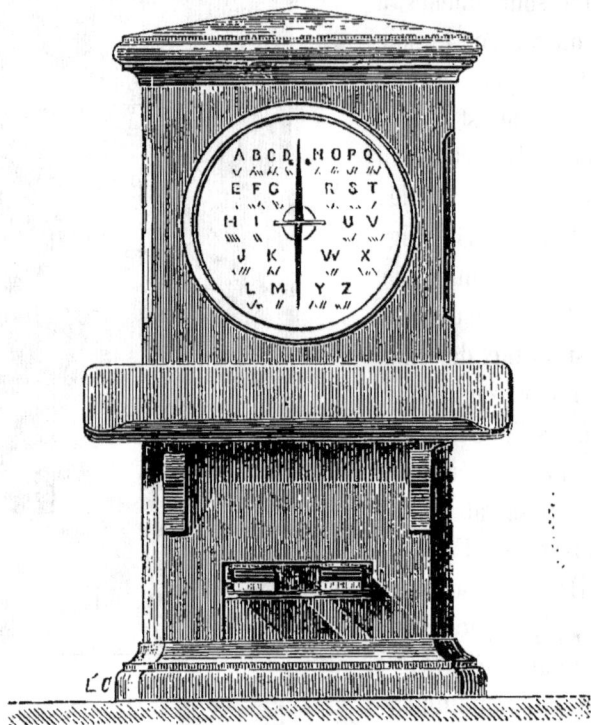

Fig. 148.

communication ; ce qui fait passer le courant zinc à la terre. Si,
maintenant, la manette est tournée à droite, tous les mouvements sont renversés ; le goujon *m′* est mis en contact avec *b′* et
met par conséquent le cuivre à la terre ; tandis que *m*, en pressant contre *p*, envoie le courant zinc à la ligne. Le courant peut
alors être considéré comme passant par la terre pour arriver

aux bobines de la station correspondante, déviant l'aiguille en direction opposée à celle qu'elle recevait précédemment; puis retournant par la ligne à A, où elle rejoint le zinc de la pile.

Dans la forme à pédale, le principe d'émission des courants est différent.

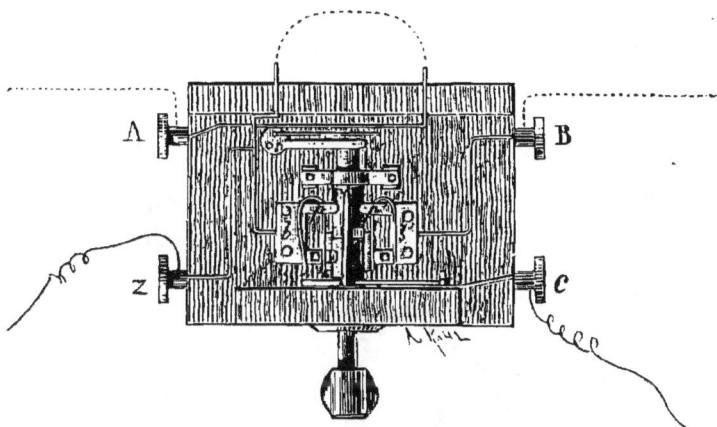

Dans la clef page 268, z et c (fig. 151 et 152), auxquels se rattachent les pôles de la pile, sont des bandes de métal. E et L représentent deux bandes métalliques rigides, mais pouvant s'abaisser sous la pression de la main. Elles restent toutes les deux en contact avec la bande z, quand elles sont au repos. L'une d'elles est en contact avec le fil de ligne L, et l'autre avec E, la terre. Si nous prenons L, il touchera C et complètera le circuit; en effet, le courant cuivre part alors sur la ligne, tandis que z est mis à la terre. La ligne et les bobines de la station correspondante seront donc traversées par le courant cuivre, qui reviendra par la terre rejoindre z et la pile.

Si, d'un autre côté, c'est la clef E que l'on presse après que L a repris sa position normale, la direction du courant est renversée; c'est le cuivre de la pile qui est maintenant à la terre, et le zinc à la ligne ; l'aiguille de la station correspondante est alors déviée dans une direction opposée.

La figure 152 représente la clef du même système que l'on emploie avec le galvanomètre à miroir de sir W. Thomson. Elle ne montre que la coupe de l'appareil, que l'on peut voir en élévation (C) dans la figure 153.

Les principes du galvanomètre à miroir, que l'on emploie sur les câbles sous-marins, sont absolument les mêmes que ceux de l'appareil Wheatstone « single-needle ». La figure 154 indique l'ensemble de cet appareil. A est le galvanomètre, C la clef des transmissions, telle que nous l'avons décrite précédemment, L la lampe, munie d'un obturateur avec verres convergents, dont le rayon lumineux est dirigé sur le miroir du galvanomètre, pour être ensuite réfléchi sur l'écran R. Le petit miroir (dont notre dessin donne les dimensions exactes) est suspendu dans un tube qui glisse dans l'axe du galvanomètre ; il est fixé par le haut et par le bas au

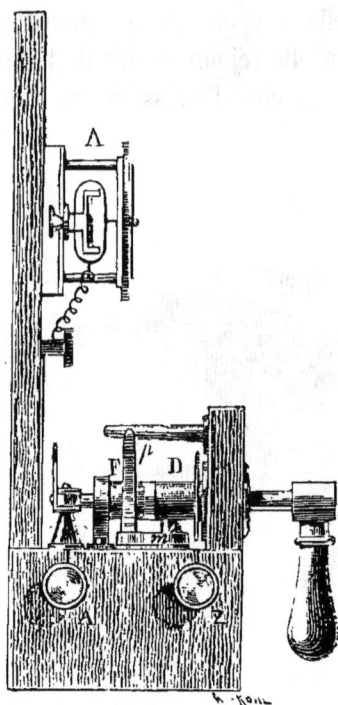

Fig. 150.

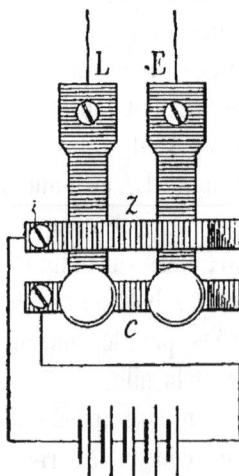

Fig. 151.

moyen d'une fibre de soie de cocon, qui se soude au miroir et au tube au moyen de gomme laque. L'action directrice d'un fort aimant maintient le miroir parallèle au plan de l'appareil. La lumière de la lampe, projetée sur l'écran sous la forme d'une languette de feu, représente l'aiguille du système.

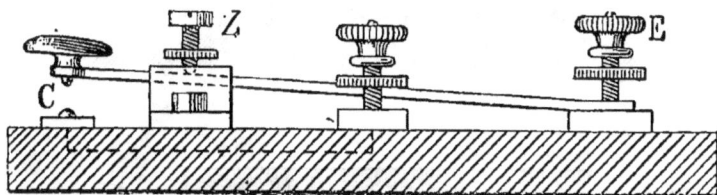

Fig. 152.

La clef *C* donne des signaux de gauche et de droite qui représentent les points et les traits du code Morse, et qui ont la

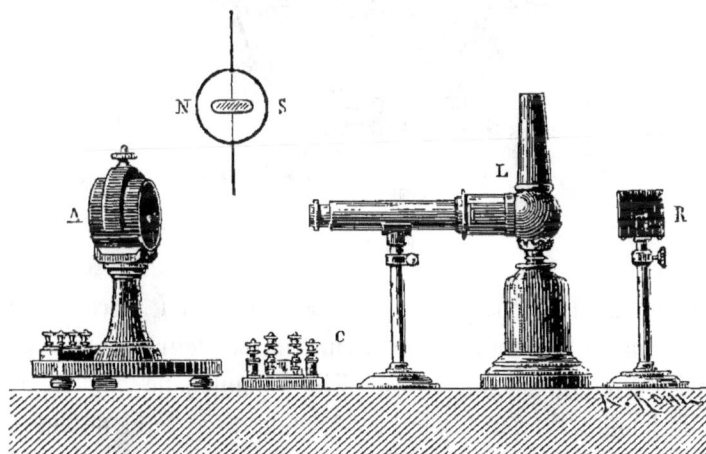

Fig. 153.

même valeur que ceux qui sont représentés sur les appareils Wheatstone. L'appareil est parfois complété par un commutateur ou distributeur, qui n'est pas représenté dans la figure 153.

Au moyen de ce distributeur (fig. 154), la ligne peut être

mise alternativement en contact avec le récepteur (3) ou la clet des transmissions (1). Un contact de passage (2) permet en

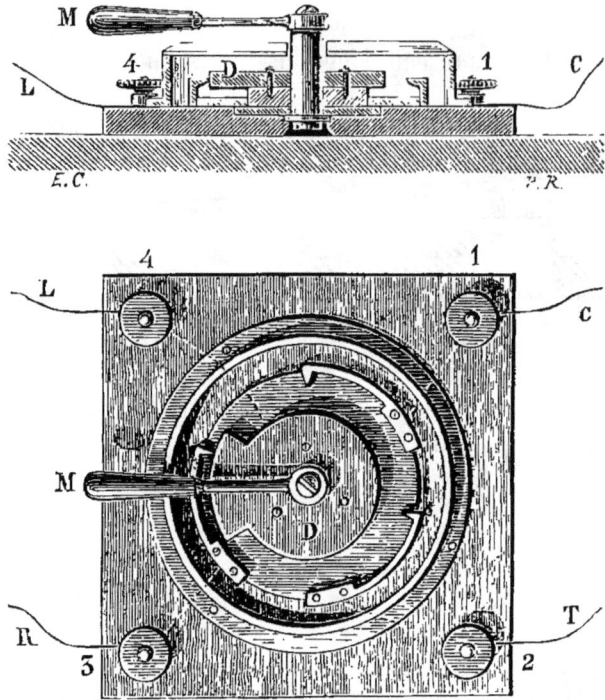

Fig. 154.

même temps de décharger la ligne à la terre. La pièce D, en cuivre, pivote sur un axe qui permet de la mettre en contact avec 1, 2 ou 3, suivant le cas. Elle communique elle-même avec le bouton 4, qui la met en relation avec le fil de ligne. Dans la figure, la ligne et le récepteur communiquent ensemble. Les signaux ont parfois besoin d'être réduits de manière à ne pas dépasser les limites de l'écran. On introduit alors, dans le circuit du récepteur, une résistance d'eau formée de deux tubes (fig. 155), dans lesquels glisse un fil de gutta-percha recourbé et muni à ses deux extrémités de bouchons d'ébonite, terminés par des pièces de platine en contact avec le fil; suivant qu'on hausse ou baisse ces fils, on augmente ou diminue la résistance du circuit de l'appareil, et l'on peut de la sorte limiter à volonté l'étendue des signaux. Certains employés les aiment très petits, d'autres les préfèrent plus amples ; ils trouvent ainsi le moyen de satisfaire leur goût.

Sur les grandes lignes, il est nécessaire de faire intervenir un condensateur dans le circuit, afin d'annihiler les effets d'induction. Ce condensateur se place soit sur le circuit de l'appareil seul, ou bien on le met simplement à l'origine de la ligne, qui reste, dès lors, isolée par les deux bouts. Les courants telluriques qui la traversent ne peuvent alors affecter ni la transmission ni la réception, puisqu'ils sont arrêtés par le condensateur. Dans ce cas,

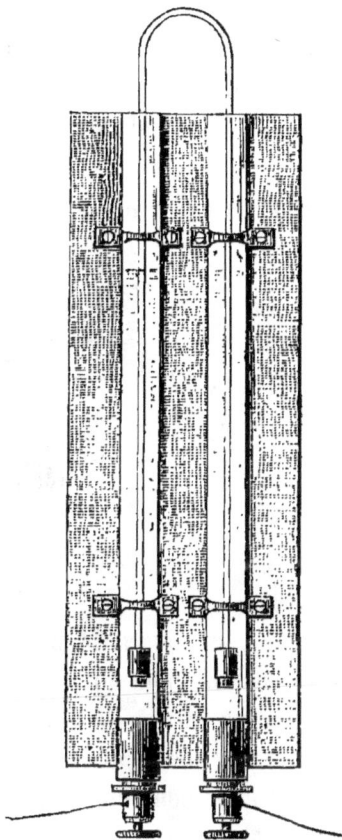

Fig. 155.

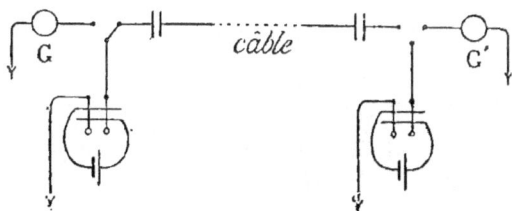

Fig. 156.

les attaches des appareils sont représentées par la figure 156,

On appelle *condensateur* ou *accumulateur* un appareil composé de couches alternées de papier métallique et de papier enduit de cire de paraffine, ou de feuilles de mica ou de gutta-percha, arrangées de manière à former une bouteille de Leyde ayant une très grande surface, et construit de manière à donner une capacité électro-statique déterminée. a, a_1, a_2. b, b_1, b_2 (fig. 157) sont des feuilles carrées de papier d'étain, séparées

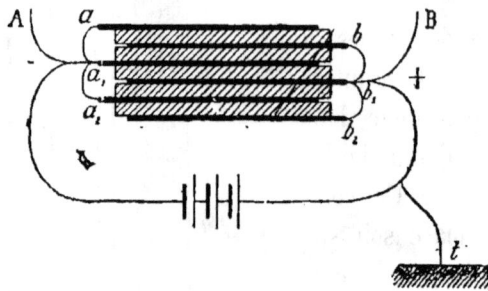

Fig. 157.

par des feuilles minces de papier imbibé de paraffine ou d'autre matière isolante. Les séries a, a_1, a_2 sont réunies entre elles, de même que les séries b, b_1, b_2. A et B sont, de la sorte, unis à ce que l'on peut appeler les parties intérieures et extérieures de cette bouteille de Leyde : en mettant B à la terre ou à l'un des pôles d'une pile, on peut communiquer à A une charge électro-statique, dont la quantité dépend du nombre des éléments de la pile et de la surface du condensateur; cette dernière dépend elle-même du nombre des feuilles des séries opposées les unes aux autres. On peut donc construire des condensateurs de toute capacité, donnant des charges qui varient depuis celle que peut prendre un mille nautique de câble ordinaire jusqu'à celle d'un des câbles transatlantiques. L'unité ou étalon, auquel on compare les capacités, s'appelle *microfarad*, et le condensateur de cette contenance prend une charge égale à celle que prendraient trois milles nautiques de câble sous-marin.

Les signaux du miroir, ne laissant aucune trace de leur pas-

sage, offrent l'inconvénient de tous les appareils à signaux fugitifs, et si on l'emploie de préférence à tout autre, sur les grands
câbles, c'est qu'il est à peu près le seul qui puisse fonctionner
sur ces grands circuits sans perturbation.

Le *siphon recorder* de sir W. Thomson fonctionne toutefois
sur les grands câbles de l'*Eastern-Telegraph*. On peut donc espérer qu'on pourra s'en servir aussi un jour sur les câbles de
l'Atlantique. Dans cet appareil, la principale difficulté à surmonter était celle qu'il fallait vaincre pour obtenir des marques par-
faites d'un corps très léger mis en mouvement rapide. Ce résultat
est atteint au moyen d'un siphon capillaire en verre, par l'extrémité duquel une solution légère d'aniline bleue est crachée
sur la bande de papier, par l'effet d'une décharge continue d'étin-
celles électriques, engendrées dans une petite machine produisant l'électricité statique par un mouvement de rotation, et que
l'on désigne dans le service sous le nom de *Mouse-Mill*. Ce siphon reçoit son mouvement d'une petite bobine ou écheveau de
fils fins, placé dans un foyer magnétique intense. De forts électro-aimants constamment parcourus par un courant, fourni par
une pile spéciale d'une grande intensité, produisent l'aimantation du foyer. L'écheveau de fil se meut librement, entre les pôles
de l'électro-aimant, et autour d'un noyau fixe en fer doux. Il
communique son mouvement au siphon, au moyen de fils de cocon convenablement tendus.

Sir William Thomson rend son appareil plus efficace et plus
facile à régler par l'application de dérivations graduées, qui permettent d'amortir les mouvements de la bobine qui sert de guide
au siphon. Cette bobine, avec son centre de fer doux, les attaches
du siphon, etc., forment un système fixé à une pièce isolée entièrement mobile, qui peut facilement se déplacer lorsqu'il est
nécessaire de l'ajuster. Le réglage de la bobine des signaux se
fait au moyen de l'élasticité de torsion de fils tendus, qui permettent d'obtenir une force directrice suivant qu'on les raccour-
cit ou les allonge (fig. 158).

La forme du siphon permettrait sans doute d'obtenir l'écoulement du fluide destiné à former la ligne continue du zéro par la
simple pression atmosphérique. Toutefois, dans l'appareil que nous
décrivons, l'encre est entraînée par la force de l'électricité statique d'une petite machine d'induction, mise en jeu par un engin
électro-magnétique de construction nouvelle.

L'appareil d'induction est construit de telle sorte que l'accumulateur seul est utilisé, et que l'on se dispense de l'électrophore.

Les armatures du
Mouse-Mill sont dis-
posées comme les dou-
ves d'une barrique et
fournissent aussi les
accumulateurs de l'ap-
pareil inducteur. Le
mouvement du moulin
est communiqué, par
un arbre et des pou-
lies, à l'appareil de dé-
roulement du papier
enregistreur. L'arbre
est maintenu en place
par des guides verti-
caux, qui sont mis en
mouvement par de la
châsse ou corde à
fouet, de façon à ne
pas transmettre de vi-
brations.

Un commutateur de
forme spéciale (fig. 159) permet de changer les connexions de
la transmission à la réception, et l'appareil enregistreur peut, au
moyen de dérivations convenables, noter aussi bien les signaux
transmis que les signaux reçus.

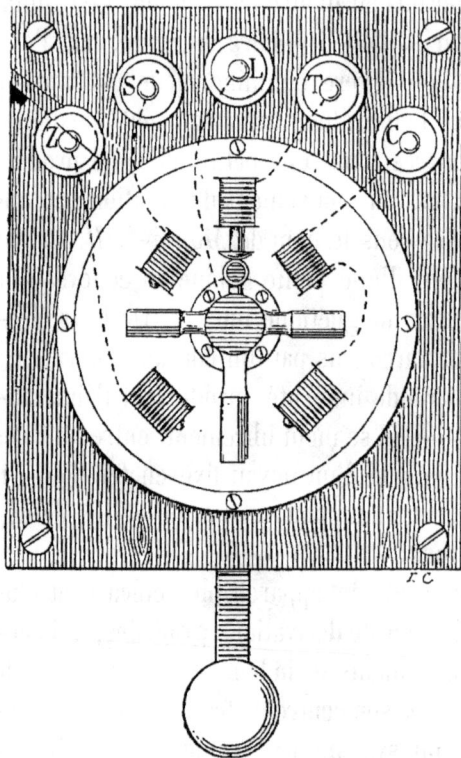
Fig. 159.

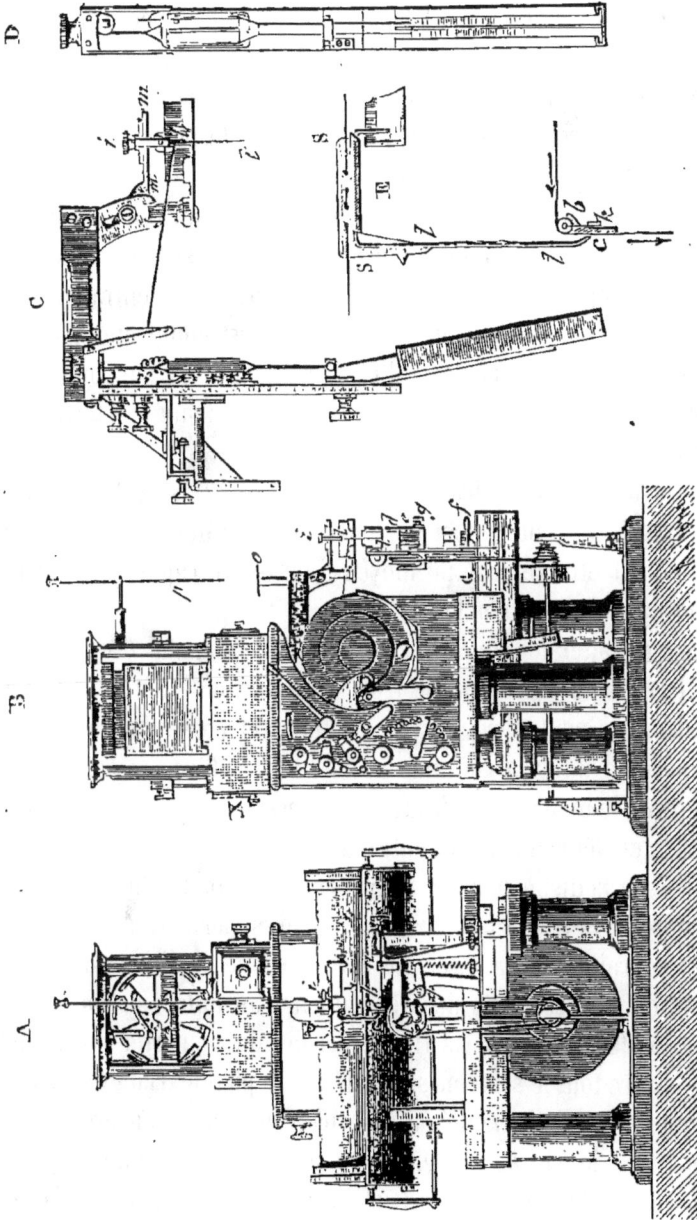

Fig. 138 bis.

Fig. 138.

La figure 158 donne l'aspect général de l'appareil.

Réglage du papier. — Le papier entre à droite et arrive sous le ressort *a*, qui le tient tendu ; puis sur le rouleau *b*, d'où il passe sur une plaque à guide légèrement convexe, *c*, qui lui donne une direction verticale vers le bas et le place immédiatement sous la pointe du siphon *tt*, jusqu'à ce qu'il atteigne le rouleau d'entraînement *d*. Il fait un quart de tour sur ce rouleau et se décharge horizontalement à gauche. Un second rouleau *e* presse le papier suffisamment pour déterminer l'entraînement contre les bords du rouleau *d*. Ce rouleau est comprimé, par ses supports, contre le rouleau d'entraînement ; les supports sont eux-mêmes fixés à un cadre en cuivre pivotant sur une forte tige horizontale *g*.

Un levier, placé à droite de *g*, est pressé vers le bas par un fort ressort, qui fait gripper le papier entre les deux rouleaux. Ce ressort peut être relâché au moyen d'un excentrique qui tourne au moyen du petit manche *f*.

Pour dégager le papier, il faut tourner le manche *f* à gauche ; alors le rouleau *e* descend de trois ou quatre millimètres et lâche le papier, qui peut alors glisser aisément et ne se déroule plus, bien que le cylindre *d* continue à tourner. Il suffira, au contraire, de tourner le manche *f* à droite, pour ressaisir le papier entre les rouleaux et déterminer son entraînement.

On règle la distance entre le papier et la pointe du siphon en tournant la vis *i*, qui fait glisser la partie supérieure du système dans une rainure. La ligne du zéro, formée par le crachement continu de l'encre, peut aussi se ramener au milieu même de la bande, en desserrant la vis H, qui permet de rapporter en avant ou en arrière tout le système supporté par la plaque triangulaire G. On obtient un écoulement égal du papier entre les rouleaux *d* et *c* en tournant la vis *k*, qui élève ou abaisse l'extrémité la plus proche du rouleau *b*, jusqu'à parfaite régularité. On peut d'ailleurs activer ou ralentir l'écoulement du papier en transférant la courroie en châsse d'une poulie à l'autre. La vitesse d'écoulement du papier peut aussi se régler au moyen du commutateur X, qui détermine la vitesse des révolutions du *Mouse-Mill*.

Réglage du siphon et de la bobine des signaux. — Les siphons se construisent aisément de la manière suivante : Prenez un tube de verre d'environ 7 millimètres de diamètre, dont l'épaisseur soit d'environ le sixième de ce diamètre ; ramollissez environ 25 à 30 millimètres près du milieu, à la lumière du gaz ordinaire, en le tournant doucement. Lorsque le verre est suffisamment ramolli, éloignez le tube de la flamme et étirez ses extrémités jusqu'à ce qu'il soit réduit au diamètre voulu. Coupez le tube fin ainsi obtenu en longueurs de 10 à 11 centimètres. Pour former un de ces tubes en siphon, il suffit d'en approcher, au point convenable, une allumette enflammée, jusqu'à ce que les parties recourbées tombent, par leur propre poids et à angles droits, avec la partie tenue en main. On peut ainsi le courber dans la forme indiquée en E (fig. 158), laissant à la grande branche une longueur d'environ 5 à 6 centimètres.

Le siphon ainsi préparé se met en position sur la selle en aluminium qui le supporte ; on l'y fixe au moyen d'un peu de cire, avec une spatule chauffée à la flamme. Cette selle S est indiquée en E dans la figure 158.

Pour fixer ou détacher le siphon, il faut soulever la pièce *mm* (B, fig. 158), qui supporte le pont du siphon *ii* et possède un guide courbé en forme de V, qui permet de le mouvoir sans déranger la bobine des signaux. Lorsque le siphon est sorti de l'encrier, on applique la spatule chaude au dos de la selle d'aluminium : la cire fond, et l'on peut retirer le siphon endommagé pour le remplacer.

Pour régler la position relative du siphon et de la bobine des signaux. — 1° Il faut s'assurer que l'écheveau est suspendu librement autour de l'inducteur magnétique de fer doux SS, autour duquel il doit osciller ; 2° que toutes les fibres de cocon sont suffisamment tendues ; 3° que la position normale du siphon est verticale.

Quelques ajustements sont nécessaires en montant l'appareil : une fois obtenue, cette partie du réglage ne demande plus aucun changement.

L'encre la plus convenable pour le siphon est le bleu d'aniline, soluble dans l'eau. En faisant dissoudre dans un demi-verre d'eau la quantité de cristaux qui peut tenir sur la pointe d'un canif, on obtiendra une encre parfaitement fluide, d'un beau bleu foncé. Cette encre est supérieure à toute autre, parce qu'elle n'épaissit pas et ne se précipite pas, et qu'elle peut se produire par petites quantités, qui la rendent très-maniable.

Ajustement du moulin électrique. — Cet appareil est à la fois un engin électro-magnétique et une machine d'induction électro-statique. Par son premier effet, il entraîne le papier au devant du siphon ; par le second, il électrifie l'encre, qu'il projette en une ligne continue. Sur les grands câbles et avec un siphon fin, cette dernière fonction est la plus importante ; tandis que sur les câbles plus courts, où le bras de levier n'a pas besoin d'être si long et où l'on peut atteindre une plus grande vitesse, la première fonction est surtout mise à réquisition.

Si le moulin ne tourne pas assez vite, il faudra changer la pièce de contact x, de façon à diminuer la résistance introduite dans le circuit, ce qui donnera de suite une plus grande vitesse. L'ajustement des points de contact à ressort qui se forment en arrière de l'appareil, au moyen de la roue à quatre pans, devra être très précis, et les deux petites coupes dans lesquelles fonctionnent les rouleaux de friction, qui supportent l'arbre du moulin, devront être maintenues pleines d'huile fine d'horloger. Si, malgré ces précautions, le moulin tourne encore lentement, il conviendra d'augmenter la pile qui le fait fonctionner.

Trois des éléments à grande surface de Sir W. Thomson, décrits page 249 de ce volume, suffisent à cet entraînement.

L'interrupteur du contact électro-magnétique consiste en deux pointes de platine, dont l'une est fixe, tandis que l'autre est soulevée et abaissée alternativement par un ressort en acier, qui est déplacé par un des coins de la roue à quatre pans. On verra aisément si ces pointes de platine sont trop séparées l'une de l'autre ; dans ce cas, l'électro-aimant n'agira pas successivement sur les accumulateurs aussi longtemps qu'il le faudrait, et il en résultera une diminution de force. D'un autre côté, si les contacts sont trop prolongés, l'électro-aimant continuera d'agir sur les accumulateurs après qu'ils auront dépassé ses pôles, et tendra de la sorte à retarder ou à arrêter leur mouvement. Par conséquent, le réglage de ce ressort est un des points importants de l'appareil. Il peut se faire facilement en tournant l'écrou qui élève ou abaisse le contact inférieur fixe, et une fois ajusté, il l'est définitivement.

Lorsque l'encre n'est pas suffisamment électrisée, bien que le moulin, tournant convenablement, paraisse engendrer une quantité convenable d'électricité, il faut d'abord rapprocher la baguette P du plateau O. La distance ordinaire est de 5 à 8 centimètres ; parfois on introduit, entre le plateau et la baguette, un morceau de papier-bande qui facilite l'électrification de l'encre. Cela dépend, bien entendu, de l'état hygrométrique de l'atmosphère. Il faut aussi s'assurer que l'isolement de l'appareil portant le siphon est parfait, et pour cela on nettoie avec un pinceau en blaireau, ou avec une plume, la poussière qui pourrait s'être déposée sur les guides en fil de cocon. La pièce d'ébonite, qui soutient l'ensemble, est toujours recouverte de cire de paraffine pour maintenir cet isolement parfait. Il suffit quelquefois de l'essuyer avec soin pour la rendre parfaitement isolante. La pièce de paraffine solide, qui soutient la baguette P et l'isole de l'inducteur isolé, demande aussi de l'attention : la poussière qui se dépose sur elle rend parfois sa surface suffisamment conductrice pour occasionner une déperdition d'électricité.

Lorsque le moulin n'engendre pas d'électricité, et tourne néanmoins facilement, il faut : 1° enlever le couvercle et déplacer avec soin l'inducteur recouvert de cire de paraffine, afin de s'assurer que son isolement est parfait ; 2° vérifier si les quatre contacts, formés de lamelles d'or, s'appuient convenablement et en succession sur les pièces de cuivre.

Si le moulin fournit trop d'électricité, le siphon, au lieu de donner une ligne de zéro droite, vacillera latéralement par suite des vibrations causées par l'électricité surabondante ; les signaux pourraient en être dénaturés. On rectifie cet excès en dérivant le surplus au moyen d'une pointe métallique mise en contact avec l'extérieur du moulin, et dirigée vers la baguette P.

Les communications du siphon enregistreur sont en général établies comme l'indique la figure 161. Le courant venant de la

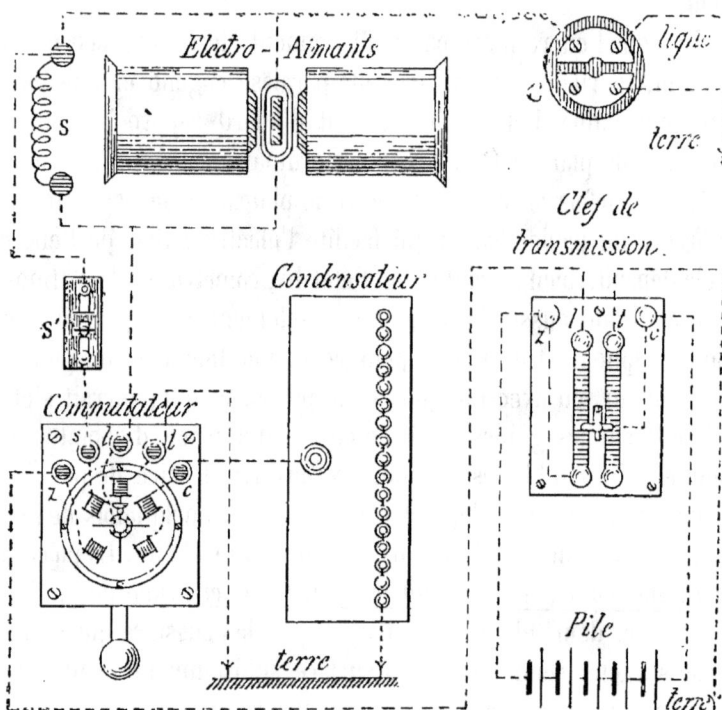

Fig. 160.

ligne, après avoir traversé la bobine des signaux et une dérivation S, convenablement ajustée, se rend à la terre à travers un condensateur d'environ deux à trois microfarads par chaque centaine de mille de câble. Un commutateur de forme nouvelle (fig. 159), imaginé par M. B. Smith ([1]), conduit le courant de la ligne à la terre, lorsqu'il est tourné à droite, et permet de transmettre quand il est tourné à gauche. Dans la position intermédiaire du dessin, le fil de ligne serait mis directement à la terre pour le décharger. Dans quelques stations, le condensateur est placé entre la ligne et l'appareil. et non pas entre l'appareil et la terre, comme dans notre dessin. Dans ce cas, les signaux transmis, de même que les signaux reçus, passent à travers le condensateur, tandis que dans l'arrangement de la figure 160, les signaux reçus sont seuls admis au condensateur. Il en résulte l'effet maximum, et la pratique démontre que, par cet arrangement, le câble et le condensateur conservent une tension à peu près égale, qui facilite les transmissions.

En tournant le commutateur à gauche, les signaux émis par la clef de transmission passent dans la ligne en traversant l'appareil, où ils s'enregistrent. Une dérivation S', ajustée convenablement, n'admet dans l'appareil qu'une quantité infinitésimale des courants dirigés sur la ligne.

L'appareil a donc cet avantage d'enregistrer les signaux transmis aussi bien que ceux que l'on reçoit.

Un petit commutateur C placé en tête de la ligne permet de la mettre directement à la terre, en cas d'orage ou d'autres nécessités.

Le nombre d'éléments employés aux transmissions varie suivant la longueur de la ligne. Entre Marseille et Malte, pour une distance de 834 milles, quatre ou cinq éléments suffisent. On en emploie de huit à dix sur la section de Malte à Alexandrie, qui a 927 milles nautiques ([1]).

([1]) Le commutateur à levier de Sir W. Thomson contient absolument les mêmes communications, mais il est infiniment moins élégant.

([2]) Lorsqu'un condensateur intervient aux deux bouts du câble, il devient nécessaire d'augmenter la force électro-motrice.

Le nombre des éléments à auge nécessaires pour faire fonctionner le *Mouse-Mill* est de trois, et neuf éléments suffisent à
aimanter convenablement les électro-aimants disposés en série.

Les transmissions peuvent atteindre une vitesse de 25 mots
par minute, lorsque les signaux sont bien formés et que l'appareil
est convenablement ajusté. La lecture de ces signaux est d'ailleurs
facile à acquérir, et l'on forme plus vite les employés à cette lecture qu'à celle du miroir, qui
n'offre, d'ailleurs, que des
signaux fugitifs et exige un
écrivain, deux sources d'erreurs.

Certains appareils évitent
les suspensions à fil de cocon, et font mouvoir le siphon en l'attachant directement à la bobine (fig. 161).
On écarte, par cet arrangement, les difficultés de l'é-
lectrification, et la pression
de l'air suffit à tracer une
ligne très nette sur le papier,
si l'on a soin de préparer la
pointe du siphon de manière

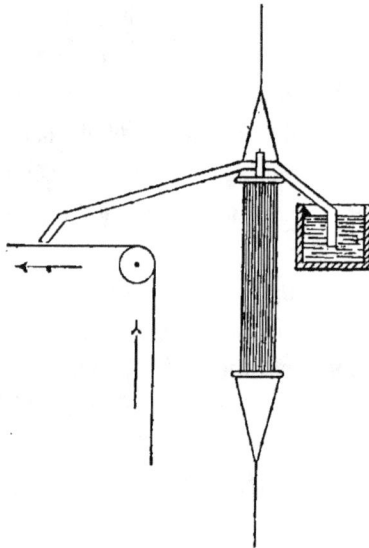

Fig. 161.

à éviter qu'il accroche. On peut, d'ailleurs, enduire la bande de
substances savonneuses qui facilitent le glissement du siphon sur
sa surface.

Appareil Morse. — En raison de son adoption par les différents États de l'Europe et par les compagnies télégraphiques
d'Amérique, le Morse a été celui de tous les télégraphes qui a
le plus exercé la sagacité des mécaniciens et des inventeurs. De
nombreux systèmes perfectionnés ont été mis au jour, et un volume intéressant, malgré sa longueur, pourrait être écrit sur ce
sujet seulement. Nous nous bornerons à décrire les appareils en

usage sur les lignes aériennes et sous-marines, et les formes de
cet appareil où le mécanisme est le plus perfectionné.

L'appareil construit par Vail gauffrait sur une bande de papier,
et au moyen d'un style, les signaux bien connus du code Morse.
Tous les appareils en usage aujourd'hui impriment les signaux
à l'encre par le moyen qu'indique la figure 162. Soit M le mani-

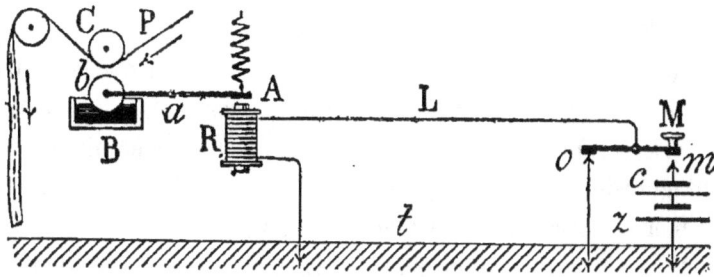

Fig. 162.

pulateur, L la ligne s'étendant d'une station à l'autre. Le conducteur est relié à une extrémité d'un électro-aimant dont l'autre

Fig. 163.

bout communique à la terre. Soit A la palette mobile de l'électro-aimant pivotant sur l'axe a et se terminant par une petite
molette b qui plonge constamment dans un godet plein d'encre B.

Si la bande de papier P passe continuellement dans le sens des flèches, lorsque la clef M sera mise en contact avec la pile au point *m*, un courant traversera la ligne et le système R à la station opposée, qui rendra l'électro-aimant magnétique, attirera l'armature A, et par un mouvement de bascule appliquera la molette encrée *b* sur le papier qui passe sous *c;* il en résultera une marque noire, dont la longueur dépendra de la vitesse de déroulement du papier et du temps de la dépression du manipulateur M. En soulevant ce dernier de façon à ce que le contact s'opère en O, le courant cessera de passer, l'électro-aimant R perdra son magnétisme, A se soulèvera sous l'effort du ressort antagoniste, et la molette, retombant dans le godet, cessera d'imprimer sa trace sur le papier-bande. Une dépression de courte durée en M marquera un point en C, une longue dépression formera un trait, et l'on a ainsi le moyen de produire les signaux de l'alphabet Morse.

La figure 163 montre un Morse encreur complet construit par MM. Siemens, de Londres. Les appareils de MM. Digney (fig. 164) qui, avec celui de M. John, furent les premiers Morse encreurs introduits dans le service télégraphique, ont une molette fixe qui reçoit l'encre par le moyen d'un rouleau formé de rondelles de drap imbibé constamment d'encre d'impression. Le style qui forme le levier de l'armature mobile au-dessus de l'électro-aimant amène le papier en contact avec la molette pendant tout le temps de l'aimantation; les longues et les brèves s'impriment donc sous forme de traits et de points, comme dans le système précédent.

Les appareils de MM. Siemens sont surtout employés en Angleterre; ceux de MM. Digney, en France et aussi à l'étranger. Il y en a dans le service de l'office indien depuis 1862. Dans la figure 164, on remarquera que le disque de papier-bande est placé sous l'appareil dans un tiroir et tourne sur un pivot en bois dur. Cette innovation est due à M. Stroh; elle est préférable à l'ancien système de roue verticale.

Dans les appareils dont il a été question plus haut, le courant agit directement sur le Morse encreur; il n'est pas toujours possible qu'il en soit ainsi, surtout si la ligne est très-longue. Dans ce cas, le courant reçu de la station correspondante est si faible

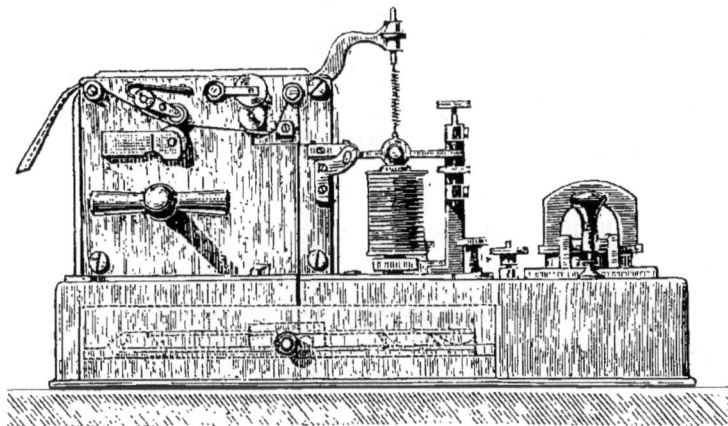

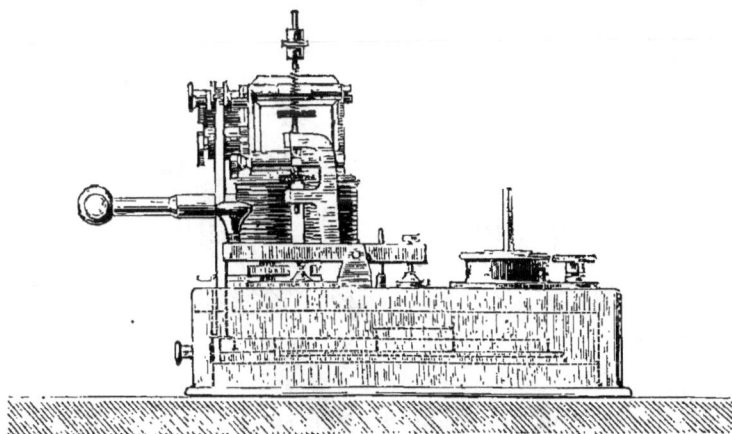

Fig. 161.

qu'il n'est plus suffisant à faire mouvoir la palette de l'électro-aimant qui enregistre le signal. On a recours, dans ce cas, à des appareils plus sensibles, appelés relais, dont la délicatesse, en permettant de recevoir les signaux transmis, ferme un circuit local qui peut à son tour faire fonctionner l'encreur. La figure 165 indique comment fonctionne ce système. R est le relais, et *zc* la pile. R' est le Morse, et *z'c'* la pile locale qui le fait fonctionner. La dépression de la clef *m*, en faisant contact en *o*, envoie un courant positif par la ligne L et par la clef M à travers R jusqu'à la terre. L'électro-aimant devenant magnétique attire l'armature du relais, et met N en contact avec *c'* de la pile locale, envoyant ainsi un courant positif à travers R', l'électro-aimant de l'appareil encreur.

Il est évident que R' pourrait se trouver à des centaines de kilomètres de R, auquel cas L' serait une seconde ligne, et la portion du circuit de *z'* à R' deviendrait la terre. Ainsi s'explique le système des translations à grandes distances.

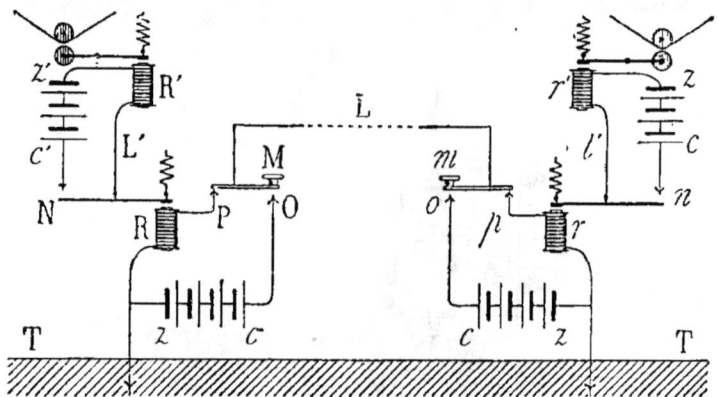

Fig. 165.

Les relais sont construits de telle sorte qu'une très légère différence dans la force du courant attire la palette mobile au point de contact. On a soin aussi d'ajuster l'appareil de telle sorte que la languette puisse se mouvoir sous l'effort de forces électro-motrices variables : ainsi, le relais peut être ajusté de façon à ce que la languette reste au repos quand la force électro-motrice est nulle, et qu'elle fasse contact aussitôt que l'appareil

reçóit l'unité de courant; ou bien on peut l'ajuster de manière
à ce que la languette reste au repos sous l'effort de 100 unités,
et fasse contact aussitôt que cet effort atteint 101 unités.

Souvent aussi on construit les relais de telle sorte que la languette ne soit attirée que par des courants du même signe, et
reste inerte sous l'influence d'un courant de signe opposé. Le
fer doux de l'électro-
aimant peut, dans ce
cas, être remplacé par
de l'acier trempé et
aimanté dont la pola-
rité n'est jamais ren-
versée par les cou-
rants reçus. On en
construit d'autres ar-
rangés de telle sorte
que, lorsque la lan-
guette a été attirée au
point de contact, elle
ne peut retourner au
point de repos que sous
l'influence du courant
opposé traversant les
bobines.

La forme la plus
connue de ces relais
est le relais polarisé
de MM. Siemens (fig.

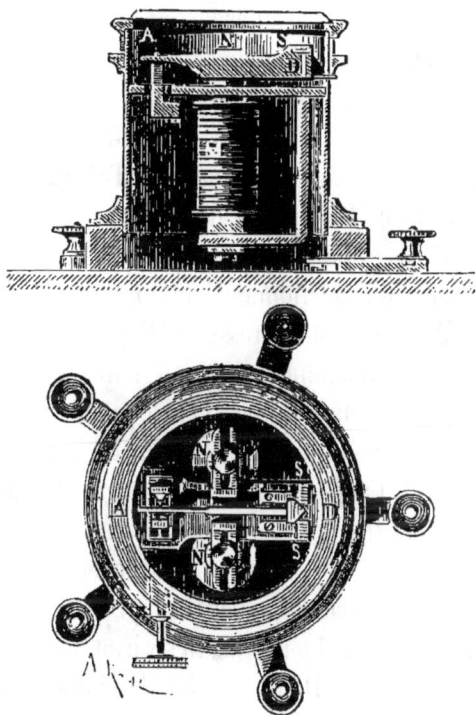

Fig. 166.

166). S est le pôle sud d'un aimant d'acier trempé dont
N, le pôle nord, aboutit par une bifurcation aux deux noyaux
de l'électro-aimant M. Entre les parties supérieures de ces
noyaux oscille la languette A pivotant sur un axe D. Les bobines sont enroulées en direction opposée autour des deux
branches boréales de l'électro-aimant, de sorte qu'un courant

d'une direction tende à faire de N un pôle nord, et de N' un pôle sud, tandis que le courant opposé aimante N' nord et N sud. Quoiqu'en fer doux, la languette AD forme la prolongation du pôle SS de l'aimant, et est elle-même aimantée dans ce sens.

On peut construire les relais de manière à leur faire transmettre des courants positifs et négatifs correspondant aux courants de même direction qu'ils reçoivent, et le Morse encreur peut aussi être tranformé en un relais qui transmet, au moyen des contacts nécessaires, des courants de renfort au lieu de marquer du papier. Les deux opérations peuvent d'ailleurs se combiner. C'est avec des appareils de cette nature que l'on transmet d'une traite de Londres à Téhéran sur les lignes de l'Indo-Européen La distance qui sépare ces deux points est de 5 000 kilomètres ; elle est franchie directement au moyen de cinq translations qui fonctionnent automatiquement.

Malgré la délicatesse de l'ajustement des relais Siemens, il arrive fréquemment, surtout dans les câbles sous-marins, que l'armature ne puisse répondre correctement à une légère élévation ou une chute peu sensible du potentiel. Il faut donc régler souvent l'appareil suivant l'état de la ligne, ce qui cause une perte de temps et d'autres inconvénients. MM. Brown et Allan ont inventé un relais qui, au moyen d'un arrangement particulier de l'armature, permet d'ajuster l'appareil de façon à ce qu'il ne soit pas influencé par les variations subies par le courant dans son parcours. Dans ce relais le contact n'est pas donné directement par la palette ; celle-ci est maintenue balancée par deux petits ressorts à boudin agissant à l'opposé l'un de l'autre. La palette, attirée d'un côté par le courant de charge, tend à revenir à sa position normale dès que le courant cesse ou diminue ; mais si les courants se succèdent rapidement, elle est de nouveau attirée avant d'y être complètement revenue ; la charge et la décharge sont donc indiquées par des mouvements en avant et en arrière de la palette, laquelle reste d'autant plus écartée de sa position de repos que les courants se succèdent avec plus

de force et de rapidité, imitant par conséquent les mouvements
de l'aiguille d'un galvanomètre.

Le contact est donné par une tige pivotée par une extrémité
sur la palette et oscillant par l'autre entre deux butoirs très
rapprochés. Dans un des derniers modèles, cette tige est pivotée
à l'extrémité même de la palette (fig. 167); les ressorts S, S, sont

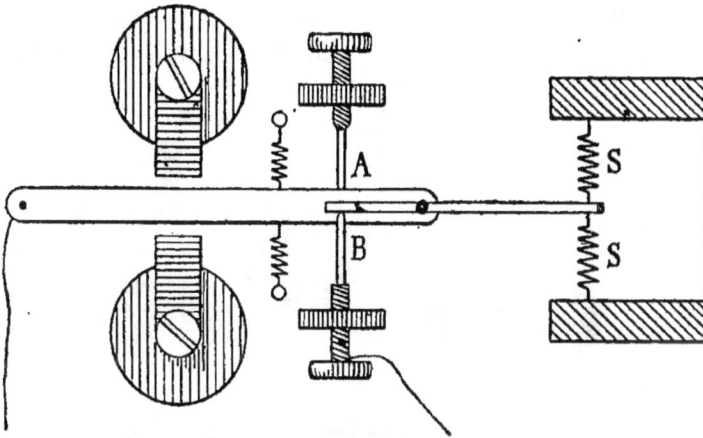

Fig. 167.

attachés à une de ses extrémités, tandis que l'autre extrémité se
meut entre les deux butoirs A, B, dont l'un ferme le circuit de la
pile locale. L'armature est donc toujours libre dans ses mouvements, même quand la tige butte contre le bouton de contact,
ce qui revient à avoir un zéro mobile, c'est-à-dire un point de
repos toujours très voisin du point de contact.

Cet appareil est excessivement rapide et sert, à Marseille, aux
correspondances journalières avec Londres. La vitesse entre ces
deux postes, avec une seule translation à Paris, est certainement la plus grande que l'on puisse atteindre sur une ligne
télégraphique de cette longueur. Elle n'est jamais au-dessous
de trente mots par minute, et elle a été souvent portée à quarante. Le relais ne demande aucun réglage et fonctionne d'autant mieux qu'on le touche moins. Une modification récente,

apportée à ce relais par M. Theiler, donne aussi d'excellents
résultats, aussi bien sur la ligne sous-marine que sur le fil
aérien.

Le manipulateur, ou clef, qui, dans l'appareil Morse, sert à
émettre les courants, est d'une forme bien simple lorsque, pour
les lignes aériennes par exemple, il n'est pas nécessaire d'envoyer plus d'un courant pour la formation d'un signal. La
figure 168 représente ce manipulateur. Un levier B, pivotant

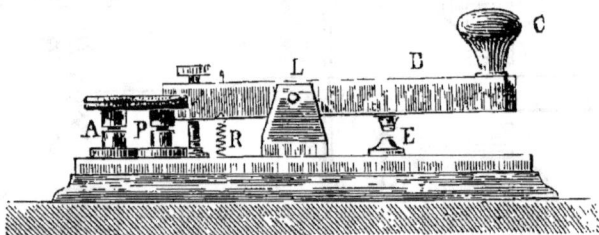

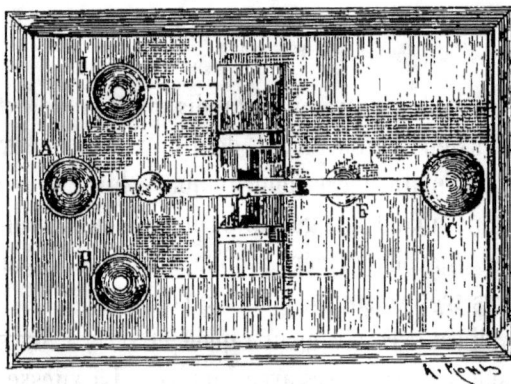

Fig. 168.

au point L sur un axe, est maintenu en position par le ressort
R ; de telle façon que, dans cette position de repos, le fil de
ligne aboutit en L. Le courant qui arriverait par ce point passerait donc de là en A, qui est relié à l'appareil de réception.
Mais si l'on appuie sur le bouton C, on coupe la communica-

tion en A, et l'appareil est mis hors du circuit; alors aussi on
met la tige B en communication avec la pile P, dont le courant
se dirige vers la station opposée par la voie qui lui est ouverte.

Il est souvent nécessaire, dans les câbles sous-marins et sur
les longues lignes aériennes, d'avoir recours à des courants de
compensation qui, au moyen de forces électro-motrices variées,
annihilent les effets d'induction qui se produisent par suite de
l'isolement trop parfait de la ligne. La clef représentée à la

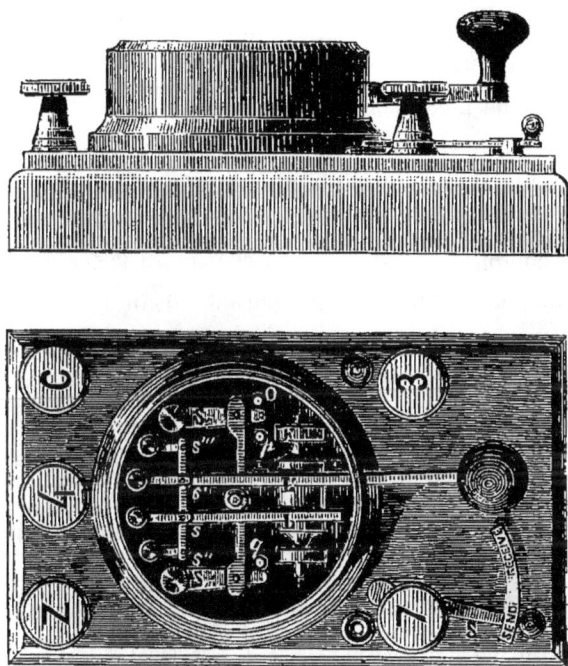

Fig. 169.

figure 169 est employée par le Post-Office anglais sur certaines
lignes aériennes et sur les câbles, et rend de bons services.

On attache le fil de ligne en 3, la terre et un des côtés du
relais en 7, et l'autre bouton du relais en 4. Le pôle positif
de la pile aboutit à c, et le pôle négatif à z. L, L' sont deux
leviers, isolés l'un de l'autre et mobiles sur le même axe quand

on presse la branche L avec le bouton de levier; s, s''' sont
deux ressorts isolés, communiquant avec z; s', s'' deux ressorts
semblables, reliés à c. Quand on presse la clef, un courant positif est transmis par le ressort s', le long du levier L', jusqu'au
bouton O qui vient en contact avec S', et, de là, au bouton de
ligne 3; en même temps un courant négatif est transmis par le
ressort s, le long du levier L, au bouton q, et par le switch S''
au bouton de terre 7. Le relais n'entre pas ici en jeu, le bouton p, qui communique à 4 et à l'autre extrémité du relais,
étant hors du circuit lorsque le commutateur S est tourné sur
« Send » pour transmettre.

Quand la clef n'est pas déprimée, les leviers L et L' reposent
sur s'' et s'''; alors, un courant négatif passe du ressort s''' au
levier L', puis au bouton o et au switch S', et, de là, en 3 à la
ligne; en même temps un courant positif part de s'' par le levier L au bouton q, au switch S'', et par 7 à la terre. La ligne
est donc toujours chargée d'un courant positif ou négatif, que
la clef soit ou non abaissée.

Quand le commutateur S est tourné sur « Receive » pour recevoir, la pile est coupée; le courant de ligne entre par 3, le
switch S' ayant été amené contre le bouton p, le courant va de
là à l'écrou 4, entre dans le relais et passe à la terre. Quand le
commutateur est mis sur « Send », l'appareil de réception est
mis hors du circuit de la ligne, et l'opérateur qui reçoit ne peut
pas interrompre celui qui transmet, jusqu'à ce que le commutateur soit transféré de « Send » sur « Receive ». On met toujours un galvanomètre dans le circuit de la ligne, on l'entoure
de deux spires séparées, dont l'une dans le circuit de sortie et
l'autre dans le circuit d'arrivée. En transmettant, le circuit
d'arrivée du galvanomètre est coupé; mais la spire de sortie
peut être affectée aussi bien par le courant qui part que par celui qui arrive; de la sorte, on peut voir les interruptions du
correspondant.

Il y a beaucoup d'autres systèmes de clef; mais nous nous

bornerons à la description des deux modèles qui sont le plus en usage dans la télégraphie.

Appareil automatique Wheatstone. — Bien qu'un bon opérateur puisse transmettre au delà de quarante mots par minute avec une clef Morse, on n'obtient jamais pratiquement cette vitesse d'une manière constante. L'effort ne peut être maintenu longtemps, et, si expert que soit un employé, ses signaux ne sont pas toujours clairs et bien formés à cette vitesse. Conséquemment, si on remplaçait la main par une machine qui transmettrait les signaux à la vitesse maximum de la manipulation, on obtiendrait déjà un avantage, en substituant au travail manuel celui d'un instrument ne se fatiguant jamais et produisant des signaux nets et parfaitement formés. .

De plus, bien que les lignes aériennes soient, beaucoup moins que les câbles sous-marins ou souterrains, exposées aux influences de l'induction, lorsque la vitesse des transmissions est considérablement augmentée, ces phénomènes deviennent dans beaucoup de cas une cause similaire d'embarras. On n'accroît la vitesse sur les lignes suspendues qu'en renversant l'émission du courant après chaque signal. Mais la limite de vitesse est bientôt atteinte avec l'alphabet Morse, quand la longueur des points et des traits est déterminée par la *durée* de l'émission des courants.

Une série de points peut être transmise bien plus rapidement que des points et des traits en succession, parce que les émissions de courant sont uniformes et la charge de la ligne pareillement; tandis que le trait la charge plus fortement et demande par conséquent un temps de décharge plus long ou une émission plus prolongée de courant contraire pour la ramener à l'état neutre. En outre de cet effet d'inégalité dans la durée des courants, il s'opère aussi une action importante dans l'électro-aimant récepteur; car, si un courant se prolonge, le fer se magnétise plus fortement et demande par conséquent plus de temps pour revenir à l'état neutre. Conséquemment, avec de grandes vitesses les signaux se dénaturent, parce que l'effet produit par la première émission de courant n'a pas encore cessé lorsque la seconde commence à agir; de sorte qu'un point, suivant un trait, tend simplement à allonger ce dernier, et qu'un point qui suit un blanc manque totalement.

On peut reproduire les signaux Morse au moyen de courants d'égale durée, en employant une armature polarisée, ajustée de telle sorte qu'elle reste, après la rupture du contact, dans la position où l'a mise le courant transmis, jusqu'à ce qu'on émette un courant opposé, ou, en d'autres termes, arrangée de telle façon qu'elle n'ait aucune tendance à agir que sous l'influence du courant. Dans ce système, le point est produit par un courant positif très court, que l'on fait suivre immédiatement d'un courant négatif aussi court; tandis que le trait est produit par un courant positif très court suivi d'une pause assez longue, pour permettre à la molette de former un trait; alors on envoie un courant négatif qui détache l'armature de l'électro-aimant.

On obtient, d'ailleurs, une compensation aux irrégularités d'intervalle qui se produisent entre les courants positif et négatif, de façon à obtenir une uniformité aussi grande que possible dans le potentiel de la ligne au commencement de chaque signal, en envoyant sur la ligne de très faibles courants, durant les intervalles de temps où, dans le système primitif, le fil de ligne était maintenu isolé; de sorte que le premier et le dernier courant d'un point ou d'un trait passent directement à la ligne, et que les courants d'interpolation ou de compensation passent sur la ligne, à travers une forte résistance variée à volonté suivant la orce des courants.

On obtient encore une augmentation de la vitesse en faisant ntervenir un condensateur entre la ligne et le récepteur; les plaques du condensateur sont elles-mêmes unies à travers une résistance assez forte. Si l'on plaçait un condensateur entre la ligne et le manipulateur automatique, on diminuerait la vitesse et il en résulterait du collage

On entend par vitesse le nombre des signaux parfaitement formés que l'on peut obtenir dans un temps donné, et non pas le temps pendant lequel les ondes se produisent. Avec l'appareil de M. Wheatstone, la vitesse est en raison inverse de la distance et non point en raison du carré des distances.

Voici maintenant la description des appareils qui forment le système automatique de sir C. Wheatstone, tel qu'on l'emploie en France et en Angleterre :

Le papier-bande est préparé par un appareil (fig. 170) appelé

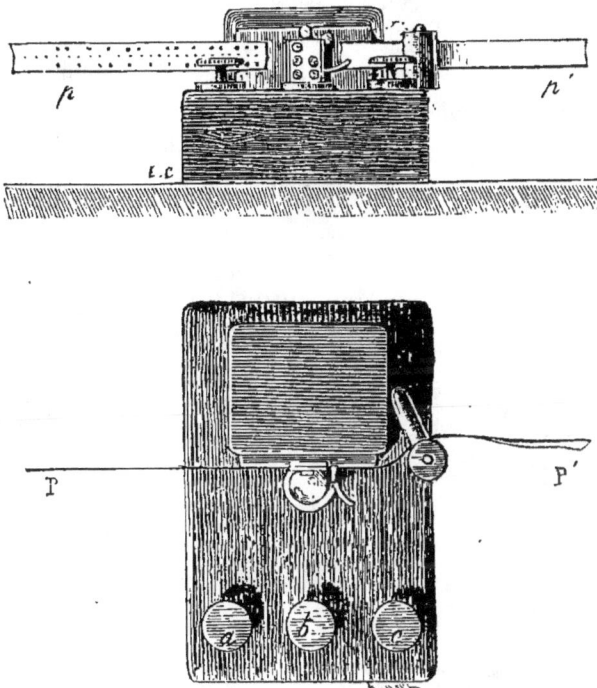

Fig. 170.

perforateur et contenant trois leviers, dont l'un produit deux perforations en ligne droite pour un point, et l'autre deux perforations en diagonale pour un trait. Le troisième levier forme une ligne horizontale continue de perforations plus petites dans la partie centrale de la bande ; elles produisent une indentation ou crémaillère, qui détermine l'entraînement du papier au moyen d'une roue dentée, quand la bande est placée dans le transmetteur automatique. Les perforations centrales sont faites en même temps que celles qui indiquent les points et les traits ; le levier central produit un avancement de la bande correspondant aux blancs.

Le transmetteur est entraîné par un poids, et on peut ajuster son déroulement entre 20 et 120 mots par minute. Le papier perforé est entraîné par les dents d'un disque étoilé qui reçoit son mouvement de l'appareil d'horlogerie ; en s'engageant dans les perforations centrales de la bande, il l'applique aussi en contact avec un rouleau de friction.

Le principe d'après lequel les courants alternés sont transmis, est indiqué par la figure 171. Soit D un disque en métal divisé

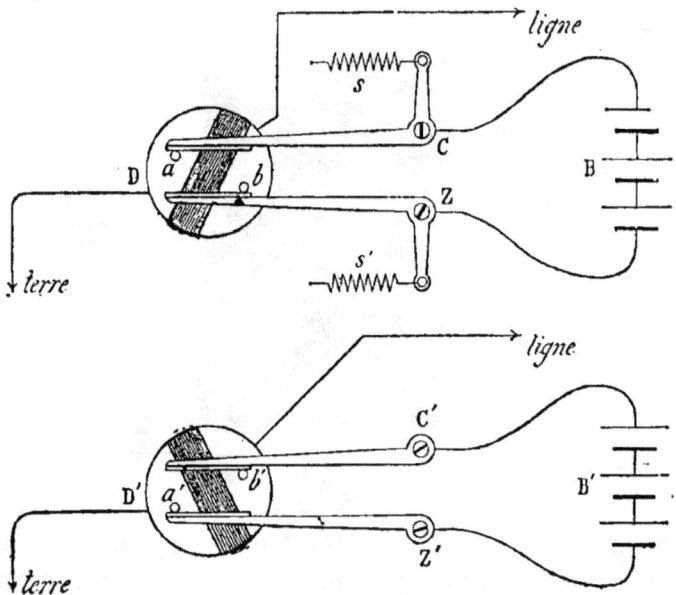

Fig. 171.

en deux parties isolées l'une de l'autre, et portant des goupilles métalliques *a* et *b* fixées en place Supposons que la partie qui

porte *b* soit en communication avec la ligne, et que celle qui
porte *a* communique à la terre. Supposons que les deux leviers de
pile soient maintenus sur ces goupilles par l'effort des ressorts S S′,
un de ces leviers C étant en communication avec le pôle cuivre de
la pile B et l'autre Z communiquant avec le zinc de la même pile.
Il est évident alors que dans le premier cas c'est un courant négatif qui va sur la ligne, tandis que c'est un courant positif qui la
parcourt dans le second cas. Conséquemment, si le disque D peut
vibrer entre ces positions d'une manière régulière et continue, il
enverra sur la ligne une succession de courants renversés qui se
manifesteront par une série de points dans un récepteur fixé à
l'autre extrémité du fil de ligne

Si pourtant, avant que le disque prenne la seconde position, la
ligne ou la terre est coupée temporairement, une émission inverse manquera, et c'est un trait qui apparaîtra sur l'appareil de
réception au lieu de deux points. La fonction du papier perforé
est de régler le mouvement du transmetteur de manière à produire cet isolement à l'instant convenable, et à laisser passer les
courants de manière à produire des points ou des traits à volonté.

Nous savons comment la bande perforée *pp′* est entraînée.
Deux tiges M et S sont fixées à l'extrémité des deux leviers à
équerre A et B, qui eux-mêmes sont reliés au bâti de l'appareil
de façon à pouvoir osciller, et ils sont d'ailleurs maintenus
constamment tendus par les ressorts à boudin S et S′. Les tiges
M et S peuvent passer à travers les perforations qui se trouvent
en haut et en bas de la bande, ou bien elles sont arrêtées dans
leur mouvement d'ascension, si elles ne rencontrent pas cette perforation.

Dans la figure 172, nous voyons la tige passer à travers une
de ces perforations. R est un balancier en ébonite auquel sont
fixées deux goupilles métalliques 1 et 2 ; ce balancier est maintenu dans un état constant de vibration uniforme par l'entraînement des rouages de l'appareil. Ces goupilles s'appuient sur les

manivelles des leviers A et B, qui se balancent ainsi en unisson avec R. A la partie inférieure du levier A est fixée une tige H, et il s'en trouve une autre semblable H′ à la partie supérieure de B. Les extrémités de ces tiges se meuvent librement à travers les projections P et P′ de la division du disque D. Les collets K et K′ en poussant P et P′ font osciller ce disque en parfaite consonnance avec R. Le levier C est muni d'un écrou à vis qui, lorsque le disque est au milieu de son mouvement vi-

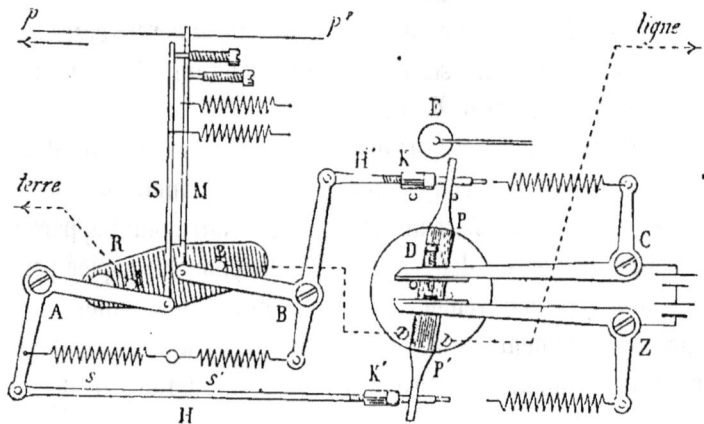

Fig. 172.

bratoire, vient butter contre une petite pièce d'ébonite fixée sur Z, ce qui empêche la pile d'être mise en court circuit. La roulette E complète la tâche commencée par les collets K et K′, et retient le disque en position jusqu'à ce qu'il soit renversé par la poussée K et K′. Ainsi, le balancier R fait mouvoir constamment et régulièrement les tiges S et M de bas en haut, en faisant osciller à droite et à gauche les manivelles des leviers A et B, et tant que le jeu de ces tiges n'est pas arrêté, le disque D vibre en avant et en arrière, entraînant avec lui les leviers C et Z.

La borne 1 du balancier R est en communication avec la terre, et la borne 2 avec une des moitiés du disque D, dont l'autre moitié communique avec la ligne. Quand le papier-bande n'est pas en place, ces bornes sont en contact constant et ininterrompu avec les bras de levier A et B, qui sont revêtus de platine et reliés métalliquement ensemble par le bâti de l'appareil s et s', ce qui maintient le circuit complet et transmet une succession de courants renversés produisant des points à l'extrémité de la ligne.

Aux endroits où la bande n'est pas perforée, elle limite le jeu des tiges, les leviers condés A et B ne suivent plus les bornes jusqu'au bout; le disque D ne se meut plus; la communication est interrompue, et aucun courant ne va sur la ligne. Là où la bande est perforée, un point donne un courant renversé à chaque

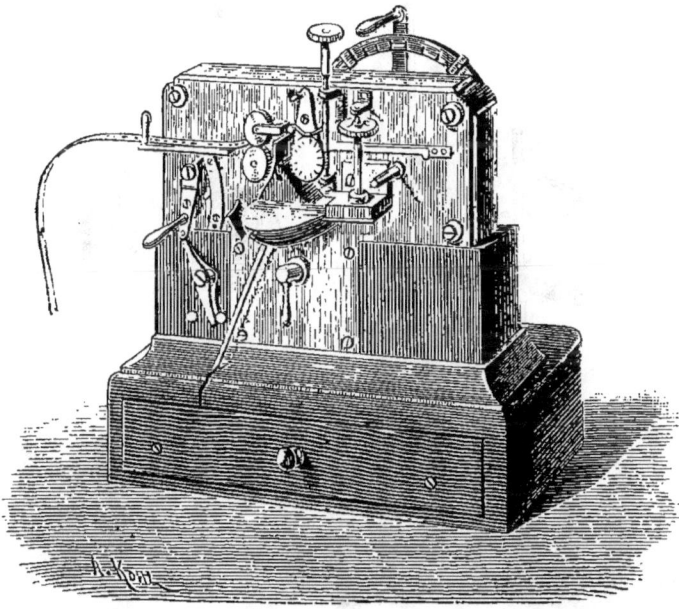

Fig. 173.

vibration, et un trait à chaque seconde vibration. La tige M pénètre dans la perforation supérieure, et le courant renversé va à la ligne.

Le transmetteur peut être réglé pour marcher à la vitesse

maximum de 130 mots; mais cela n'indique pas la vitesse absolue avec laquelle l'appareil peut fonctionner. Cette vitesse est
plutôt déterminée par la capacité de réception de l'enregistreur,
et cette capacité est limitée non seulement par l'inertie mécanique de l'appareil lui-même, mais aussi par ce que l'on peut
appeler l'inertie de son électro-aimant. Ainsi la vitesse du transmetteur est limitée par la capacité du récepteur.

Ce dernier appareil est un Morse encreur très sensible (fig. 173).
Le papier se déroule au-dessus de la molette imprimante avec

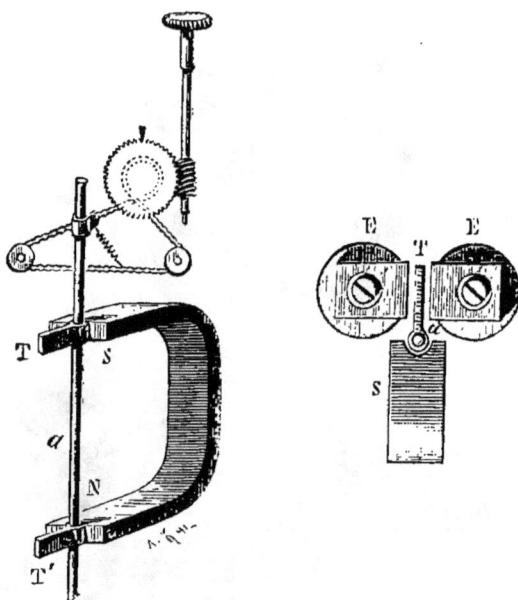

Fig. 174.

une vélocité uniforme, et l'appareil est gouverné de manière à
régler l'enregistrement à n'importe quelle vitesse, entre 20 et
130 mots par minute. La molette est fixée à un axe mù par les
engrenages du mouvement, et se meut en partie dans la rainure
d'une molette de plus grand diamètre plongeant dans le réservoir d'encre et tournant en sens opposé. Cette seconde molette

puise l'encre par capillarité, et enduit la molette imprimante sans
friction. L'axe *a* (fig. 174), qui fait mouvoir cette molette, est mis
en mouvement par les armatures T et T', qui sont en fer doux et
maintenues aimantées par l'aimant permanent NS. La figure 174
indique comment on peut les ajuster. L'arrangement est tel,
qu'une fois attirées par un courant, si court qu'il soit, qui a traversé l'électro-aimant E, elles restent en place. Elles ne peuvent
revenir à leur position normale que par le passage d'un courant
contraire à celui qui les avait attirées. Lorsque les armatures et
l'axe *a* sont mis en mouvement, la molette imprimante est donc
amenée en contact avec le papier, et y marque une ligne jusqu'à
l'envoi d'un courant contraire. Un point résulte d'un courant
momentané transmis dans la direction qui fait mouvoir la molette, suivi instantanément d'un courant inverse très court qui
la remet en place. Un trait s'obtient par un courant court suivi
d'un courant inverse venant après un intervalle de temps. Ainsi
il faut deux émissions de courants pour chaque marque à faire ;
ces courants doivent être de nature opposée et séparés l'un de
l'autre par des intervalles de temps variés. C'est le papier perforé qui détermine les intervalles qui séparent ces courants, et
nous espérons que le jeu de l'appareil est maintenant compris.

La figure 175 donne le plan de l'ensemble des appareils montés
à une des stations extrêmes. Elle contient celui du commutateur
annexé au transmetteur, dont il n'a pas été question jusqu'ici. On
le voit dans la position qu'il prend lorsque le déclancheur fait
courir l'appareil pour la réception des signaux. Le plan est aussi
accompagné d'une clef à doubles courants que l'on peut mettre en
circuit au moyen du commutateur, pour parler à la main lorsque
le transmetteur est au repos. Un galvanomètre indique l'entrée
et la sortie des courants.

Le récepteur est aussi accompagné d'un commutateur S, en
communication avec le déclancheur, qui met un parleur en circuit
local lorsqu'on l'arrête. Ce parleur sert d'appel et peut fonctionner au besoin comme récepteur avec la clef, ou bien quand

l'appareil fonctionne comme un Morse ordinaire. Quand le récepteur marche, le parleur est mis en dehors du circuit. Le circuit local est complété par l'électro-aimant du récepteur, qui agit ainsi comme un relais ou comme un encreur direct.

La figure montre le transmetteur dans une position neutre, alors qu'aucun courant ne va sur la ligne, et le disque D montre l'écrou du levier C dans la position qu'il doit occuper pour prévenir le court circuit de la pile. R est une résistance variable employée pour prévenir l'entrée des faux courants dans le récepteur.

Les appareils automatiques servent sur presque tous les grands circuits d'Europe. Il est évident que l'avantage principal d'un système automatique consiste non seulement dans sa grande exactitude, mais encore dans l'augmentation de vitesse qu'on obtient dans l'expédition du travail. On peut dire qu'il double la capacité des fils. La vitesse moyenne des transmissions peut s'élever à environ 70 mots par minute, c'est-à-dire qu'un fil rend deux fois plus avec un Wheatstone qu'avec un Morse. Mais le Wheatstone entraîne des frais additionnels d'exploitation. Quand il fonctionne pendant des heures consécutives, il exige deux employés perforateurs, un employé ajusteur, et trois écrivains à chaque bout.

Les dépêches sont perforées et transmises par séries de cinq, et chaque série est collationnée. Une dépêche doit donc attendre deux fois, une au perforateur, et une autre à la série. Elle attend encore à la traduction. Autant de causes de retard. Il n'y a donc pas économie à employer les systèmes automatiques sur les lignes de petite longueur, et, par le fait, on ne les emploie que sur les très longues lignes de grande communication.

Appareil imprimant de Hughes. — Cet appareil diffère de tous les autres en ce sens qu'il est surtout mécanique, l'action électrique se limitant à l'émission d'un courant très court, lorsque la roue des types est dans la position voulue. Une seule onde électrique suffit donc à imprimer une lettre en caractères ro-

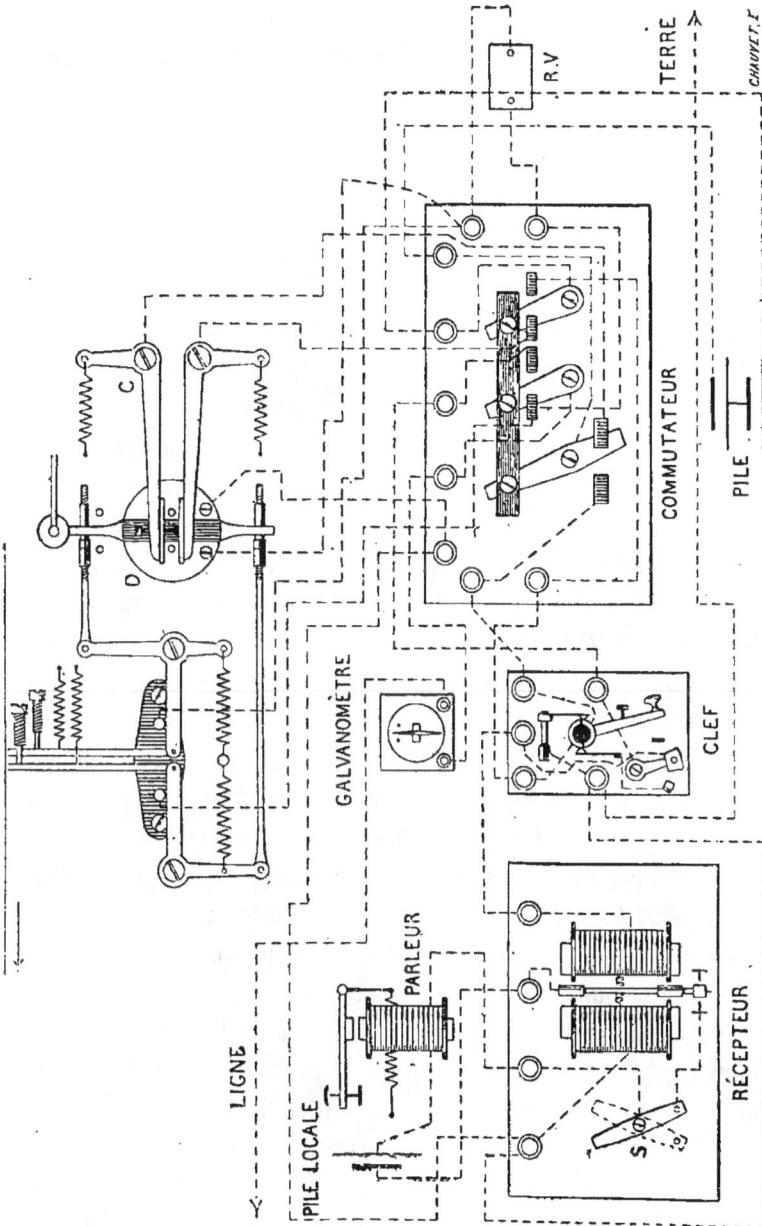

Fig. 175.

mains. Les appareils de réception et de transmission sont identiques, et ils sont manipulés par un clavier contenant autant de
clefs qu'il faut imprimer de lettres ou de signes. En communication avec les touches, se trouve une série de goujons formant
les rayons d'un plan circulaire horizontal, par le centre duquel
passe un arbre vertical portant un bras coudé terminé par le
chariot qui balaye la circonférence formée par les goujons des
touches, sans toutefois les toucher, tant qu'ils sont au repos.
Mais, dès que l'on presse une des touches, le goujon correspondant se soulève et vient affleurer le chariot à son passage, établissant ainsi un contact volant qui envoie un courant sur la
ligne en traversant l'électro-aimant de l'appareil.

La roue des types est fixée sur un axe s'engrenant avec l'arbre
qui porte le chariot; de sorte que bien que les deux se meuvent
ensemble, on peut mettre la roue des types en position ou même
l'arrêter, sans pour cela suspendre le mouvement d'entraînement
général. Quand le chariot et la roue des types sont bien ajustés,
le goujon qui correspond à la touche déprimée envoie le courant
sur la ligne, au moment même où la lettre correspondante se
trouve devant le papier; il s'ensuit que le papier, étant à ce moment même soulevé sous cette lettre, en reçoit l'impression par
le moyen du déclanchement opéré par le courant.

La vitesse de rotation est réglée par une tringle en laiton légèrement conique, arrêtée par son extrémité la plus grosse dans
un support fixe. L'extrémité opposée se raccorde à une tige s'ar-
ticulant à une manivelle montée sur le prolongement de l'axe
des cames. Sur cette tringle est une boule pouvant glisser librement sur la tige, et à laquelle se rattache un fil d'acier, dont le
bout opposé est arrêté dans une pièce mobile sur une crémaillère
que commande un bouton à vis. Lorsqu'on fait tourner ce bouton,
la pièce glisse en avant ou en arrière, entraînant le fil d'acier,
et avec lui la boule de cuivre.

Les erreurs qui peuvent se produire dans la position respec-
tive de la roue des types, causées par une différence de vitesse dans

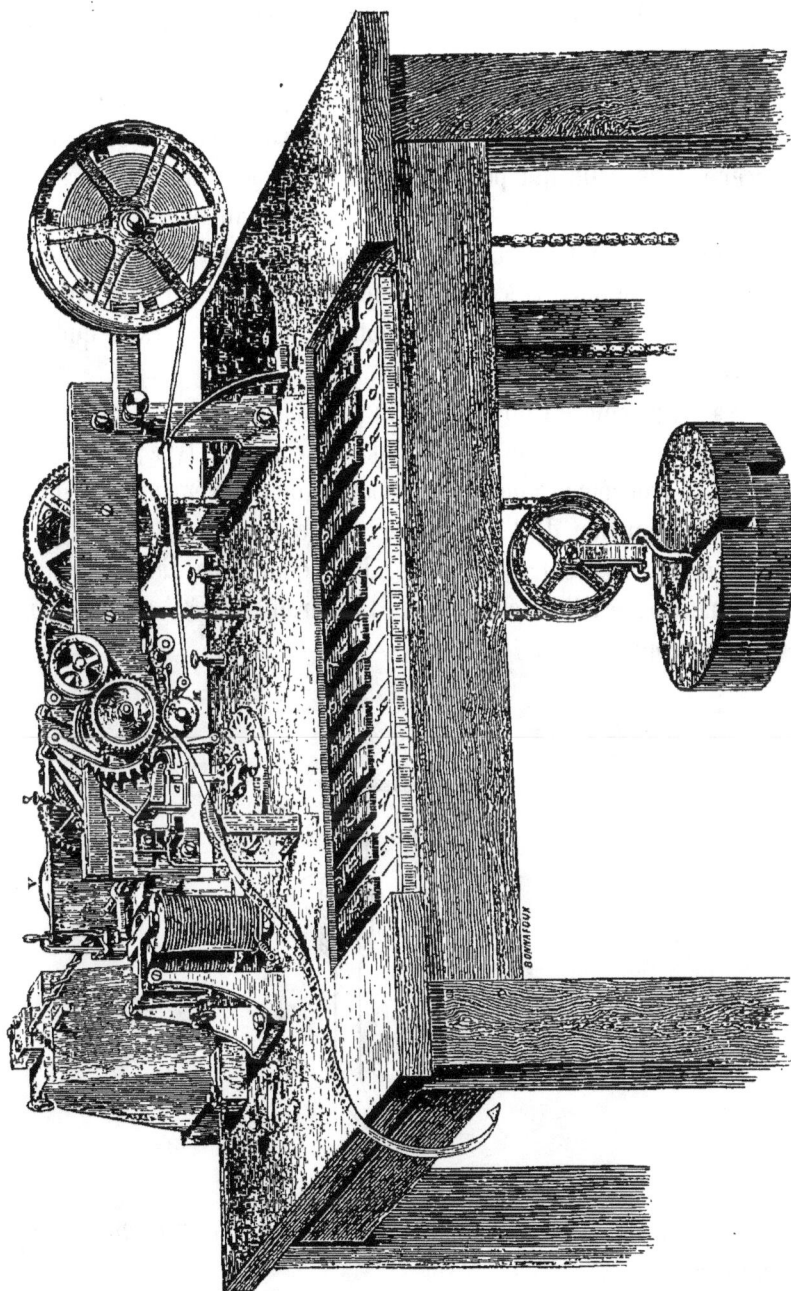

Fig. 176. — Appareil imprimeur de Hughes.

les appareils correspondants, peuvent être rectifiées par une roue
dite *correctrice*.

Le courant imprime les lettres de la façon suivante : un arbre
creux portant trois cames s'ajuste sur l'axe d'une roue qui s'en-
grène dans celle qui porte la roue des types. Cet arbre creux
n'est entraîné par l'axe qui le traverse qu'au moment où une
détente les réunit, et cette détente est elle-même mise en action
par le courant qui traverse les bobines de l'électro-aimant. L'arbre
et son axe tournent alors ensemble, et voici dès lors ce qui se
passe :

1º La première came corrige la position de la roue des types ;

2º La seconde came presse le papier contre le type ;

3º La troisième came donne au papier un mouvement en avant.

4º La jonction de l'arbre creux et de son axe est interrompue et l'arbre rentre au repos. Une quatrième came replace
l'armature sur l'électro-aimant, et l'appareil est prêt à recevoir un
second courant.

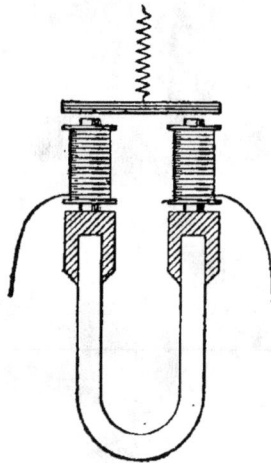

Fig. 177.

L'agencement électrique, quoique simple, offre plusieurs par-
ticularités.

L'électro-aimant est formé de deux noyaux en fer doux, recouverts de fil fin, et chacun d'eux est fixé à un des pôles d'un aimant permanent (fig. 177).

L'armature est aussi en fer doux, et, quand elle est placée sur l'électro-aimant, elle est attirée et retenue par la polarité induite dans les noyaux par l'aimantation. Un ressort, ajustable au moyen d'un écrou, tend constamment à délivrer l'armature.

Si un courant vient à traverser les bobines dans une direction telle qu'il se produise une polarité contraire à celle qui existe par l'influence de l'aimant permanent, l'armature sera délivrée, et aussitôt que cela arrivera elle quittera les noyaux avec un mouvement sec et une force suffisante pour faire partir une détente. L'armature est ensuite remise en place par l'action des rouages.

L'attraction entre les noyaux et l'armature est réglée par un petit barreau en fer doux que l'on place entre les pôles de l'aimant permanent.

Cet arrangement rend l'appareil excessivement délicat. Supposons que l'aimantation produite dans les noyaux représente une force de 100 grammes, et que le ressort opposé ait une force de 91 grammes. Il suffira d'une polarité contraire de 10 grammes pour libérer l'armature, qui quittera les noyaux avec sa force entière de 91 grammes ; comme elle est remise en place par l'engrenage, le ressort qui agit sur elle peut être tendu très-dur, car le courant n'a pas à vaincre sa tension. Dès que l'armature est soulevée, les bobines sont mises en court circuit, et le courant reçu passe directement à la terre. Ainsi, en supposant qu'il arrive 100 parties de courant, si cinq de ces parties suffisent à délivrer l'armature, le surplus passe directement à la terre sans affecter les bobines.

Lorsque l'armature est remise en place par un engrenage, un extra-courant se manifeste dans la même direction que celle du courant reçu. Il agit comme si un nouveau courant était émis par une des touches du clavier, et quand la résistance de la ligne est faible il peut produire une action continue de l'armature et l'impression successive de plusieurs lettres.

On empêche la formation de ce courant en interrompant le circuit de l'électro-aimant, au moyen de l'arbre des cames, aussitôt qu'il commence à tourner, de sorte qu'au moment où l'armature est remise en place, il n'y a pas de circuit pour la formation de cet extra-courant.

L'appareil Hughes est très employé en Europe, surtout en France, où l'habile constructeur M. Froment l'avait amené à un point de très grande perfection. C'est certainement l'appareil favori du service télégraphique français; en revanche, et malgré l'origine anglaise de M. Hughes, il n'a rencontré aucune faveur en Angletere, où il est, croyons-nous, presque entièrement abandonné.

En raison de sa transmission très rapide, cet appareil s'installe toujours sur les lignes les plus surchargées de dépêches. Son rendement est très avantageux, puisqu'il fait facilement de 50 à 60 depêches à l'heure et imprime lui-même la dépêche. Vu la nature de l'appareil, il nécessite l'adjonction d'un mécanicien dans les stations où on l'emploie ; mais comme on en limite l'usage aux grandes lignes, ce mécanicien n'est pas sans travail dans les postes tels que ceux de Paris, Lyon et Marseille, où cet appareil existe en quantité.

Télégraphie Duplex. — Nos lecteurs ne commettront pas l'erreur assez commune de croire que la télégraphie Duplex consiste dans l'emploi d'appareils nouveaux. Elle est, au contraire, applicable à tous les instruments que nous avons décrits et résulte uniquement d'un agencement particulier des communications, qui donne à l'appareil récepteur un état d'équilibre instable sous lequel il devient sensible aux variations des courants provenant des stations opposées. Comme l'idée parait abstraite et peu compréhensible, nous allons comparer aux communications adoptées pour le Duplex le circuit plus simple généralement adopté en télégraphie. Si nous nous reportons à la page 290, nous voyons que la clef Morse à levier coupe la pile hors du circuit pour recevoir, ne laissant que l'appareil de réception en communication avec la ligne, dans le moment où les signaux arrivent de la station correspondante, tandis que si l'on transmet, l'appareil de réception n'est plus en communication avec la ligne, la clef, en s'abaissant, le coupant hors du circuit pour lui substituer la pile.

Dans le Duplex, les choses se passent différemment : pendant la transmission comme dans la réception, le courant de la pile de chacune des stations traverse toujours les bobines de l'appareil récepteur ; seulement on comprend que les bobines de cet appareil doivent être construites de manière à n'être pas affectées par ce courant sortant, mais seulement par celui qui pourra résulter des signaux provenant de la station correspondante. Voyons comment on obtient ce résultat.

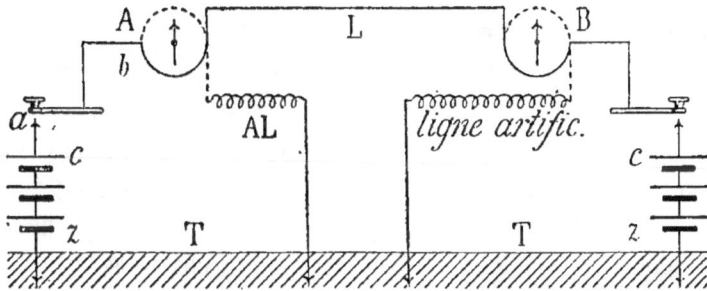

Fig. 178.

AB dans la figure 178 représente la ligne ; A, la station d'où part la dépêche, B, celle où elle arrive.

A la station A, cz est la pile dont le cuivre est en contact avec la clef et l'autre pôle à la terre.

Le levier de la clef communique à la ligne en passant par l'appareil récepteur, mais ce récepteur est disposé d'une manière particulière : au lieu d'être enveloppé d'un seul circuit, il en contient deux qui enveloppent l'aiguille en sens opposés, de sorte que si un même courant parcourt ces deux circuits en même temps, l'effet d'un circuit sur l'aiguille sera contrebalancé par l'effet du circuit inverse, parce que le courant les parcourt en directions opposées. Une des branches est indiquée par une ligne pleine, et l'autre par une ligne ponctuée. Supposons la clef amenée au contact de la pile ; le courant, en partant vers *b*, trouve deux issues : l'une (la ligne pleine) le conduit sur la ligne, l'autre (la ligne ponctuée) le mène à la terre, à travers une résistance appelée ligne artificielle. Il se partagera donc en deux parties, dont l'une enveloppera l'aiguille dans une direction, et l'autre l'entourera dans une direction opposée. Si ces deux courants ne sont pas égaux, l'aiguille de l'appareil récepteur sera déviée chaque fois que la clef est mise en contact avec la pile ; si, au contraire, ces courants sont égaux, l'aiguille restera insensible, quel que soit le nombre des contacts de la clef avec la pile. Notons bien ceci, car c'est toute la base du système. L'opérateur de la station A doit donc arranger le circuit de son appareil récepteur de telle sorte que, tout en envoyant des signaux sur la ligne à travers son propre appareil, cet appareil n'en soit aucunement affecté, bien qu'il reste libre de recevoir et d'enregistrer les signaux provenant de B. Ce résultat ne peut être obtenu qu'en *égalisant les circuits*, c'est-à-dire en introduisant, dans le second circuit, une *ligne artificielle* égale ou très approximativement égale à la ligne véritable, dans tous ses effets sur le courant. Nous avons vu qu'au point *b* le courant trouvait deux issues, l'une par le circuit plein de l'appareil, la ligne et la terre à la station correspondante B, l'autre par le circuit ponctué de l'appareil, par la ligne artificielle à la terre de la station A. Si la résistance et la retardation qui se produisent dans ces deux circuits sont égales, la totalité du courant de la pile se divisera au point *b* en deux parties égales, dont l'une parcourra la ligne réelle, et l'autre la ligne artificielle pour se rendre à la terre à l'extrémité de ces deux circuits. Nous voyons donc comment l'opérateur à chaque station *peut* envoyer des signaux à son correspondant à travers son propre appareil, sans le faire mouvoir et le conserver en même temps libre de recevoir les signaux de la station opposée.

Voyons comment il se fait que ces signaux sont reçus de la

station opposée pendant que l'opérateur en A transmet à cette station. Supposons que l'opérateur en B ait aussi arrangé ses communications d'appareil, de pile et de clef et de ligne artificielle dans des conditions absolument identiques à celles de A, de sorte que s'il transmet à A son appareil reste insensible. Si maintenant B transmet en même temps que A envoie aussi son courant, B fait un contact de sa clef sur la pile aussi bien que A, et le résultat est qu'aucun courant ne parcourt la ligne. A arrête le courant de B, pour ainsi dire, et B arrête pareillement le courant de A, car B emploie une pile égale et semblable à celle de A, et les deux courants ont pour effet de se contrebalancer instantanément et de se détruire. Mais c'est précisément parce que A a le pouvoir d'arrêter le courant de B, et réciproquement, que les stations A et B ont le contrôle des appareils qui leur sont opposés, c'est par l'arrêt du courant de B que A contrôle l'appareil de cette station, et *vice versa*. Car tant que les courants de A passent librement à travers son propre appareil, l'un dans la ligne artificielle et l'autre dans la ligne réelle, cet appareil reste immobile, mais du moment où le courant qui va sur la ligne est arrêté, il n'a plus d'action sur l'appareil, la balance résultant des effets égaux du courant partagé entre les deux circuits est complètement rompue; tout le courant de A s'écoule à la terre par la branche ponctuée de l'appareil, il fait mouvoir l'aiguille ou l'indicateur et produit un signal. Donc, B a le pouvoir d'arrêter le courant qu'envoie A sur la ligne ; il peut, par conséquent, produire des signaux sur l'appareil de A sans troubler lui-même la balance de son propre appareil, et la même chose est vraie pour B en ce qui concerne son appareil et celui de la station B.

Nous essayerons de rendre ce phénomène plus clair encore par l'analogie physique suivante, empruntée à l'écoulement des liquides. Supposons que la figure 179 représente la section en plan de conduites d'eau d'une construction particulière, et que les palettes qu'on voit dans les renflements de A et B soient

des turbines. Si de l'eau sous pression (représentant ici la force
électro-motrice du courant) est engagée dans la conduite au
point *b* de A, une partie s'écoulera par un des côtés de la turbine dans la conduite L, et l'autre partie par l'autre côté dans
la conduite AL, et si la section et la résistance à la friction de
ces deux conduites sont égales, la moitié de l'eau s'écoulera d'un
côté et l'autre moitié de l'autre. La turbine, sous des efforts

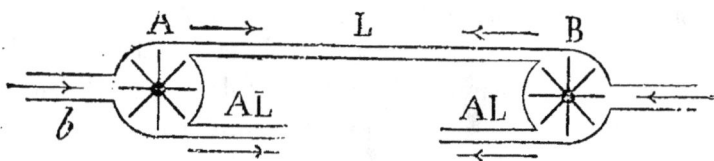

Fig. 179.

égaux et opposés, restera donc immobile. Mais le courant d'eau
qui passe par L pourrait faire tourner la turbine de B, si nous ne
supposions qu'un courant d'eau de même pression entre en B dans
les mêmes conditions qu'en A. Voyons donc ce qui va se passer.

Évidemment, le courant d'eau de A remplit le canal L, mais
dès que l'eau aura pénétré par B, ce courant d'eau sera arrêté,
l'eau se précipitera alors en A par l'issue AL et la turbine tour-
nera. Nous voyons donc que si nous pouvions, au moyen de ro-
binets, contrôler l'entrée ou l'arrêt de l'eau en B, nous pourrions contrôler le mouvement de la turbine en A et qu'au moyen
d'un jeu d'appareils semblables en A, la turbine de B pourrait,
elle aussi, être contrôlée en même temps.

La méthode de Duplex, telle que nous venons de l'exposer,
s'appelle *méthode différentielle*, parce que les appareils ont
leurs bobines de fil enroulées différentiellement, c'est-à-dire en
sens opposés, et de façon à pouvoir obtenir des combinaisons sur
chaque bobine séparément ou sur l'ensemble des deux bobines
en ajoutant ou en contrariant leur effet sur l'aiguille. Ces sortes
d'appareils sont très employés pour les épreuves électriques des
résistances de la ligne ou des piles et n'exigent pas une description détaillée.

Le pont de Wheatstone offre un autre moyen pratique de
faire de la télégraphie Duplex, en plaçant un appareil récepteur
ordinaire dans le pont de la balance connue sous ce nom. Il suffit de mettre les deux bornes de l'appareil à aiguille ordinaire

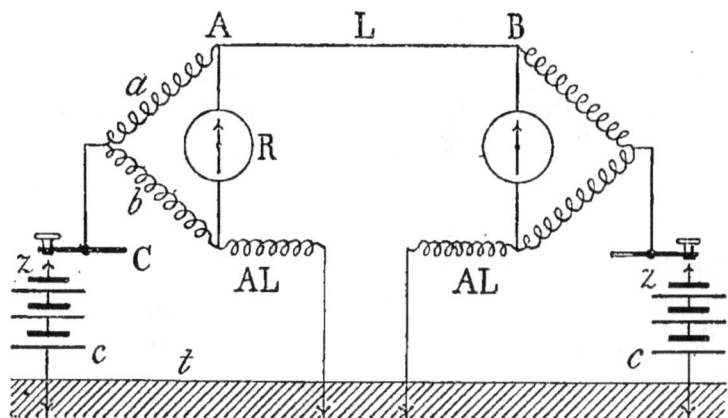

Fig. 180.

en contact avec la ligne réelle et la ligne artificielle (fig. 180).
Les branches qui partagent le courant sont ici tout à fait distinctes de l'appareil récepteur. Le restant des communications
est absolument le même que dans le cas précédent.

Le courant qui vient de la clef se partage : une partie passe
par la branche supérieure *a* et passe à la ligne *L* et à la terre,
à la station opposée; l'autre partie traverse la branche inférieure *b*, la ligne artificielle et se perd à la terre. Il est évident
que l'égalité des courants qui parcourent ces deux branches et
laissent l'aiguille aimantée de l'appareil immobile dépend uniquement de la parfaite égalité des branches *a* et *b*. En outre,
comme dans le cas précédent, la ligne artificielle doit être identique à la ligne réelle dans toutes ses conditions électriques. Les
mêmes phénomènes de transmission, que nous avons déjà décrits pour le cas précédent, s'appliquent également ici.

Pour définir le système Duplex, on peut donc dire qu'il consiste à transmettre deux dépêches simultanément entre deux

stations opposées unies par un seul fil. Il faut écarter l'idée que ces dépêches se croisent par le fil et sont communiquées en direction opposée. On a pu voir, par ce que nous avons dit plus haut, qu'il n'en est rien. La solution a été pratiquement et élégamment obtenue par l'agencement des connexions des appareils ordinaires, de telle manière que les courants qui produisent les signaux à chaque extrémité s'opposent l'un à l'autre en temps opportun. Le Duplex, ou tout système de Duplex, ne résulte donc que de l'agencement particulier de certains appareils connus depuis longtemps.

Nous avons vu qu'il était essentiel que la ligne artificielle fût équivalente à la ligne réelle dans tous ses effets sur le courant. Dans les lignes courtes, il suffit d'équilibrer la résistance du fil de ligne par une bobine de résistance de même valeur. Mais il n'en est pas de même pour les grandes lignes (celles qui dépassent, par exemple, 400 kilomètres), où les effets de l'induction entrent en jeu. Dans ce cas, il faut ajouter au circuit de la ligne artificielle des condensateurs ou d'autres appareils similaires produisant des charges soudaines d'électricité statique. Quand on charge une grande ligne d'électricité, l'action inductive de la terre y ajoute une charge statique, qui augmente au premier moment la charge dynamique due au courant de la pile. De la même manière, il se produit une décharge statique additionnelle, lorsqu'on décharge la ligne de son électricité dynamique. Ces charges et décharges statiques se manifestent dans l'appareil sous forme de courants instantanés, et elles produisent une vibration ou coup de fouet de l'indicateur de l'appareil récepteur, qui dénature le mouvement plus doux dû à l'écoulement normal des courants qui forment les signaux. Ces derniers sont donc dénaturés par cet effet, à moins qu'en donnant à la ligne artificielle une capacité statique équivalente à celle de la ligne réelle, on n'arrive à contrebalancer les vibrations dues à la charge de la ligne réelle par des effets semblables se produisant dans la ligne artificielle. Cette dernière

doit donc compenser en même temps les effets statique et dynamique dus aux courants.

Dans les câbles sous-marins, les effets de l'induction se
compliquent considérablement, et les coups de fouet dus à la
charge ont été longtemps un obstacle à l'introduction du Duplex
sur ces grands circuits. Il s'ajoute, aux effets de l'induction dans
les câbles, des causes de retardation et de modification du courant dans la longueur entière de la ligne, qu'il était difficile de
reproduire exactement dans la ligne artificielle. La combinaison
de condensateurs et de rhéostats, distribués uniformément, est
même insuffisante sur des lignes sous-marines de grande longueur. En effet, le courant doit non seulement traverser la
ligne artificielle dans le même temps qu'il parcourt la ligne
réelle, il doit aussi conserver, dans les deux circuits, la même
forme et la même grandeur, c'est-à-dire voyager d'un bout à
l'autre des deux circuits sous la même ondulation. La difficulté
de balancer un câble et une ligne artificielle augmente dans une
proportion plus rapide que celle de la longueur. L'importance
de ces phénomènes fut reconnue, dès 1855, par M. de Sauty,
qui employa à cette époque un condensateur pour compenser les
effets de l'induction, lors d'expériences qu'il fit entre Londres et
Birmingham, au moyen de la méthode différentielle de Frischen-
Siemens. M. Joseph Stearns, reprenant la question en 1868,
éprouva les mêmes difficultés et ne put les vaincre, sur les
grandes lignes du continent américain, qu'au moyen de condensateurs combinés aux résistances. Toutefois, sur les lignes terrestres, les appareils ne fonctionnent pas conformément à la
capacité des lignes; tandis que, sur les câbles, les appareils si
délicats de sir W. Thomson, le galvanomètre à miroir et le
recorder à siphon, qui sont d'un usage général, répondent à des
variations de courant bien plus faibles que celles qui sont nécessaires à la formation des signaux dans les appareils de la télégraphie aérienne. La balance du Duplex sur les lignes terrestres n'e-
xige pas, par conséquent, autant de délicatesse que dans les câbles.

Des expériences faites par le Dr Alexandre Muirhead et M. Herbert Taylor ont démontré que les courants pénètrent dans les câbles sous une forme vibratoire particulière, qui nécessite, dans la ligne artificielle, une imitation aussi parfaite que possible des phénomènes dus au courant, à l'origine même de ce circuit. Se basant sur ces expériences, M. John Muirhead prit, en octobre 1874, un brevet contenant les principes étudiés par son frère et par lui-même pour une ligne artificielle qui forme la base de leur système de Duplex appliqué aux câbles sous-marins. Depuis lors, ce système a été développé et appliqué par MM. Muirhead et Taylor. Tous les câbles de la compagnie de l'Eastern Telegraph, entre l'Angleterre, Marseille et Bombay, ont été *duplexés* par ce système. Il en a été de même pour le câble du « Direct United States ». Le premier câble ainsi « duplexé » fut le câble de Marseille à Bone, en 1875 ; le dernier a été celui de Vigo, cette année.

Le système comporte d'abord une ligne artificielle nouvelle ou modèle de câble, puis divers ajustements permettant de donner à l'origine de la ligne artificielle une égalité aussi grande que possible avec l'origine du câble ; la balance est aussi perfectionnée d'une manière générale. De même que le câble réel, la ligne artificielle forme un conducteur continu, de capacité uniforme dans toute sa longueur. On peut la désigner sous le nom de « résistance inductive ». On la forme en employant deux bandes de feuilles d'étain et en les superposant ; on place entre elles un séparateur formé de papier imbibé de paraffine. Une des bandes forme le circuit conducteur de la ligne artificielle ; l'autre est la partie inductive extérieure et communique à la terre. Ce mode de formation est indiqué dans la figure 181, qui représente une portion du câble artificiel. La bande conductrice est, comme on le voit, continue ; mais des boutons serre–fils R sont rattachés à des intervalles, où l'on fait intervenir des résistances. Les bandes, ou plutôt les groupes de bandes inductives, sont, bien entendu, détachées l'une de l'autre ; mais chaque

groupe est relié à un serre-fil spécial C, et la série de ces boutons est reliée à la terre. Chaque paire de boutons R, combinée
avec la capacité correspondante C opposée, forme ainsi un élé-

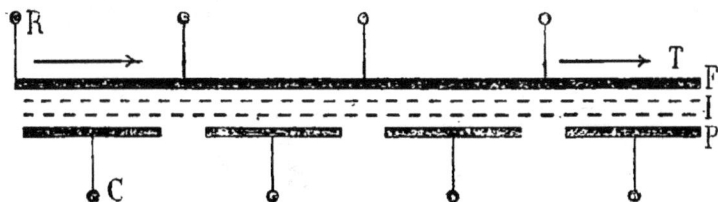

Fig. 181.

ment de série ou unité de ligne artificielle équivalant à environ
10 milles nautiques de câble. Ce mode de construction permet

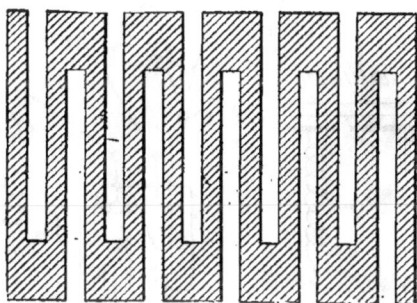

Fig. 181 bis.

d'obtenir un câble artificiel compact, possédant la même résistance conductrice par unité de capacité que le câble réel que l'on
veut « duplexer ».

Dans la figure 182, on trouvera l'arrangement des appareils
employés à Marseille pour duplexer le circuit de Marseille à
Malte. Tous les ajustements qui y sont introduits n'ont pas été
employés sur ce circuit, mais ils l'ont été sur d'autres dont
nous allons parler.

Le câble de Marseille à Malte est l'exemple le plus simple de
balance obtenue au moyen du système Muirhead. De Marseille,

le câble, qui a 826 milles nautiques de longueur, traverse la
Méditerranée jusqu'à Bone, avant de se diriger vers Malte dans
l'est. Le système consiste en une balance ou pont de Wheatstone combiné avec un câble artificiel, où beaucoup des plaques

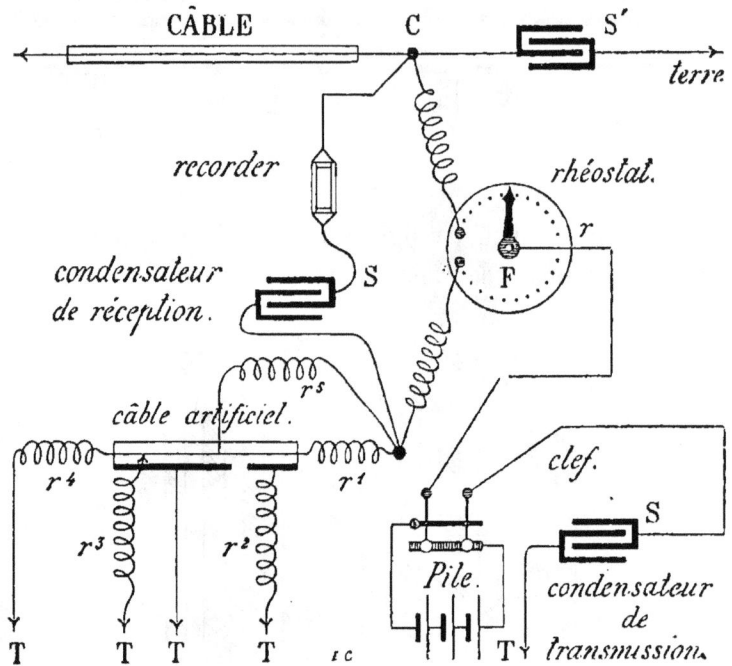

Fig. 182.

inductrices sont omises, le conducteur de la ligne artificielle
aboutissant à la terre à travers une résistance de 7 000 ohms.

Pour le câble d'Aden à Bombay, qui a 1817 milles nautiques,
la balance est établie à Aden avec $s = 1.23$ microfarad, $r = o$,
$r^2 = o$, $r^3 = 210,000$ à un point qui correspond à 250 milles
d'Aden dans le câble artificiel; r^1 et $r^5 =$ infinité. La proportion de la ligne artificielle à la ligne réelle est dans le rapport
de 3 à 4, et les résistances des fléaux de la balance sont respectivement 2 000 et 2 030. La résistance totale de la ligne
réelle est de 11 827 ohms, et sa capacité 656 microfarads.

Ces deux câbles fonctionnent au moyen du recorder à siphon de sir W. Thomson, qui, bien qu'extrêmement délicat,
offre toutefois plus de facilité que le galvanomètre à miroir pour
l'établissement de la balance. Comme on le sait, la succession
rapide des courants dans un câble donne lieu à des ondulations
lentes provenant des ondes électriques qui se forment dans la
ligne, et par-dessus lesquelles s'élèvent une série de signaux
individuels, qui chevauchent comme les moutons au-dessus des
grandes vagues de la mer. La bobine du recorder est moins
sensible que le miroir ou le galvanomètre à ces ondulations
lentes, et le zéro du recorder est moins aisément affecté que
celui du miroir par ce motif. Dans le miroir, les mouvements
du zéro se confondent aisément avec les signaux, parce que le
spot, ou aiguille lumineuse, se meut toujours en droite ligne,
à gauche et à droite de l'échelle; tandis qu'au recorder, le déplacement du zéro est transversal à la direction des signaux sur
la bande. En outre, au miroir, les signaux sont fugitifs et échappent à l'œil en un moment; tandis qu'au recorder, les signaux
sont enregistrés d'une façon permanente, qui permet de les dé-
chiffrer à loisir. La balance avec le miroir exige donc une ligne
artificielle plus compliquée qu'avec le recorder.

Il a fallu toutefois employer le miroir sur le câble du *Direct
United States* entre Ballinskeligs-Bay, en Irlande, et Torbay,
dans la Nouvelle-Écosse. Ce câble est le plus long qu'on ait
encore duplexé (2 423 milles nautiques), et c'est le premier
câble de l'Atlantique auquel on ait appliqué le Duplex. La vitesse
des transmissions est de 100 lettres par minute de chaque côté,
soit un total de 45 mots par minute. L'expérience prouve, en
effet, que le Duplex double pratiquement la capacité et la valeur
commerciale des câbles, et la compagnie de l'*Eastern Telegraph*,
grâce à l'énergique volonté de son directeur général, sir James
Anderson, s'est assuré, dès 1876, le bénéfice d'un système qui,
tout en augmentant considérablement la vitesse des transmissions, a accru ses recettes d'une façon très satisfaisante.

Le *quadruplex* consiste à duplexer un système qui permet d'envoyer deux dépêches en même temps dans la même direction. M. Stark, de Vienne, avait résolu ce problème dès 1855, et au moyen de deux piles et de deux clefs convenablement disposées, il obtenait sur les deux relais de la station de réception un effet différentiel de magnétisme qui permettait de maintenir deux communications indépendantes dans le même sens. Nous ne décrirons pas plus au long ce système, ou celui de M. Gerrit Smith qui est analogue, et que MM. Muirhead et Winter sont parvenus à duplexer de manière à former un quadruplex qui fonctionne pratiquement bien. D'autres systèmes de quadruplex, de l'inven-

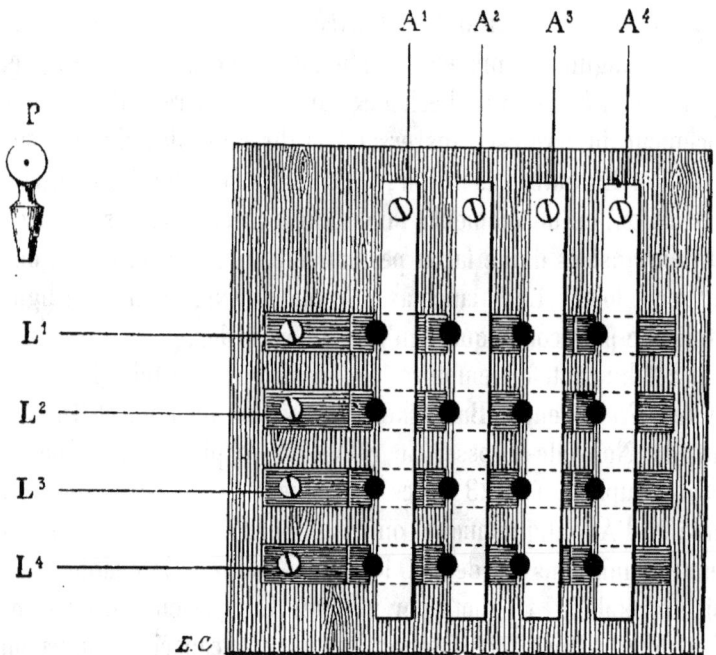

Fig. 183.

tion de MM. Prescott et Edison, fonctionnent en Amérique sur soixante circuits de la *Western Union Telegraph Company* qui les a adoptés depuis 1874. De grands efforts sont faits en

Angleterre et en France pour rattraper, dans cette direction, l'avance que la jeune Amérique sait toujours prendre sur la vieille Europe.

Appareils accessoires. — Ce genre d'appareils abonde dans les stations télégraphiques, et nous ne pourrions en décrire ici toute la nomenclature. En général les fils de ligne arrivent dans le poste par un distributeur ou commutateur du genre de celui que représente la figure 183. Ce commutateur est formé de tiges plates en cuivre qui se croisent à angle droit; des ouvertures circulaires sont ménagées aux points d'entre-croisement et permettent, au moyen de fiches P, d'établir une communication entre les tiges supérieures et inférieures. Ces fiches doivent s'ajuster fortement, par le haut et par le bas, afin d'assurer les communications. On comprend que les quatre fils de ligne L^1, L^2, L^3 et L^4, qui aboutissent aux tiges inférieures de notre appareil, peuvent être placés à volonté sur un des quatre appareils A^1, A^2, A^3, A^4, dont les fils de communication aboutissent aux tiges supérieures du commutateur. Des appareils du même genre sont utilisés pour la distribution des fils de la pile, et un des boutons de communication est en général réservé à un fil qui met la ligne directement à la terre, en cas d'orage.

Plaques de terre. — Les fils de terre exigent des soins particuliers dans une station télégraphique; on comprend qu'une mauvaise terre puisse causer des embarras dans l'exploitation. Quand le sol avoisinant est humide, il suffit d'y enfouir une large plaque de métal qu'on relie au poste au moyen d'un cordage en fils de fer. Si le sol est très sec, il faut prendre la terre dans un puits ou même dans une rivière avoisinante. Il y a des cas où l'on est forcé de conduire le fil de terre très loin pour y trouver un sol approprié. Dans l'île de Saint-Pierre Miquelon il a été nécessaire d'aller chercher la terre à quelque distance en mer. Les moyens ordinaires étaient insuffisants, et l'appareil à miroir d'une station (celle du câble de Brest) enregistrait les signaux Morse du câble d'Amérique appartenant à une compagnie différente par une induction résultant de la sécheresse générale du sol de l'île.

Dans les stations où existent des câbles sous-marins, on ne peut choisir un meilleur fil de terre qu'un de ceux qui forment la carapace ou armature des câbles. Ces fils sont, en effet, en contact immédiat avec la terre et la mer sur tout leur parcours, et forment pour ainsi dire un fil de retour aux courants. Dans les gares de chemins de fer, les rails fournissent une excellente communication pour le fil de terre.

Paratonnerres. — Les effets de l'orage et de l'électricité atmosphérique sur les appareils télégraphiques seraient parfois destructeurs, si on ne les protégeait contre la foudre au moyen de paratonnerres. Les câbles demandent une protection du même genre; les décharges atmosphériques ne pouvant trouver un écoulement suffisant et assez prompt dans ces conducteurs, l'enveloppe isolante qui contient le courant serait transpercée par ces décharges, si l'on ne trouvait un moyen de les détourner. Les paratonnerres ont tous en vue de faire passer à la terre les courants d'électricité atmosphérique ou statique, afin de préserver les appareils et les câbles des effets désastreux que cette électricité pourrait produire.

Le système le plus simple est celui qu'on emploie en Belgique et en Allemagne, et qu'avait imaginé Steinheil. Il a été depuis perfectionné par MM. Siemens, et consiste uniquement en deux plaques métalliques superposées, appliquées sur une planchette et isolées l'une de l'autre aux quatre coins par des feuillets d'ébonite. Une mince couche d'air sépare donc les deux plaques l'une de l'autre; la plaque supérieure forme partie du circuit du fil de ligne, et la plaque inférieure communique avec la terre. La figure 184 donne une vue perspective de ce paratonnerre, qu'on emploie beaucoup dans les compagnies de télégraphie sous-marine. Sur la plaque de fonte *a*, qui est la plaque de terre, sont placées deux plus petites plaques de même métal, mais sans faire contact avec la plaque inférieure. Ces plaques ont des écrous pour fixer les fils. Aux bornes f, f', sont fixées les lignes souterraines ; aux bornes F, F', les lignes sous-marines.

Enfin, à la borne g est fixé le fil de terre. Les plaques supé-rieures sont maintenues en place par des fiches c, c, et les bou-tons d, d, sur la plaque de terre.

Ces boutons et ces fiches sont recouverts d'ébonite afin d'éviter les contacts. L'électricité atmosphérique, en arrivant par la ligne

Fig. 184.

souterraine, s'élance sur la plaque de terre qui offre moins de résistance, et s'y écoule sans atteindre le câble. Pour faciliter cet écoulement, les plaques sont finement striées, les unes lon-gitudinalement, et l'autre verticalement, de façon à former des points croisés qui se rencontrent à une distance d'un quart de millimètre et agissent comme des pointes.

La foudre a pour effet de fondre les fils très fins qui s'op-posent par leur grande résistance à son prompt passage. C'est précisément contre ces effets que l'on cherche à protéger les fils fins des appareils télégraphiques. Se basant sur ces effets, sir Charles Bright a imaginé un paratonnerre à fils fins et à pointes, qui a été imité bien des fois depuis, mais qui a l'avantage de maintenir la ligne en communication après que les effets de la foudre ont détruit un des fils par la fusion.

La figure 185 représente ce paratonnerre. Une série de fils ténus sont tendus entre deux montants métalliques d'ailleurs chargés de pointes. Deux autres montants amènent à proximité une autre série de pointes, et ces derniers sont en communication avec la terre E. Le fil de ligne L est en communication

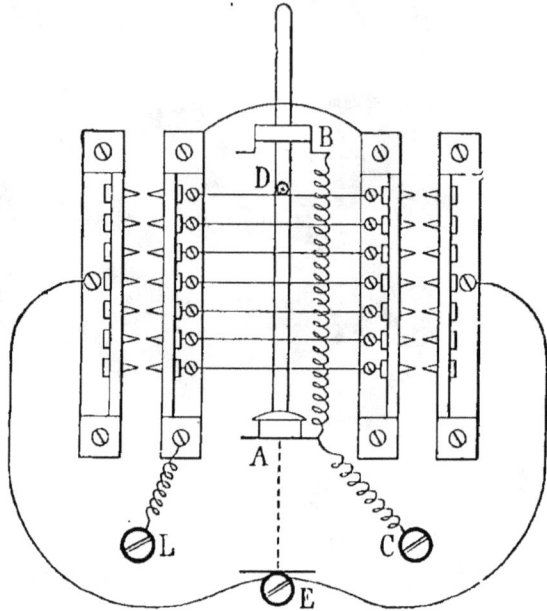

Fig. 185.

avec le montant de gauche, et l'appareil communique par le point C avec la tige mobile A, qui glisse dans le guide B. Si une décharge d'électricité atmosphérique fait fondre le premier fil métallique, la tige AB descend par son propre poids, et, arrêtée par la goupille D, elle vient en contact avec le second fil; la communication par la ligne n'est donc pas interrompue, et la disposition primitive étant rétablie, l'appareil reste comme avant protégé contre les effets de la foudre. Tant que les fils tendus n'ont pas été successivement brûlés par l'électricité atmosphérique, le paratonnerre laisse passer les courants de ligne; quand le dernier fil a été détruit, les points A et E venant en contact, la ligne est mise à la terre, et il devient nécessaire de renouveler la provision des fils métalliques fins de l'appareil. Ce paratonnerre est avantageux, en ce sens qu'il peut fonctionner longtemps sans recevoir aucune attention, et qu'il assure toujours l'intégrité de l'appareil ou du câble qu'il sert à protéger.

CHAPITRE VI

DÉRANGEMENTS, FAUTES.

Galvanomètre à miroir, boîtes de résistances.

Il n'est rien que l'homme ne tente.
La foudre craint cet oiseleur.
V. HUGO.

Les dérangements qui se produisent dans les postes télégraphiques sont faciles à reconnaître, et les employés expérimentés ne s'y trompent jamais. Leur connaissance intime des connexions, de la marche du courant, etc., les renseigne promptement sur l'origine et la cause du dérangement. Les appareils de transmission et de réception sont d'ailleurs toujours accompagnés d'une boussole qui indique l'entrée et la sortie des courants, et qui permet de vérifier si la faute est dans le poste ou sur la ligne. En général, si cette boussole n'est pas déviée lorsque le courant est présumé lancé sur la ligne, le défaut se trouve à la pile ou dans la boussole elle-même, ou bien encore dans les fils de secours du poste. Les dérangements d'appareil sont rares dans un poste bien tenu.

Le réglage des appareils compliqués se fait généralement par le chef de service, et les employés subalternes assument rarement une responsabilité qui peut retarder les communications.

Pour ce qui concerne le dehors, tout empêchement des communications par la ligne résulte d'un dérangement. Ces fautes sont dues : soit 1° à un mauvais isolement; soit 2° à une résistance excessive de la ligne provenant d'une mauvaise jointure ou même d'une solution de continuité du conducteur de la ligne;

soit enfin 3° à un contact de deux fils voisins produisant une confusion dans les communications séparées de ces fils.

Le mauvais isolement des lignes aériennes est généralement dû à des isolateurs fendus, salis par la fumée des manufactures ou des grands centres, ou bien encore à un contact des fils avec des arbres ou tout autre objet conduisant à la terre. Avec de mauvais isolateurs, la faute peut s'étendre sur une portion importante de la ligne, tandis qu'un contact du fil avec un conducteur ne se produit guère qu'à un ou plusieurs points isolés. En tout cas, on peut évaluer l'importance de la perte par des mesures électriques, et si le point fautif est unique, on détermine aisément sa position. Dans les conducteurs sous-marins, le mauvais isolement ne peut provenir que d'une perte du courant du conducteur à la mer à travers un ou plusieurs points de la matière isolante. La seconde condition (résistance excessive ou manque de continuité du conducteur) implique une rupture du fil conducteur, soit dans la ligne, soit dans les fils de secours du poste, soit même dans le fil de terre. Dans beaucoup de cas, on peut déterminer le point de rupture du fil de ligne. Le plus souvent la rupture de ce fil entraîne la perte du courant à la terre, car dans les lignes aériennes le fil tombe à terre; fréquemment aussi la rupture du conducteur d'un câble provient d'une cause mécanique ayant occasionné la rupture du câble lui-même. La troisième condition (contacts) est très fréquente sur les lignes aériennes. Quand le contact est métallique, la position de la faute est facile à déterminer.

Les épreuves qui indiquent la position des dérangements télégraphiques se font toujours au moyen de galvanomètres délicats. Ces fautes sont plus faciles à trouver sur les câbles que sur les lignes aériennes, parce que l'isolement de la partie non endommagée du câble est en général meilleur. Dans une ligne aérienne, plusieurs dérangements peuvent se produire simultanément, ce qui rend les résultats plus incertains et presque toujours inexacts. La surveillance continuelle qui s'exerce sur les lignes aériennes permet de relever promptement les défauts apparents, et compense l'incertitude des résultats.

Voici quels sont les appareils employés dans les épreuves qui permettent de localiser les dérangements. Ces épreuves s'appliquent spécialement aux lignes sous-marines, mais elles sont pareillement applicables aux lignes aériennes.

La figure 186 représente le galvanomètre à miroir qui sert

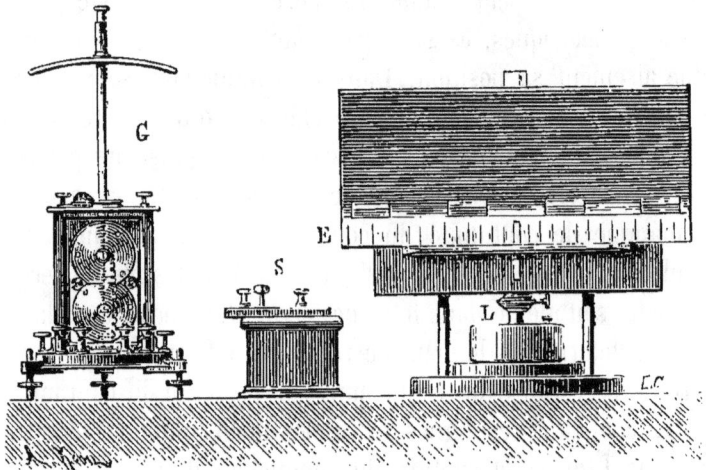

Fig. 186.

généralement à ces épreuves. Voici en quelques mots sa description :

Cet appareil se compose de deux bobines circulaires superposées et formées chacune de deux cadres en cuivre diamagnétique et s'ajustant de façon à laisser une rainure dans leur axe vertical, ainsi qu'un espace cylindrique dans leurs centres. Sur ces bobines s'enroule un fil de cuivre ou d'alliage d'argent très fin et recouvert de soie. — L'aimant est très-petit et excessivement léger, et fixé au dos d'un petit miroir circulaire, dont la réflexion devra pouvoir traverser l'espace cylindrique réservé dans la bobine supérieure. Le poids combiné du miroir et de l'aimant n'atteint pas 12 milligrammes. Ils sont fixés à une légère tige d'aluminium, qui se prolonge jusqu'au centre de la bobine inférieure, et supporte, dans le plan du miroir, un second petit aimant dont les pôles sont disposés astatiquement au premier.

Perpendiculairement à cet aimant, et dans l'axe horizontal de la bobine inférieure, sont fixées deux lames en mica, dont les ailes opposent leur résistance à l'air lorsqu'une déviation se produit.

La tige d'aluminium supportant l'ensemble du système, est suspendue à la partie supérieure de l'appareil, par une fibre très fine de soie, et, grâce à la rainure verticale ménagée dans les bobines, cette tige peut passer par le centre de gravité de l'appareil. Des vis calantes placées dans le plateau de support, permettent de le poser de niveau, afin que le système des aiguilles puisse se mouvoir librement, suivant l'axe vertical. Un niveau à bulle d'air est fixé dans le support.

Les rayons réfléchis sont concentrés en un foyer par une lentille concave, ou bien encore par la concavité du petit miroir

Un aimant courbe, fixé sur une tige en cuivre qui domine la cage de l'appareil, contrebalance le magnétisme terrestre, et peut glisser le long de cette tige de manière à augmenter ou diminuer à volonté la constante de sensibilité du galvanomètre. Cette tige est munie d'une roue dentée, s'engrenant sur une vis sans fin, qui permet de tourner graduellement l'aimant dans le même plan, et d'ajuster parfaitement le zéro.

Il convient d'orienter le galvanomètre perpendiculairement à l'axe du méridien magnétique.

Une lampe, placée à environ 75 centimètres de distance, projette un rayon de lumière sur le miroir à travers une ouverture verticale ménagée dans le centre de l'échelle graduée, derrière laquelle elle est placée. Le miroir réfléchit et concentre ce rayon en un foyer représentant l'image de la flamme sur une échelle ho-

rizontale et graduée. Cette image voyage à droite et à gauche de
l'échelle, suivant les déviations de l'aiguille aimantée ; et comme
l'angle dans lequel elle se meut est double de celui dans lequel
se meut le miroir, l'index de ce galvanomètre correspond à une
aiguille lumineuse impondérable de 1^m.50 de longueur. Cette
dimension de l'index permet la perception des plus légers
mouvements du miroir et de l'aiguille ; en outre, grâce au très
faible espace angulaire suffisant pour que l'image réfléchie traverse l'échelle entière, les déviations de l'index peuvent être considérées comme strictement proportionnelles aux courants qui
les produisent, et les divisions de l'échelle représentent exactement la force du courant.

Cet appareil est non seulement très exact, mais il est aussi
d'un emploi facile et d'une rare commodité dans les épreuves déli-
cates auxquelles la matière isolante des câbles est parfois sou-

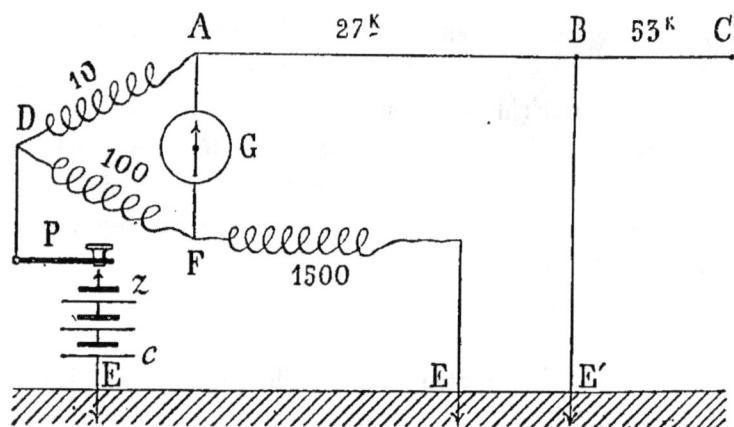

Fig. 187.

mise. Son adoption est pour ainsi dire générale maintenant, pour
les épreuves électriques auxquelles les câbles sont soumis.

Supposons maintenant qu'un conducteur, autrement bien isolé,
contienne une faute au point B distant de la station A (fig.
187) Si le contact de B à la terre est parfait et n'offre aucune

résistance sensible, il suffira de mesurer la résistance de la longueur AB et de diviser cette résistance par celle de l'unité de longueur, pour déterminer la grandeur de AB. Cette mesure peut se faire au moyen du pont de Wheatstone, comme le montre la figure. DA et DF sont les deux branches de la balance, FE est une boîte contenant des résistances variables et ajustables (nous

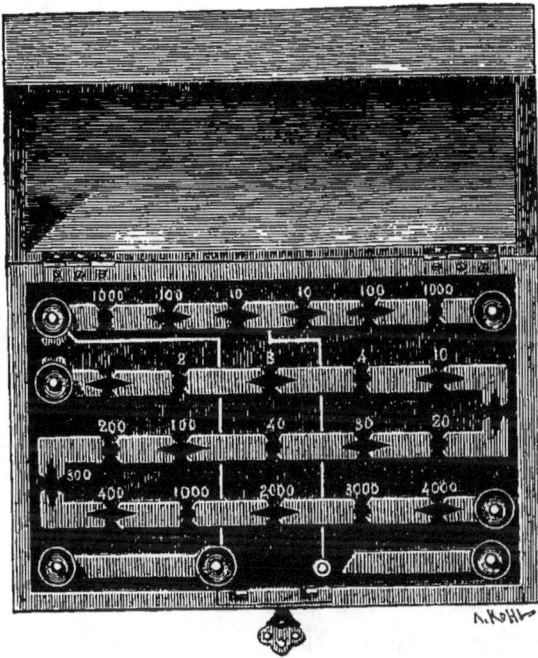

Fig. 188.

donnons dans la figure 188 une des formes de ces boîtes), et ZC la pile qu'on peut mettre en communication avec le système au moyen de la clef P. Si AD est le dixième de DF, et que les fiches enlevées de la boîte entre F et E représentent 1 500 unités lorsque le galvanomètre G revient à zéro, quand le circuit est complet, alors ABE' a une résistance de 150 unités ; et si la ligne a une résistance de 5 unités par kilomètre, la faute B est à 30 kilomètres de A. — Il convient d'isoler l'autre bout de la ligne en C pendant cette épreuve. On peut toujours s'assurer si la résistance BE′ est nulle ou non, en répétant l'expérience à partir de la station C. Si, par cette seconde épreuve, nous obtenons une distance BC telle qu'ajoutée à AB nous obtenions la longueur totale exacte de A en C, la portion BE′ du circuit ne peut avoir aucune résistance. Si, au contraire, la somme des mesures dépasse la longueur AC, l'excès est dû à la résistance de la faute. Nous avons, en effet, mesuré dans un cas AB+BE′ et dans le second BC + BE′; la somme des deux mesures excède donc la résistance de AC du double de la résistance de la faute. Supposons la ligne longue de 80 kilomètres, la résistance AC sera de 400 unités. Si la faute n'a point de résistance en B, la mesure de C à B serait 400 — 150, ou 250 unités.

Mais cette faute a une résistance qu'il faut tâcher d'éliminer. Or, la résistance de C à E′ est égale à 280 unités; donc

$$AB = \frac{(400 + 150) - 280}{2} = 135$$

$$\text{et } BC = \frac{(400 + 280) - 150}{2} = 265$$

chacune de ces quantités divisées par 5 indique que la faute est à 27 kilomètres de A et à 53 kilomètres de C.

Cette méthode serait parfaite si la résistance de la faute était réellement constante et si elle ne variait pas durant l'épreuve; mais ces fautes varient considérablement, surtout pendant l'épreuve, par suite de la polarisation due aux effets de la pile; il en résulte que, excepté dans le cas de fautes très grandes ayant une faible résistance, cette méthode est défectueuse.

Il y en a d'autres plus précises, mais il suffira à nos lecteurs de connaître celle que que nous venons de décrire.

Les fautes d'isolement dans les lignes sous-marines sont dues en général à une perforation de la gutta-percha. Ce trou s'élargit graduellement sous l'influence du courant, bien que la polarisation à la faute semble la boucher pour un temps. Les courants rapidement renversés d'une pile de 100 éléments ou plus, tendent à ouvrir la faute jusqu'à rendre sa résistance insignifiante. Un courant cuivre qui va de la faute à la mer paraît la boucher mieux que le courant zinc. Il détermine un dépôt de chlorure de cuivre et d'oxygène, tandis que le courant zinc détermine un dégagement d'hydrogène et un dépôt de sel. Les bulles de gaz formées sous une aussi grande pression crèvent, avec le temps, et le dégagement des gaz élargit temporairement la faute. Quand cela se produit sous l'influence du courant négatif, il n'en résulte qu'un peu d'élargissement de la fissure ; mais par le courant positif le conducteur cuivre est rongé graduellement, et il en résulte fréquemment une solution de continuité dans le conducteur. Rien n'avertit de cette terminaison fatale, car tant qu'il reste la plus légère trace de métal, la résistance de la ligne ne diminue pas. Les employés préfèrent, dans ce cas, employer le courant positif, parce que les signaux sont meilleurs, les courants sont aussi plus forts et moins susceptibles de s'altérer sous l'effet des variations de la faute. Cette pratique est toutefois répréhensible, et un câble fautif ne devrait fonctionner qu'avec des courants négatifs. Il est parfaitement possible d'utiliser une ligne fautive tant que le conducteur reste continu.

Parfois les fautes de ce genre sont produites par la présence d'un corps étranger dans la matière isolante. Quand un morceau de zinc provenant de la galvanisation, ou un fil brisé, met en communication le fil conducteur avec l'armature extérieure, il se produit une faute dont la résistance est à peu près nulle, et on reconnaît aisément sa nature par l'absence de polarisation.

Une faute de la seconde catégorie (défaut de continuité) peut facilement se combiner avec celle de la première; ainsi la ligne peut non seulement être rompue, mais aussi en contact plus ou moins parfait avec la terre à la fracture. Dans ce cas, il est impossible d'opérer simultanément des deux extrémités. On peut seulement alors mesurer la résistance de chaque section de

câble et présumer, suivant la polarisation, quelle est la fraction
de la résistance totale observée qui peut être attribuée à la
faute elle-même. On peut sûrement, dans ce cas, fixer une distance maximum au delà de laquelle la faute ne peut exister.
Avec le minima de polarisation, le fil de cuivre dénudé d'un
câble brisé, donne d'habitude une résistance égale à plusieurs
milles du fil conducteur.

Les fautes de cette catégorie se présentent encore souvent
sous forme de solution de continuité du conducteur avec un bon
isolement à la fracture. Dans un câble sous-marin, la distance
de ces fautes peut se mesurer très exactement par la recherche
de la capacité de la portion de ligne allant de la côte au point
de fracture. La capacité par unité de longueur étant connue,
cette épreuve détermine la distance avec une grande exactitude.
Il n'est guère possible d'appliquer cette vérification sur les
lignes aériennes, où l'isolement est rarement suffisamment bon
pour donner des résultats exacts.

Les fautes de la troisième catégorie (contact de deux conducteurs voisins) peuvent facilement se relever si le contact est local et n'offre qu'une faible résistance. Dans ce cas, on mesure
la résistance de la boucle produite par ce contact, et la moitié
de cette résistance correspond évidemment à la distance de la
station à la faute.

CHAPITRE VII

APPLICATIONS DIVERSES DE LA TÉLÉGRAPHIE.

Applications du télégraphe aux chemins de fer. — Aux incendies. — Aux
armées en campagne. — Au service météorologique et à la prévision du
temps. — A la pêche. — Au service judiciaire. — Aux sémaphores. —
Stations flottantes.

> Le progrès, reliant entre elles ses conquêtes,
> Gagne un point après l'autre, et court contagieux.
> De cet obscur amas prodigieux
> Qu'aucun regard n'embrasse et qu'aucun mot ne nomme,
> Tu nais plus frissonnant que l'aigle, esprit de l'homme.
>
> V. Hugo.

Née avec les chemins de fer, la télégraphie en a facilité l'exploitation, et l'on conçoit difficilement qu'on puisse faire fonctionner convenablement les voies ferrées sans le télégraphe. Les
appareils qu'on emploie à la transmission des ordres, le long
de la ligne, sont absolument semblables à ceux qu'emploie
l'État dans l'exploitation de son réseau. Longtemps, on s'est
servi entre les gares de l'appareil de M. Bréguet, qui indique
les lettres de l'alphabet sur un cadran et qui, par cela même,
est désigné sous le nom d'*appareil à cadran*. Mais, depuis
quelque temps, les compagnies ont introduit le Morse sur leurs
lignes; les employés des gares consacrent, chaque jour, une
partie de leur temps à l'étude de cet appareil, qui aura bientôt
remplacé complètement l'appareil à cadran.

Mais ce n'est pas de ces télégraphes que nous voulons parler
en ce moment. La sécurité de la voie exige autre chose que
ces communications, et ce sont les signaux sémaphoriques vi-

sibles pour tous, au dehors, qui ont surtout pour but de donner une confiance absolue aux chefs de gare et aux mécaniciens qui exploitent la voie.

Sur les chemins de fer à deux voies, les trains vont, sur chacune d'elles, toujours dans le même sens; la voie montante se trouvant à gauche et la voie descendante à droite. Les trains ne peuvent d'ailleurs se rencontrer que par suite d'arrêt ou de ralentissement de celui qui précède, et, dès qu'un train s'arrête (quelles que puissent être la cause et la durée de l'arrêt), un agent de la voie ou le chef de train lui-même doit aller à une distance d'au moins 700 mètres pour couvrir la voie, au moyen des signaux d'arrêt convenus, afin que les trains qui suivent puissent s'arrêter à temps. Ces signaux, bien connus, consistent en un drapeau rouge, pendant le jour, et en un feu rouge, pendant la nuit. Quand le brouillard est assez intense pour cacher ces signaux, on place sur les rails des pétards que les roues de la locomotive font éclater.

Les agents de la voie, cantonniers, garde-barrières, etc., ont d'ailleurs pour instruction d'arrêter, au moyen des mêmes signaux, les trains qui en suivent un autre de trop près, afin que l'intervalle soit toujours suffisant pour prévenir tout accident.

Aux stations, aux croisements et enfin à tous les endroits qui peuvent offrir quelque danger, comme à l'entrée des tunnels et aux lieux de stationnement des agents, on a des signaux d'arrêt plus complets; ils consistent ordinairement en un grand disque (fig. 189) placé à côté de la voie, qu'on fait tourner sur lui-même au moyen d'un levier.

Tout train doit s'arrêter quand le plan du disque est perpendiculaire aux rails; car alors la voie est couverte. Il peut passer, au contraire, quand le plan du disque est parallèle aux rails. Ces disques sont assez grands pour être facilement vus par les mécaniciens à leur passage, même par les plus mauvais temps; ordinairement on les aperçoit à une grande distance.

Pendant la nuit, une lanterne est pendue au disque et pré-

sente une de ses faces à verre rouge dans la direction des trains
quand le disque est fermé, c'est-à-dire perpendiculaire aux rails.

Les disques sont placés à une certaine distance des gares ou
des points d'arrêt qu'ils doivent couvrir, afin que les mécaniciens aient le temps de pouvoir arrêter le train, s'il y a lieu, en

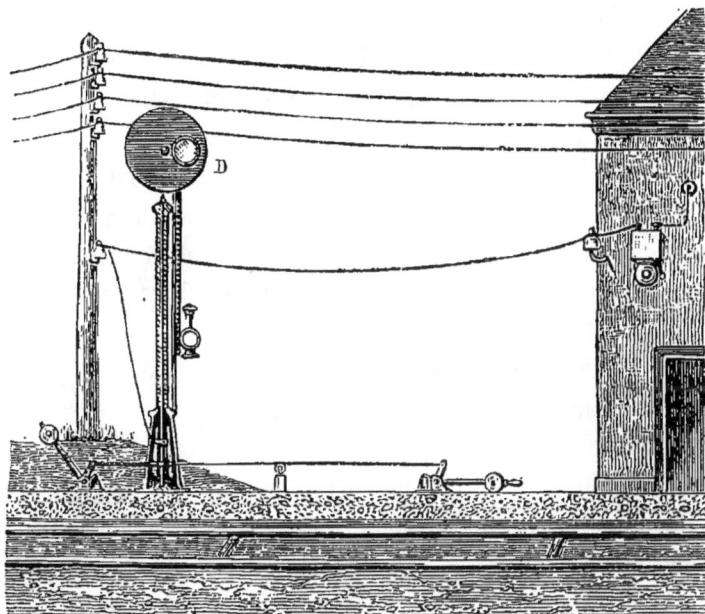

Fig. 189.

commençant à ralentir au moment où ils passent près du disque ;
cette distance varie de 500 à 800 mètres. C'est à l'aide d'un
levier de manœuvre, de poulies de renvoi et d'un fil métallique
que les disques sont mis en mouvement.

Les disques ne sont pas toujours vus du point où stationne
l'agent chargé de les faire mouvoir. Afin que ce dernier puisse
être assuré que le signal d'arrêt a été produit, on installait autrefois, auprès du levier de manœuvre, un petit répétiteur mû par
le disque lui-même.

Le répétiteur a, depuis longtemps, été remplacé, et avec avantage, par une sonnerie électrique. Le disque porte un levier ho-

rizontal, qu'il entraîne en tournant ; quand il est perpendiculaire aux rails, c'est-à-dire quand la voie est couverte, ce bras touche une pièce métallique fixe placée en face. Le contact ferme le circuit d'une pile électrique par l'intermédiaire d'une sonnerie à trembleur, qui est placée, soit près du levier de manœuvre, soit dans la station même, à côté du bureau du chef de gare. Un fil conducteur réunit donc la pile et la sonnerie au disque ; le fil de retour est remplacé par une communication avec les rails.

Le circuit ne pouvant être fermé qu'au moment où le disque est normal à la voie, on est certain qu'elle est couverte toutes les fois que la sonnerie fonctionne, et chaque employé de la gare, de même que les voyageurs d'un train qui stationne, peuvent l'entendre.

Si la sonnerie ne marche pas, le disque est ouvert, à moins qu'un accident quelconque, rupture du fil conducteur, dérangement dans la pile, n'empêche le jeu de l'appareil ; dans ce cas, si le levier du disque a été manœuvré pour l'arrêt, on doit envoyer un agent faire des signaux et réparer le dérangement.

Pendant la nuit, le jeu de la sonnerie indique bien que le disque est fermé ; mais il peut arriver que la lumière soit éteinte, et, par suite, que le signal soit invisible pour les mécaniciens. Cet accident est très rare ; on a proposé d'y remédier en faisant traverser au courant une tige de platine placée au-dessus de la flamme de la lampe et venant toucher, quand elle s'allonge sous l'effet de la dilatation, un contact placé vis-à-vis ; le jeu de la sonnerie indiquerait non seulement que la manœuvre du disque a été faite, mais encore que la tige de platine est dilatée et, par suite, que la lumière est allumée.

Ces signaux d'arrêt sont parfaitement suffisants sur les chemins de fer à deux voies et sont indépendants du télégraphe, dont le rôle est tout différent.

Sur les chemins de fer à une seule voie, on a adopté, depuis quelques années, le système allemand de signaux électriques à cloches, qui servent à annoncer simultanément au personnel de deux gares consécutives et aux agents de la voie répartis entre ces deux gares : — 1º Le départ de chaque train, en distinguant les trains impairs des trains pairs ; — 2º Les demandes de secours ; — 3º La nécessité d'arrêter immédiatement tous les trains ; — 4º Les wagons marchant en dérive.

Sur la ligne des Arcs à Vintimille et sur celle de Culoz à Modane, à l'exception des gares *terminus,* chaque gare est munie de deux appareils à cloche, placés chacun à l'une des deux extrémités du bâtiment de la gare, du côté du trottoir. Les gares *terminus* ne possèdent qu'un seul appareil à cloche.

Un courant électrique permanent circule entre chaque groupe de deux gares consécutives, en passant par les postes répartis le long de la voie, notamment dans les maisons des garde-barrières. En interrompant et en rétablissant ensuite dans un poste quelconque le courant électrique, on met simultanément en mouvement, dans ce poste et

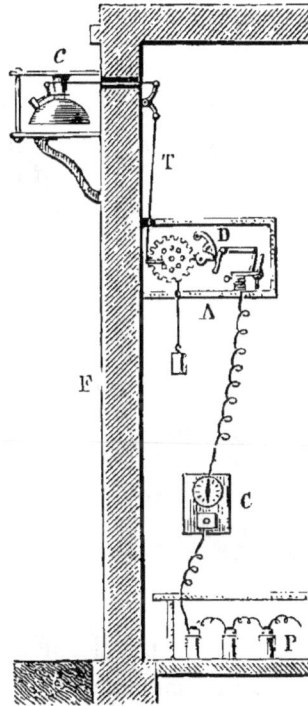

Fig. 190.

dans chacun des autres, un marteau qui frappe une fois la cloche correspondante.

Les appareils des gares se composent d'un fort timbre (cloche), dont le marteau est relié à un électro-aimant au moyen de leviers et d'une tringle convenablement disposés (fig. 190).

Ces leviers reçoivent leur mouvement d'un système de rouages A, entraîné par un contre-poids et obéissant à l'action intermittente d'un déclanchement commandé par l'interruption de l'action du courant sur l'électro-aimant.

Le levier oscillant précité reçoit l'action successive de mannetons portés par une roue à engrenage; à chaque action d'un de ces mannetons correspond un déplacement de la tringle et du marteau, et par suite un coup de cloche. A l'état de repos, l'électro-aimant est sur contact. Lorsqu'on interrompt le courant, la palette qui commande le déclanchement s'éloigne de l'électro-aimant, et lorsqu'on rétablit le courant, l'engrenage effectue la course d'un manneton à l'autre et agit sur le levier de la tringle du marteau; la palette revient ensuite au contact de l'électro-aimant, et il faut interrompre puis rétablir de nouveau le courant pour obtenir un nouveau coup de cloche.

Les interruptions sont obtenues au moyen d'un commutateur à bouton placé sur le fil reliant l'appareil à la pile électrique,

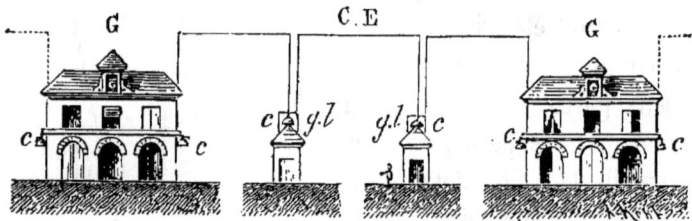

Fig. 191.

bouton sur lequel il suffit d'appuyer le doigt pendant une seconde. Ce commutateur est muni d'une boussole indiquant le passage ou l'interruption du courant.

Les appareils placés le long de la ligne consistent en un fort timbre placé sur les maisons des gardes ou sur des guérites (fig. 191) et relié à un électro-aimant, comme dans les appareils de gare, au moyen de leviers enclanchés avec des rouages qui sont entraînés par un contre-poids toutes les fois que l'on interrompt et que l'on rétablit ensuite le courant. Seulement, dans les appareils de ligne, le fil enveloppant l'électro-aimant est relié avec le fil de ligne dans les deux directions.

En faisant varier le nombre des coups de cloche et la durée de l'intervalle qui les sépare, on produit des signaux tout à fait distincts. En désignant les coups de cloche par des points, et les intervalles séparant deux groupes consécutifs de coups de cloche par des traits, on obtient une représentation graphique des signaux. Ainsi .. — .. — .. représente un groupe de deux coups de cloche trois fois répété.

Un tableau indiquant les différents signaux et leur signification est affiché en permanence dans chaque poste, le plus près possible du commutateur.

Quand les agents entendent un coup de cloche isolé, ils doivent en conclure que le fil des cloches est rompu, et que la communication électrique entre les deux gares au moyen des cloches ne fonctionne plus. Cet incident pouvant provenir d'une rupture de la ligne télégraphique occasionnée par un éboulement obstruant la ligne ou par la destruction d'une partie de la voie ou d'un ouvrage d'art, le signal de ralentissement est montré à tout train ou à toute machine se présentant pendant les trente minutes qui suivent ce coup de cloche isolé. Les appareils des signaux à cloches sont très simples; il suffit, en règle générale, d'en remonter le contre-poids toutes les fois qu'il approche de la fin de sa course pour maintenir leur bon fonctionnement. Des instructions spéciales sont d'ailleurs données par les contrôleurs du service télégraphique à tous les agents intéressés à connaître les détails de l'installation des appareils à cloches, et les précautions à prendre pour en assurer le fonctionnement régulier.

Applications de la télégraphie aux annonces d'incendie. — Dès 1851, la ville de Stuttgard était pourvue d'un réseau télégraphique complet destiné à relier entre eux les postes de pompiers et à opérer une surveillance continuelle nuit et jour sur les gardiens chargés d'observer la ville. Un travail récent de M. Von Fischer Truenfeld nous apprend que l'Allemagne est à peu près le seul pays d'Europe où cet important service ait été institué d'une façon complète, et qu'en Amérique la plupart des grands centres ont leur réseau télégraphique destiné aux annonces des incendies.

Grâce à l'emploi de ce système, la proportion des incendies graves atteint à peine 3 0/0 à Berlin, 1.77 0/0 à Hambourg, 2.79 0/0 à Amsterdam, et 5 0/0 à Francfort, tandis qu'il atteint 10 0/0 à Londres, malgré les moyens actifs et puissants employés par la *Metropolitan Fire Brigade*.

La ville de Hambourg possède deux stations centrales où se trouvent la brigade centrale d'incendie et la brigade centrale de police. Toutes les deux sont reliées par sept lignes qui rayonnent de ces centres aux faubourgs, et chacune de ces lignes est reliée avec un certain nombre de stations de police et de pompiers au moyen d'appareils automatiques. Par ces lignes les postes de la brigade sont avisés immédiatement de l'endroit où le feu s'est déclaré. En outre, une communication télégraphique peut être maintenue entre les différentes stations, de sorte que l'on peut organiser convenablement l'assistance.

Tous les incendies sont d'abord signalés à la station centrale, qui prend les mesures nécessaires pour organiser les secours, et cette station centrale règle et contrôle tout le système.

L'appareil télégraphique est très simple. L'avertisseur, ou interrupteur du courant, est placé dans une boîte en verre, aux coins des rues principales et aux stations des chemins de fer, et il a pour effet de produire, à la station centrale et sur un récepteur Morse, un certain nombre de signaux qui se trouvent préparés d'avance en relief sur le pourtour du disque de l'avertisseur. Dès qu'un incendie éclate, on doit d'abord courir à la boîte de l'avertisseur le plus voisin, l'ouvrir ou briser la boîte en verre et tirer une manivelle placée là dans ce but. Cette manœuvre met en jeu le disque des contacts, qui transmet le signal plusieurs fois de suite.

A Hambourg, il y a quarante-sept stations avec appareil Morse, et cinquante avertisseurs automatiques. Les lignes sont en parties souterraines et en partie aériennes. Toutes les stations, à l'exception du poste central, ont leur Morse hors du circuit; il n'y a dans ce circuit qu'une sonnerie d'alarme très bruyante. Un signal envoyé par une des stations à Morse, ou par un des avertisseurs, est enregistré à la station centrale sur un Morse à déclanchement automatique. La station envoie alors le signal d'alarme d'incendie à toutes les stations du district, ou, si cela est nécessaire, à toutes les stations des sept districts, au moyen d'un commutateur spécial.

Le système d'Amsterdam est connu sous le nom de système circulaire : la ville est divisée en trois grands cercles, qui ont chacun leurs bureaux en communication avec une station centrale. Il n'y a dans ces cercles principaux que des brigades d'incendie et des postes de police; et les stations sont reliées de telle sorte que les postes de police sont placés dans une moitié et les brigades d'incendie dans l'autre moitié des cercles. Par suite de cet arrangement, les deux séries de stations peuvent être divisées et communiquer séparément avec leur bureau central propre.

A chacun de ces trois cercles principaux est rattaché un certain nombre de circuits secondaires ayant leur centre dans une des stations de la brigade d'incendie. En règle générale, ces cercles secondaires contiennent seulement des avertisseurs automatiques; cette règle n'est pas cependant absolue. Il y a aussi un cercle suburbain, formé de fils aériens, tandis que les cercles principaux et secondaires sont reliés par des lignes souterraines. Le système comprend en tout trois cercles principaux, treize cercles secondaires, un cercle suburbain, cinquante appareils Morse et cent trente-cinq avertisseurs automatiques d'incendie. Toutes les lignes fonctionnent à circuit fermé. Les appareils Morse sont installés comme à Hambourg, et les communications s'opèrent de la même manière. Sur les bords des canaux et des rivières, une forte sonnerie à déclanchement avertit, en cas d'incendie, les bateaux qui y sont amarrés. A la station centrale se trouve un inducteur magnétique pouvant déclancher les sonneries d'alarme de toutes les stations, et, à l'aide de combinaisons conventionnelles de sonneries, la station centrale peut appeler une station séparément ou toutes les stations ensemble. Le mécanisme de la cloche d'alarme est mis en mouvement par un poids, et le courant n'a qu'à opérer un seul déclanchement, comme dans le système d'avertissement sur les chemins de fer à une seule voie dont nous avons parlé plus haut.

Le troisième type de télégraphe d'incendie est celui de Francfort-sur-le-Mein. Comme le premier, il est rayonnant; mais les lignes de section sont munies d'embranchements.

Il comprend huit circuits principaux et trente-huit circuits de ramification. Les premiers relient des stations pourvues d'avertisseurs ou d'appareils de transmission; les autres comprennent des stations munies seulement de signaux d'alarme. Il y a en tout vingt-cinq stations Morse avec trente et un instruments et cinquante avertisseurs automatiques.

Aucune maison ne se trouve éloignée de plus de 600 mètres d'un avertisseur. Toutes les stations ont un personnel en faction, nuit et jour. Toutes les lignes principales, reliant le poste central aux appareils Morse et aux avertisseurs, présentent un développement de 3 035 mètres; elles sont souterraines et construites en câbles recouverts de fils de fer. Outre les lignes souterraines, il y a 1 782 mètres de lignes aériennes ou branches secondaires, pourvues seulement de sonneries qui sont placées dans les maisons des chefs de brigade régulière ou volontaire et dans les postes de police. Les lignes fonctionnent à circuit fermé, comme à Hambourg et à Amsterdam.

En Amérique, le télégraphe d'incendie ressemble à ceux que nous venons de décrire, avec cette différence que, dans les villes, un arrangement automatique fonctionne en un point central. Quand arrive une alarme, le signal traverse ce point central, et la circonscription tout entière où se trouve l'incendie reçoit directement ce signal du point même qui l'a transmis. De cette façon, il ne peut y avoir de retard dans la transmission de l'alarme, puisque toute la circonscription où le feu s'est déclaré est directement avisée sans intermédiaire. L'intermédiaire de la station centrale fait perdre 40 ou 50 secondes, entre le moment où l'avertisseur est mis en action et celui où la circonscription où est le feu reçoit l'alarme définitive ; mais cette légère perte de temps est compensée par l'unité d'action résultant des ordres donnés par le chef de service.

La valeur de ce système est démontrée par ce fait qu'il est en service dans *soixante-dix-neuf villes* des États-Unis et du Canada, et en construction dans plusieurs autres, et que son usage n'a été nulle part abandonné ni même suspendu un seul instant.

D'après M. Saxton, directeur du télégraphe d'incendie à Saint-Louis, le système américain aurait économisé 548 955 dollars par an aux compagnies d'assurance.

Le travail de M. Truenfeld est très important, et son étude suggère le regret de voir cette application de la télégraphie un peu trop négligée dans notre pays ([1]). La conclusion de M. Truenfeld est la suivante :

« Les villes sans télégraphes d'incendie sont exposées à une grande proportion d'incendies graves (on appelle *incendie grave* celui qui exige plus de deux pompes), causés par le retard que met la brigade de pompiers à arriver sur les lieux du sinistre. Au contraire, l'emploi des télégraphes d'incendie tend à diminuer cette proportion des incendies graves, et plus le système est parfait plus cette proportion diminue. »

Application de la télégraphie aux opérations militaires. — D'après M. Floridor Dumas, le premier emploi qui ait été fait de la télégraphie *ambulante* dans les armées françaises remonte à l'année 1857, époque de la conquête de la grande Kabylie. Le maréchal Randon ordonna alors à M. Lair, chef du service télégraphique civil en Algérie, de suivre le quartier général de l'armée en faisant établir un fil suspendu aux arbres. Les ordres du maréchal furent exécutés, et c'est de Souk-el-Arba, le

([1]) Un système de télégraphe d'incendie a été proposé récemment pour la ville de Paris.

24 mai 1857, que le maréchal annonça à l'Algérie la conquête des premiers rameaux du Djurjura.

Lorsqu'on eut admis la possibilité de faire suivre les quartiers généraux par des bureaux mobiles, la première idée qui se
présenta fut de placer les appareils sur une voiture légère et de
charger sur une seconde voiture le matériel destiné au développement de la ligne. Les câbles étant fréquemment employés, on
réunit parfois dans la même voiture les appareils et les bobines
de déroulement.

Les *voitures-postes* qui furent adoptées, permettent de communiquer d'un bout de la ligne à l'autre, même pendant la marche.

La voiture-poste est divisée en deux compartiments dont le
premier sert de bureau. Le second contient les bobines.

Le bureau contient une table portant les appareils, une caisse
contenant les piles et servant de banquette. En face de l'appareil
sont suspendus une sonnerie et deux commutateurs. Les communications sont établies au moyen de bornes et de fils recouverts
de gutta-percha. Une lanterne à bougie éclaire le travail de nuit.

Le compartiment des bobines est pourvu de longerons en fer,
sur lesquels reposent les axes des bobines, quatre à droite et
quatre à gauche. Des sacs en toile, contenant les outils et des
paniers remplis de crampons, sont répartis dans le compartiment.
Les ouvriers attachent ces sacs à leur ceinture.

Le fil de terre est boulonné à l'essieu des roues d'arrière; cet
essieu fait corps métalliquement avec la boîte de bronze du moyeu.
On attache à cette boîte une tige métallique qui se rattache au
cercle de métal qui entoure la roue; cette attache mobile peut
suivre les mouvements de la roue sans interrompre la communication à la terre, mais elle est fréquemment insuffisante.

Le fil de ligne se rattache aux longerons en fer qui supportent
les bobines et, par leur intermédiaire, communique avec le câble
ou le fil de ligne pendant le déroulement même. En marche, cette
communication est très précaire, et pour obtenir une bonne terre
il faut parfois, aux arrêts, mouiller les roues, et si cela ne suffit

pas, enfoncer en terre un piquet creux percé de trous dans lequel on verse de l'eau.

Les voitures *poste-central* étant destinées à changer périodiquement de place, ont la même mobilité que les voitures-poste, mais n'étant pas destinées au déroulement, elles ne contiennent pas de bobines et sont plus spacieuses. L'un des côtés est occupé par une longue table sur laquelle sont rangés les appareils, et sous la banquette en face sont disposées les piles.

Une journée moyenne de marche est de 20 kilomètres. Les voitures-poste n'ayant que 8 bobines de 2 kilomètres seraient insuffisantes à ce travail. On a donc construit des chariots spéciaux destinés à recevoir un approvisionnement de câbles, et sur lesquels on charge aussi les lances qui supportent les fils aériens que l'on pose en certains endroits. On se sert pour ces transports de voitures du train des équipages connues sous le nom de *chariots porte-bobines*, et comme les lances ont 3ᵐ.90 de long, ces chariots ont dû être allongés de 0ᵐ.70. Un coffre contient les outils nécessaires aux réparations. On suspend aux côtés du chariot une pelle, des pioches, une échelle en deux pièces et une perche à crochet. Ces chariots peuvent contenir douze bobines de 3 kilomètres de fil chacune; elles sont disposées sur deux rangs, entre lesquels on dispose trente ou quarante lances et des paniers contenant des isolateurs, porte-haubans, anneaux de rallonge, piquets de fer, supports, etc.

Les lanternes des voitures sont disposées pour pouvoir éclairer convenablement un travail de nuit.

En pays très accidenté on a recours aux mulets de bât.

Le *poste volant* ainsi constitué comprend une petite tente carrée devant fournir l'abri au télégraphiste, une table à trépied sur laquelle on dispose l'appareil. Ce dernier, ainsi que la pile, sont contenus dans deux *cantines* munies de tiroirs contenant les crampons, poignées, joints, etc. Ces cantines s'ouvrent par devant comme des armoires, de façon à pouvoir en retirer les objets désirés sans décharger le mulet. Un premier mulet porte les cantines, la tente, le pied de table et les sacs à outils. Un second mulet porte deux bobines suspendues de chaque côté du bât au moyen de cadres pourvus de chaînes. On peut avoir autant de mulets à bobines que cela est nécessaire. On comprend que le déroulement à dos de mulet est peu pratique, on se sert donc d'une brouette formant brancard sur laquelle on place les bobines à dévider.

La manivelle d'embobinage est arrangée de façon à ce que l'ouvrier puisse la manœuvrer sans se courber. Dans le déroulement elle agit comme frein.

La brouette brancard est très-utile, même dans les terrains accidentés. Elle permet d'utiliser les raccourcis dans les routes à lacets, et si l'on a à traverser un cours d'eau, elle servira très-bien à la pose d'un câble submergé en la plaçant à l'arrière d'un bateau.

Les postes volants servent souvent pour les petites lignes en plaine qu'on veut établir vite et sans embarras.

L'atelier de construction comprend : un sous-officier, deux caporaux et douze hommes. Les chariots à bobine ouvrent la marche, la voiture-poste suit. Le sergent, en tête, trace la ligne, et les soldats, divisés en trois groupes, se partagent le travail comme suit :

Le premier groupe creuse les trous pour les lances, si la ligne doit être aérienne; si la ligne doit être souterraine, il creuse des rigoles et assure des passages au câble.

Le second groupe est occupé aux bobines; il déroule le câble ou le fil, fait les épissures ou les joints, et dispose le conducteur à passer dans les mains de ceux qui doivent le poser.

Le troisième groupe, enfin, attache le fil aux lances, dresse ou consolide celles-ci, ou bien fixe le câble à terre et le cache dans les rigoles. Les lances sont ordinairement espacées de 50 à 60 mètres. Les intervalles des crampons qui retiennent le câble varient selon les accidents du terrain.

Les officiers reconnaissent le terrain et déterminent le tracé de la route et sont responsables de l'ensemble du service (¹).

(¹) Ces officiers appartiennent aux télégraphes.

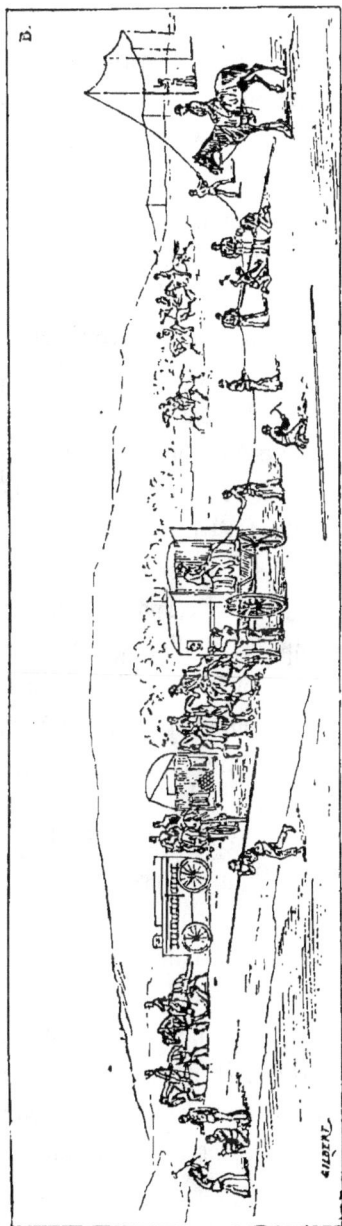

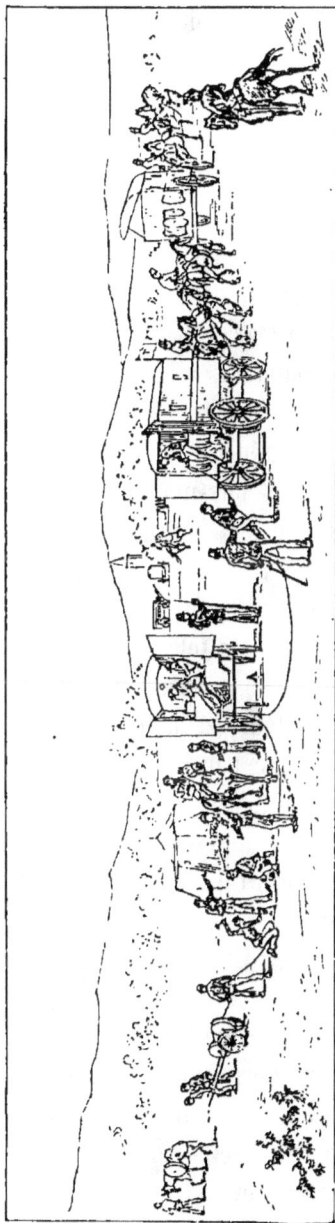

Fig. 102.

En terrain plat, on peut poser deux kilomètres à l'heure de ligne suspendue et cinq kilomètres de câble.

La figure 192 donne le détail de toutes ces opérations.

Le relèvement est plus facile : cinq ou six hommes suffisent dans ce cas et peuvent le faire à la vitesse du pas de route qu'ils dépassent parfois.

La conservation du matériel posé est confiée à de petites escouades échelonnées, qui fournissent des ouvriers chargés de réparer le dégât dû aux accidents ou à la malveillance.

La prévôté sauvegarde le télégraphe en punissant sévèrement les habitants malveillants ; les escouades armées ont, d'ailleurs, pour mission de défendre la ligne contre les partisans.

Le général en chef, les commandants de corps d'armée, les chefs d'états-majors généraux, ont seuls le droit d'envoyer des dépêches télégraphiques. Elles doivent être écrites ; aucun ordre verbal ne peut être accepté, et le télégraphiste est en droit d'exiger cette formalité qui couvre sa responsabilité. La remise d'un télégramme sur un champ de bataille n'est pas toujours chose aisée ; un officier d'état-major en est généralement le porteur, et la règle adoptée dans les commandements, où l'on confirme par lettre les télégrammes transmis dans les vingt-quatre heures, est suivie même à la guerre.

C'est au poste central, qui accompagne le général en chef, que sont centralisées toutes les dépêches, et l'on comprend l'importance du service de ce poste au milieu des circonstances de la guerre. Un langage chiffré met la dépêche à l'abri d'une indiscrétion, et ce langage est traduit par un employé spécial. On comprend qu'il est facile de surprendre une dépêche au moyen d'une dérivation aboutissant à un parleur. Il est même possible, en tenant un fil de dérivation à la main ou mieux à la bouche, de sentir tous les courants transmis et de les traduire dans les signaux qu'ils représentent.

Une dépêche en clair pourrait donc être surprise par un employé télégraphique ennemi, appuyé de quelques partisans bien montés. Les Américains se sont ainsi soutiré plus d'une dépêche pendant la guerre de sécession.

Le corps des télégraphistes militaires doit comprendre quatre employés par section et douze à quatorze pour le poste central. On devra ensuite être en mesure de remplacer les employés des bureaux ennemis dont on aura fait la conquête, en attendant que l'élément civil puisse fournir son contingent. On a calculé que le service des lignes demandait, pour les besoins d'une armée de 80 000 hommes, 15 officiers, 550 sous-officiers ou soldats, 280 chevaux et 50 voitures, pouvant porter de 6 à 700 kilomètres de ligne; le tout formant une brigade télégraphique.

Il sera sans doute intéressant pour nos lecteurs de lire ici la relation, faite devant la Société des ingénieurs télégraphiques de Londres, des résultats de la télégraphie militaire prussienne pendant la guerre de 1870. Cette relation, faite par M. von Chauvin, actuellement ingénieur électricien en chef de la compagnie du câble sous-marin de Paris à New-York ([1]), n'est dépourvue ni d'intérêt ni d'enseignements. En débutant, M. von Chauvin rappelle que la campagne de 1866 contre l'Autriche avait démontré suffisamment que la guerre moderne était presque impossible sans l'aide du télégraphe électrique sur le champ de bataille. En Prusse, et durant la paix, on avait dressé au service de la guerre de nombreux opérateurs tirés des bureaux de l'administration civile. Peu après l'ouverture de la campagne, 300 télégraphistes étaient prêts à partir avec l'avant-garde de l'armée, et une communication fut promptement établie avec l'arrière-garde. Le corps télégraphique était muni d'appareils du système Morse, et l'on n'employa en aucun cas le parleur. La brigade accompagnant l'avant-garde était munie de poteaux légers et de fils de cuivre, utilisant aussi des fils isolés ou câbles disposés sur le terrain, ou bien encore suspendus suivant les nécessités du parcours. Les appareils Morse avaient à peu près le même poids que ceux du service civil.

([1]) M. von Chauvin vient de résigner ces hautes fonctions.

Une seconde brigade établissait sur des poteaux de petite dimension une ligne moins légère, fournissant les communications au moyen desquelles les vivres et munitions de guerre pouvaient être expédiées de Prusse. Une troisième brigade de télégraphistes, suivant l'arrière-garde dans son avance sur le territoire français, changeait les lignes temporaires de la seconde brigade en lignes définitives, de la même force et des mêmes dimensions que celles employées par le gouvernement. L'utilité du télégraphe a surtout été démontrée dans le cas du siège des villes et forteresses. Sans le télégraphe électrique, il eût été impossible de maintenir le siège de Paris et celui de Metz.

Un circuit de 150 kilomètres de lignes télégraphiques entourait Paris, et l'on comprend aisément que cet espace énorme n'aurait pu être comblé de soldats. Deux lignes de fils aériens furent ainsi établies hors de portée des projectiles français. Chacune d'elles portait quatre fils établissant des communications avec vingt-quatre stations différentes, et des milliers de dépêches étaient transmises chaque jour autour de Paris. L'empereur d'Allemagne exprima son avis à Moltke que, sans le télégraphe, il n'eût pas été possible de faire le siège de Paris ou de maintenir celui de Metz pendant si longtemps. Un autre avantage du télégraphe se rapportait à l'approvisionnement et au maintien du matériel au moyen des communications télégraphiques.

Toutes les subsistances de cette armée immense étaient puisées en Allemagne; car on ne pouvait trouver, dans les pays occupés, les rations suffisantes. Quand on demandait des provisions par le télégraphe, la réponse précisait l'époque où l'on pouvait les attendre. On trouvait aussi dans le télégraphe un immense avantage concernant le rapatriement des malades et des blessés.

Il arriva fréquemment que les lignes de chemins de fer urent encombrées de trains portant des troupes, des canons, des munitions ou des vivres. C'était avec le télégraphe que les trains de malades et de blessés pouvaient atteindre l'hôpital le plus proche, et l'on régla le système de manière à ne plus admettre qu'exceptionnellement les télégrammes privés des officiers et soldats de l'armée.

Ces dépêches purent toutefois être admises plus tard, quand le nombre des stations fut augmenté, et qu'on les eut reliées toutes entre elles. Toutes les fois que cela fut possible, un fil fut approprié aux dépêches privées avec des taxes déterminées, dont le montant était perçu à la station d'arrivée.

La protection militaire de la ligne avait été organisée au moyen de patrouilles. Néanmoins il était rare qu'une ligne pût se maintenir en bon état pendant plus de vingt-quatre-heures, et les travaux de réparation étaient incessants. Le seul moyen d'éviter les dégâts consistait à rendre les autorités françaises responsables de la destruction des lignes télégraphiques, en imposant une réquisition importante à la ville voisine. Ce système fonctionnait mieux que tout autre. Les Prussiens s'étaient d'ailleurs servis, pour la construction de leurs lignes, de l'immense matériel télégraphique qu'ils avaient trouvé en France. ([1])

En Prusse, des sous-officiers sont exercés à Berlin au service du télégraphe, et sont ensuite envoyés comme auxiliaires dans les chefs-lieux des grandes circonscriptions militaires.

En Angleterre, le télégraphe militaire est une des attributions du génie militaire, aidé d'auxiliaires civils.

En Italie, des compagnies du génie sont chargées du service télégraphique et emploient des soldats à la manipulation.

En Russie, il y a quatre compagnies spéciales de récente création, et des télégraphistes non militaires. En Autriche, le matériel appartient à l'administration télégraphique, qui reçoit des auxiliaires militaires.

Application du télégraphe á la prévision du temps ([2]). —

([1]) Extrait du *Journal of the Society of Telegraph Engineers.* Vol. I, 1872.

([2]) Une partie des renseignements qui suivent sont empruntés à *l'Exposé des applications de l'électricité,* de M. le comte Dumoncel.

Dans le rapport que Romme avait adressé à la Constituante sur le télégraphe aérien de Chappe, en 1793, il n'avait pas oublié de mentionner, au nombre des avantages présentés par la nouvelle invention, la possibilité de prévoir l'arrivée des tempêtes et d'en donner avis aux ports et aux cultivateurs.

Dans un ouvrage intéressant publié sur cette question, M. Marié-Davy rapporte que Lavoisier avait organisé en France la publication d'un journal de prédictions basées sur les données fournies par la province, mais il ne pouvait user de moyens de communication rapides. Cette publication fut brusquement interrompue.

L'Angleterre et l'Amérique surtout ont considérablement développé le service météorologique, et le service télégraphique français, grâce aux efforts de M. Leverrier, donne depuis 1855, à l'Observatoire de Paris, des renseignements qui sont concentrés dans un Bulletin publié périodiquement. M. Sainte-Claire Deville, considérant l'Algérie comme le centre certain de tous les ouragans qui traversent la Méditerranée, a fait de très grands efforts pour créer, dans cette colonie, des postes d'observation qui fonctionnent régulièrement et rendent de grands services.

C'est à l'amiral Fitz-Roy qu'est due la pensée de prévoir et d'annoncer les coups de vent et les tempêtes quelque temps à l'avance. Il proposa au gouvernement anglais d'établir sur les côtes du Royaume-Uni vingt stations météorologiques qui devaient lui fournir les éléments de ses prévisions.

Il lui fut difficile de vaincre l'incrédulité que rencontra d'abord son projet; mais ses premières prédictions se vérifièrent avec une si grande précision, que, les Compagnies d'assurance maritime aidant, tous les ports d'Angleterre furent promptement munis d'une station météorologique.

Les indications de l'amiral Fitz-Roy sont basées sur un système raisonné et scientifique, et il serait injuste de les confondre avec celles de nos modernes prophètes, dont les prédictions apparaissent chaque mois dans les petits journaux. L'amiral Fitz-Roy a exposé sa théorie dans un travail qu'il a présenté aux sociétés savantes de son pays et dans lequel il dit : « Comme les instruments météorologiques signalent ordinairement les changements importants plusieurs jours d'avance, nous examinons quel temps et quel vent on doit attendre d'après les observations du matin comparées à celles des jours précédents, et nous en concluons, pour chaque lieu, le temps probable du lendemain et du surlendemain. Nous prenons une moyenne de ces indications locales pour former celle de la région, et nous calculons alors les effets qui doivent se produire. Nous plaçons sur une carte des fiches mobiles qui indiquent le sens du courant et la possibilité des cyclones, et nous notons la direction, l'étendue et la marche de ces vents autour de leur centre, suivant qu'ils se rencontrent, se combinent ou se succèdent. »

Quand l'état du temps est bien établi dans chacune des régions de l'Angleterre, l'avis des coups de vent présumés est expédié aux ports menacés, qui hissent immédiatement un signal d'alarme que les marins connaissent tous, et qui signifie : *Soyez sur vos gardes, l'atmosphère est troublée.*

L'organisation française du service météorologique prévoit non seulement la marche des cyclones, mais aussi les temps pluvieux et orageux. Comme en Angleterre, les côtes françaises sont divisées en régions, et des secteurs les conduisent jusqu'au centre de la France et même sur les crêtes des Alpes et des Pyrénées. Le célèbre observatoire créé sur le pic du Midi par le général Nansouty rend certainement d'importants services à la météorologie, à la prévision du temps, et à l'annonce des inondations.

L'Amérique, dont l'immense territoire fournit les observations les plus variées, voit se former, dans le golfe du Mexique, ces grands cyclones que le Gulf-Stream entraîne avec lui pour les jeter sur nos côtes. Les observations météorologiques faites dans ce pays permettent de calculer, avec une précision quasi mathématique, le jour de l'arrivée d'une de ces grandes perturbations à travers l'Atlantique, et souvent leur apparition a correspondu parfaitement avec le jour prédit par les observateurs américains.

Les cyclones, ayant un centre de dépression qui se déplace, permettent de suivre la direction de leurs déplacements. Or, ce sont ces déplacements qu'il faut épier pour avoir des données sur la prévision des temps. En saisissant les premiers signes de l'arrivée de chacun de ces cyclones ou mouvements tournants, en déterminant son étendue et l'intensité des mouvements qui l'accompagnent, en calculant la distance à laquelle il doit passer dans la région considérée, la direction qu'il suit et la vitesse avec laquelle il se transporte, on peut annoncer aux pays placés dans la direction suivie par le météore, non seulement son approche, mais encore l'époque où il arrivera à tel ou tel endroit. Ces prédictions ne se réalisent sans doute pas toujours, car il est impossible de prévoir les causes de perturbation qui peuvent se produire sur la route, et l'océan Atlantique offre parfois de nombreuses causes pertubatrices de ce genre ; mais il est rare qu'on se trompe, surtout pour les cyclones qui engendrent des tempêtes, et les avis reçus d'Amérique, aussi bien que ceux qui sont régulièrement communiqués par l'Observatoire et affichés dans les différents ports, ont évité bien des sinistres.

La météréologie peut rendre aussi de grands services à l'agriculture : « Tant qu'une récolte est pendante, dit M. Marié-Davy, le cultivateur subit le temps d'une manière passive, à de rares exceptions près ; mais à l'époque des labours et des semailles, et particulièrement lorsque les fruits de la terre sont prêts à être recueillis, l'avis des changements du temps, de l'arrivée des beaux jours et des pluies, et surtout de l'approche des orages, peut être pour lui d'une incontestable utilité.

» Mais ces avis, pour être efficaces, doivent pénétrer jusque dans les hameaux. Ils doivent être assez clairs et assez simples, non pour indiquer aux cultivateurs ce qu'ils doivent faire, mais pour aider à leur expérience des signes du temps, et pour mieux

asseoir leur jugement en én élargissant les bases ; enfin, ils doivent gagner assez d'avance sur le temps réel pour parvenir uti-
lement aux intéressés, soit qu'ils aient à se mettre en garde,
soit qu'ils aient à choisir l'époque la plus favorable pour entreprendre des travaux de quelque durée. »

Application du télégraphe aux sémaphores. — Ces établissements et le service électrique qui s'y rattache sont sous la dépen-
dance du ministre de la marine et sous la surveillance directe des
majors généraux. Ils ont été créés surtout en vue de la défense
de nos côtes, mais ils ajoutent d'autres fonctions à la surveillance
des navires. Chaque matin ces postes transmettent à l'Observatoire le bulletin du temps probable, et certains d'entre eux fournissent ces observations deux fois par jour au ministère de la marine.

Les postes électro-sémaphoriques transmettent ou reçoivent
aussi les dépêches télégraphiques qui leur sont communiquées par
les navires, et le bureau télégraphique, ainsi que la ligne qui les
relie à la station du réseau départemental, sont placés sous la
surveillance directe de l'ingénieur inspecteur des télégraphes,
qui correspond, pour ce service, avec le préfet maritime. Les employés des postes sémaphoriques sont désignés sous le nom de
guetteurs. Ils sont au nombre de deux dans chaque poste, et le
plus ancien reçoit le nom de *guetteur chef*. Des capitaines de
frégate, relevant du major général de la marine, sont chargés du
service d'inspection, concurremment avec l'inspecteur du télégraphe. Ils prennent dans cette circonstance le titre d'*inspecteurs des électro-sémaphores*.

Les postes électro-sémaphoriques correspondent avec les navires à la mer au moyen du Code commercial des signaux pour
la marine.

Applications autres du télégraphe. — On comprend aisément les ressources qu'offre l'emploi du télégraphe dans une
infinité de circonstances, et il serait oiseux de les relater toutes.
Nous dirons cependant encore quelques mots sur l'utilité du télégraphe pour signaler les crues d'eau anormales qui se manifes-

tent en amont des fleuves. Ces avis peuvent prévenir des désastres, si les stations d'aval sont prévenues à temps pour se garer contre les effets de l'inondation. Ce service est fort bien organisé maintenant en France, et l'on avertit les riverains menacés assez longtemps à l'avance pour qu'ils puissent prendre les mesures les plus urgentes. Une commission hydrométrique se rattache à ce service pour tous nos grands cours d'eau. L'inondation de la Seine en 1876 a révélé les services rendus par cette commission sous la direction de M. Belgrand. L'observatoire du pic du Midi avait aussi annoncé plusieurs jours à l'avance les inondations de la Garonne en 1875.

Les grandes pêcheries de morues et de harengs se font généralement dans des parages très connus; mais, à l'époque où le poisson vient déposer son frai, des bancs entiers disparaissent dans des baies où s'opère la ponte, après laquelle le poisson regagne la pleine mer. Les pêcheurs perdraient donc leur temps et leur proie, s'ils ne se faisaient aviser des endroits où les banc se réfugient. En Norvège, où la pêche au hareng est parfaitement organisée, on signale le banc dès qu'on l'aperçoit au large, et on peut toujours le reconnaître par le flot qu'il soulève. Des câbles sous-marins relient entre elles des stations situées à des intervalles rapprochés, communiquant avec les villages habités par les pêcheurs, et le télégraphe peut ainsi signaler à chaque village le *fiord* ou la baie où le hareng a pénétré.

La police et le service judiciaire utilisent journellement le télégraphe à la recherche des criminels, et les parquets connaissent toutes les ressources de la télégraphie. M. le comte Dumoncel rapporte que l'on a même eu l'idée récemment d'utiliser le télégraphe autographique à la reproduction des traits des malfaiteurs. Des expériences ont été faites dans ce but par M. d'Arlincourt, en 1876 et 1877, à la préfecture de police. Les résultats ont été, paraît-il, des plus satisfaisants, et l'on s'étonne à bon droit que cette application si intéressante de la télégraphie ne soit pas utilisée, alors qu'il existe une classe in-

téressante d'appareils pour une reproduction qui aiderait la justice dans ses recherches.

Il nous reste à signaler une dernière application de la télégraphie, qui a été faite pendant quelques mois en Angleterre.
Nous voulons parler du bâtiment télégraphique le « Brisk »,
qu'on avait ancré dans la Manche et relié par un câble à la
terre ferme. Voici quel était le but de ce poste flottant :

Quand les vents d'est soufflent dans la Manche, une large
flotte de navires est retenue à l'entrée de ce bras de mer et ne
peut prendre facilement le large. Les capitaines pouvaient donc
signaler leur situation à leurs armateurs, de même que les bâtiments arrivant du large pouvaient télégraphier leur prochaine
entrée dans la Tamise. Cette spéculation n'a pas réussi ; le
bateau-télégraphe était d'ailleurs mal ancré, et le câble fut
rompu plusieurs fois par suite de ce fait. Il y eut danger pour
les employés en plus d'une circonstance ; mais tous ces points
de détail pouvaient être facilement modifiés, et M. F.-C. Webb
avait proposé de rendre le navire et le câble fixes au moyen de
certains appareils qu'on n'adopta pas. En somme, la Compagnie
liquida, et aucune tentative de ce genre n'a été renouvelée depuis. Il semble pourtant que ce projet soit réalisable, et sans
doute aussi pratique. On sait qu'un navire télégraphique reste
constamment en communication avec la terre en posant son
câble, même pendant de longues traversées ; ce fait suggère
l'idée d'établir des bouées stationnaires rattachées à un câble,
que les navires au large pourraient facilement repêcher pour
réclamer du secours ou donner des nouvelles de mer. Un bâtiment désemparé se trouverait bien d'une facilité de ce genre et
pourrait indiquer son point, afin qu'on pût lui expédier de
l'aide. Il ne serait certes pas nécessaire de poser ces câbles
par des grands fonds ; mais on pourrait attacher, à un câble
principal reposant par des fonds d'environ 3 à 400 brasses,
d'autres câbles plus légers se dirigeant vers le large et espacés
de deux ou trois milles. En rattachant leurs extrémités à des

bouées munies de cloches, les navires désireux de communiquer avec la terre pourraient facilement retrouver le câble, le relever au moyen du treuil de bord et rattacher la ligne à un appareil télégraphique. Un navire parti sur lest et ayant reçu l'ordre de communiquer avec son armateur à partir de telle bouée du large pourrait recevoir des ordres relatifs à sa destination. Il est facile de comprendre quelle utilité de pareilles stations flottantes offriraient à la navigation, et son application paraît tout au moins réalisable. Elle serait certainement de nature à éviter de nombreux désastres maritimes, et la perte d'un navire tel que l'*Atalanta*, qui contenait tant de jeunes gens d'avenir, eût peut-être pu être conjurée si ce bâtiment avait pu communiquer avec la terre, par un moyen de ce genre, à un moment donné.

En terminant ce travail, nous remercions le lecteur indulgent qui nous a suivi jusqu'ici, et nous sommes persuadé qu'il partage notre enthousiasme pour ces outils merveilleux de la pensée. Modifiant un peu l'épigraphe symbolique et charmante des volumes de la « Bibliothèque des Merveilles », et nous inspirant de Victor Hugo, nous dirons avec lui :

> L'homme force le sphinx à lui tenir la lampe.

Disons aussi avec C. Delavigne :

> Que n'a-t-il pas produit, ce siècle de merveilles ?

Et que ne produira-t-il pas encore. Chaque jour nous révèle un fait nouveau, une nouvelle découverte, qui viennent enrichir le domaine scientifique, déjà si étendu, de l'humanité. A voir la rapidité avec laquelle s'agrandit chaque jour ce domaine, nous regrettons de vieillir et nous envions le sort de nos neveux, qui accroîtront encore des ressources déjà considérables.

FIN

TABLE DES GRAVURES

1. Télégraphe de Chappe. . . . . page 12
2. Télégraphe aérien. 17
3. Télégraphe optique 19
4. Télégraphe militaire. 21
5. Héliographe de Leseurre 25
5 *bis*. Écran de l'héliographe. 26
6. Héliographe de Mance. 28
7. Installation téléphonique 43
8. Téléphone Gower 45
9. Signal téléphonique d'Ader 48
10. Diagramme de ce signal d'appel 50
11. Disposition des signaux d'appel 50
12. Commutateur du téléphone Gower 52
13. Station téléphonique centrale de Paris. 55
14. *Idem* de New-York. 59
15. Switchman parlant à un abonné 58
16. Téléphone d'Édison 58
17. Switchmann établissant la communication 63
18. Étui à dépêches pneumatiques. 71
19. Valves de M. Varley. 72
20. *Idem*. 73
21. *Idem*. 74
22-23. Valves de M. Wilmott. 75
24. Circuit pneumatique. 78
25. Réseau pneumatique. 81
26. Puisards d'évacuation de l'eau. 83
27-28-29-30. Valves Siemens 84-85
31. Signaux électriques de manœuvre. 89
32. Appareil de M. Ch. Bontemps pour déterminer la distance d'un obstacle. 91
33-33 *bis*. Poste pneumatique. 95-99
34. Sonnerie à air comprimé. 102

35. Port de Folkestone (premier essai de télégraphie sous-marine)   127
36-37. Premières formes des câbles sous-marins.   129-130
38. Câble de Douvres à Calais (1851)   131
39. Première tentative pour la pose d'un câble.   133
40. Câble de Calais, après 8 années de fonctionnement   135
41. Tambours d'épreuve des fils de fer   139
42-43. Torsades et outils à torsades.   140
44. Jointure des fils.   144
45. Poteaux Hamilton.   143
46-47. Poteaux Siemens et Halske   144-145
48-49. Poteaux Oppenheimer.   146-147
50. Poteau à ruban.   148
51-52. Isolateurs belges.   149
53. Isolateur anglais.   151
54-55-57. Supports de tension.   152-153
58-59-61-62. Isolateurs interrupteurs.   154-156
63-64-65. Isolateurs anglais.   157
60-66-67-68-69. Tendeurs   155-160
70. Passages des fils par-dessus routes.   162
71. Appuis pour poteaux.   164
72. Poteaux accouplés.   165
73. Haubans pour poteaux.   166
74. Tranchées.   168
75. Cuiller espagnole   168
76-77. Fouissage Marshall.   169-170
78-79. Tendeurs de lignes aériennes.   172-173
80. Barres des tuyaux Delperdange.   175
81-82. Tuyaux Delperdange   176
83. Regards des tuyaux Delperdange.   177
84. Câbles souterrains.   177
85. Supports des câbles souterrains   177
86. Consoles de raccordement des lignes de tunnel aux lignes
    aériennes.   179
87. M. John Pender   182
88. M. le baron d'Erlanger.   183
89. Sir James Anderson.   184
90. Sir Daniel Gooch, baronnet.   185
91-92. Fabrication du fil de gutta-percha.   187-188
93. Opération de la soudure du câble.   189
94. Câble de Marseille à Bône.   192
95. Machine à servir l'âme de filin de chanvre   193

363

96. Câble de Cagliari à Bône 194
97. Machine à armer le câble avec des fils de fer 195
98. Machine à recouvrir les câbles d'étoupes et d'asphalte . . . 195
99. Câble côtier (section de Brest à Saint-Pierre-Miquelon) . . 196
100. Câble de l'Atlantique (1865) 197
101. Câble Siemens 198
102. Plan et coupe d'une usine de câbles sous-marins 199
103. Arrière d'un navire télégraphique (coupe) 201
104. Détails du frein Appold et du dynamomètre 204
105. Frein Appold 205
106. Atterrissement d'un câble côtier à Fao (golfe Persique) . . 208
107. Atterrissement d'un câble côtier au moyen de chaloupes . . 209
108. Atterrissement du câble à Duxbury (Amérique du Nord) . . 210
109. Câble côtier flotté, atterri au moyen de bouées 211
110. Détail des bouées 212
111. Câble flotté par des bouées et atterri au moyen d'une locomotive 213
112. Banquise de glaces 214
113. Teredo et Xylophaga 216
114. Limnoria 217
115. Câble perforé par un espadon 218
116. Machine de relèvement 223
117. Vapeur filant sous le câble 225
118 et 119. Grappin et bouée 226
120. Ancre de bouée 227
121. Câble amarré à deux bouées 227
122. Bouée à pavillon 228
123. Relèvement d'une bouée dans l'Atlantique 229
124. Mise à l'eau d'une bouée 230
125. Le Great-Eastern relevant un câble 232
126. Chaînette formée par un câble soulevé 233
127. Cordage attaché au grappin dans l'Atlantique 234
128. Machine de relèvement du Great-Eastern 237
129. Relèvement du câble transatlantique 240
130. Première forme de la pile Daniell 243
131. Forme définitive de la pile Daniell 243
132. Pile Daniell modifiée par sir W. Thomson 244
133. Pile Siemens 246
134 et 135. Piles Minotto 247
136. Grille zinc de la pile à auge 248
137. Pile à auge montée 249

138. Pile Callaud 251
139. Autre pile Callaud. 252
140. Pile Meidinger 253
141. Pile américaine 254
142. Pile Bunsen 254
143 et 244. Piles Leclanché. 255
145. Diagrammes de piles en tension et en quantité 258
146, 147, 148, 149 et 150. Appareil à aiguilles de Wheatstone. 264-268
151. Clef du Wheatstone 268
152 et 153. Appareil à miroir de sir W. Thomson et sa clef. . . 269
154. Commutateur. 270
155. Résistance d'eau 271
156. Connexions du miroir. 271
157. Condensateur électrique. 272
158. Siphon enregistreur de Thomson. 275
159. Clef commutateur de B. Smith. 274
160. Connexions du siphon enregistreur 280
161. Autre forme de suspension du siphon 282
162. Connexions du Morse encreur. 283
163. Morse encreur de Siemens 283
164. Morse encreur de Digney. 285
165. Connexions d'un appareil Morse avec relais 286
166. Relais Siemens. 287
167. Relais Brown et Allan. 289
168. Manipulateur Morse à courant direct 290
169. Manipulateur à double courant pour appareil Morse 291
170. Perforateur du Wheatstone automatique. 295
171. Principe des courants alternés du Wheatstone 296
172. Détail du travail des tiges dans le Wheatstone automatique. 298
173. Récepteur du Wheatstone. 299
174. Détail de l'axe de la molette d'impression 300
175. Connexions du Wheatstone automatique. 303
176. Appareil imprimeur de Hughes. 305
177. Électro-aimant de Hughes 306
178. Duplex différentiel. 309
179. Analogie physique du Duplex 312
180. Duplex à balance 313
181. Détail d'une ligne artificielle. 317
181 bis. Idem 317
182. Duplex pour câbles. 318
183. Commutateur suisse. 320

184. Paratonnerre Siemens . . , ... 323
185. Paratonnerre de sir Charles Bright 324
186. Galvanomètre à miroir. 328
187. Pont de Wheatstone. 330
188. Boîte de résistances 331
189. Disques des chemins de fer 337
190. Système d'avertissement à cloches 339
191. *Idem.* Détail de la voie. 340
192. Télégraphes militaires 349

TABLE DES MATIÈRES

INTRODUCTION. . . . . page   1

PREMIÈRE PARTIE.

TÉLÉGRAPHIE OPTIQUE — TÉLÉGRAPHIE ACOUSTIQUE. TÉLÉGRAPHIE PNEUMATIQUE.

CHAPITRE Ier. — Télégraphie optique. — Système des anciens. — Diverses méthodes ayant précédé le télégraphe de Chappe. — Télégraphe aérien. — Héliographe de Leseurre. — Héliographe de Mance. — Son application au service de l'armée anglaise en Afghanistan. — Système proposé par sir William Thomson pour le signalement des phares 7

CHAPITRE II. — Télégraphie acoustique. — Système des anciens. — Tubes acoustiques. — Télégraphe à ficelle. — Téléphones. — Compagnies téléphoniques. 32

CHAPITRE III. — Télégraphie pneumatique. — Historique. — Établissement des tubes. — Chariots. — Appareils et machines pour condenser ou raréfier l'air. — Utilisation de l'air comprimé. — Marche des trains. — Dérangements. — Service pendant un dérangement. — Sonnerie à air comprimé. — Réseau de Paris et de Berlin. 66

DEUXIÈME PARTIE.

TÉLÉGRAPHIE ÉLECTRIQUE.

CHAPITRE Ier. — Historique. — Premiers essais. — Sœmmering, Schilling, Gauss et Weber. — Leur télégraphe. — Steinheil. — Introduction de la télégraphie commerciale en Angleterre par

MM. Cook et Wheatstone. — Introduction du télégraphe électrique en France par MM. Bréguet et Gounelle. — Développement
européen. — Historique du télégraphe sous-marin   103

CHAPITRE II. — Construction des lignes aériennes. — Fils conducteurs. — Raccordements. — Poteaux. — Isolateurs, etc. . . .   137

CHAPITRE III. — Construction et pose des cables sous-marins. —
Atterrissements. — Choix de la route. — Causes de détérioration.
— Réparations. — Relèvements.   181

CHAPITRE IV. — Sources d'électricité. — Piles Daniell, Thomson,
Siemens, Minotto. — Pile à auge de Thomson. — Piles Callaud,
Meidinger, Bunsen, Grave et Leclanché. — Disposition des piles.
— Électro-aimants   242

CHAPITRE V. — Appareils télégraphiques Wheatstone et Cooke. —
Miroir de Thomson. — Commutateurs. — Condensateurs. — Siphon recorder. — Morse. — Relais. — Appareil automatique de
Wheatstone. — Hughes, Duplex. — Plaques de terre. — Paratonnerres   263

CHAPITRE VI. — Dérangements, fautes. — Galvanomètre à miroir.
— Boîtes de résistances   326

CHAPITRE VII. — Applications diverses de la télégraphie. — Applications du télégraphe aux chemins de fer. — Aux incendies. —
Aux armées en campagne. — Au service météorologique et à la
prévision du temps. — A la pêche. — Au service judiciaire. —
Aux sémaphores. — Stations flottantes. . . . .   13?

PARIS. — TYPOGRAPHIE DU MAGASIN PITTORESQUE.
(JULES CHARTON, ADMINISTRATEUR DÉLÉGUÉ)
rue des Missions, 15

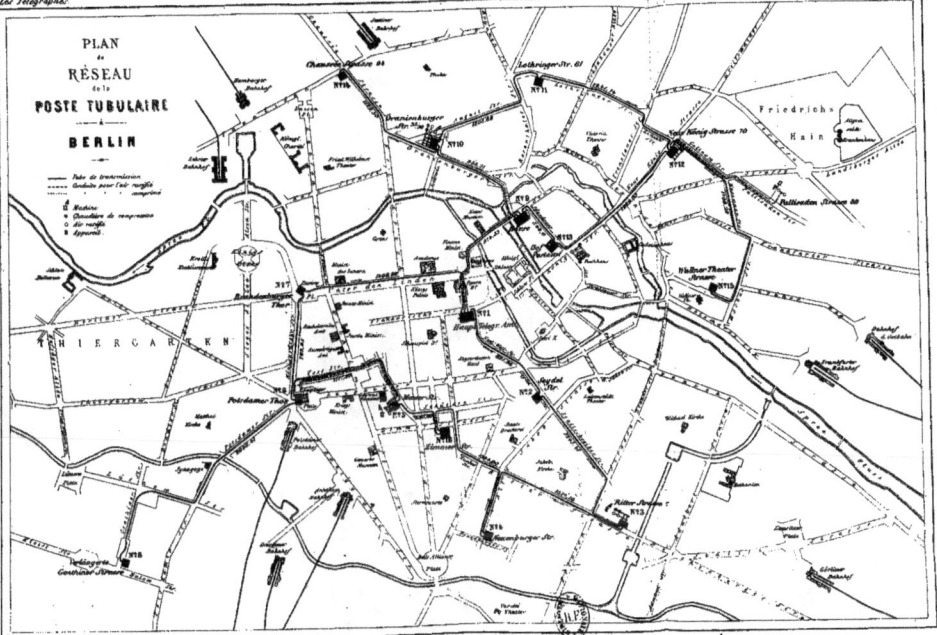

HACHETTE & Cᵉ

PLAN
du
RÉSEAU
de la
POSTE TUBULAIRE
à
BERLIN

THIERGARTEN

Friedrichs Hain

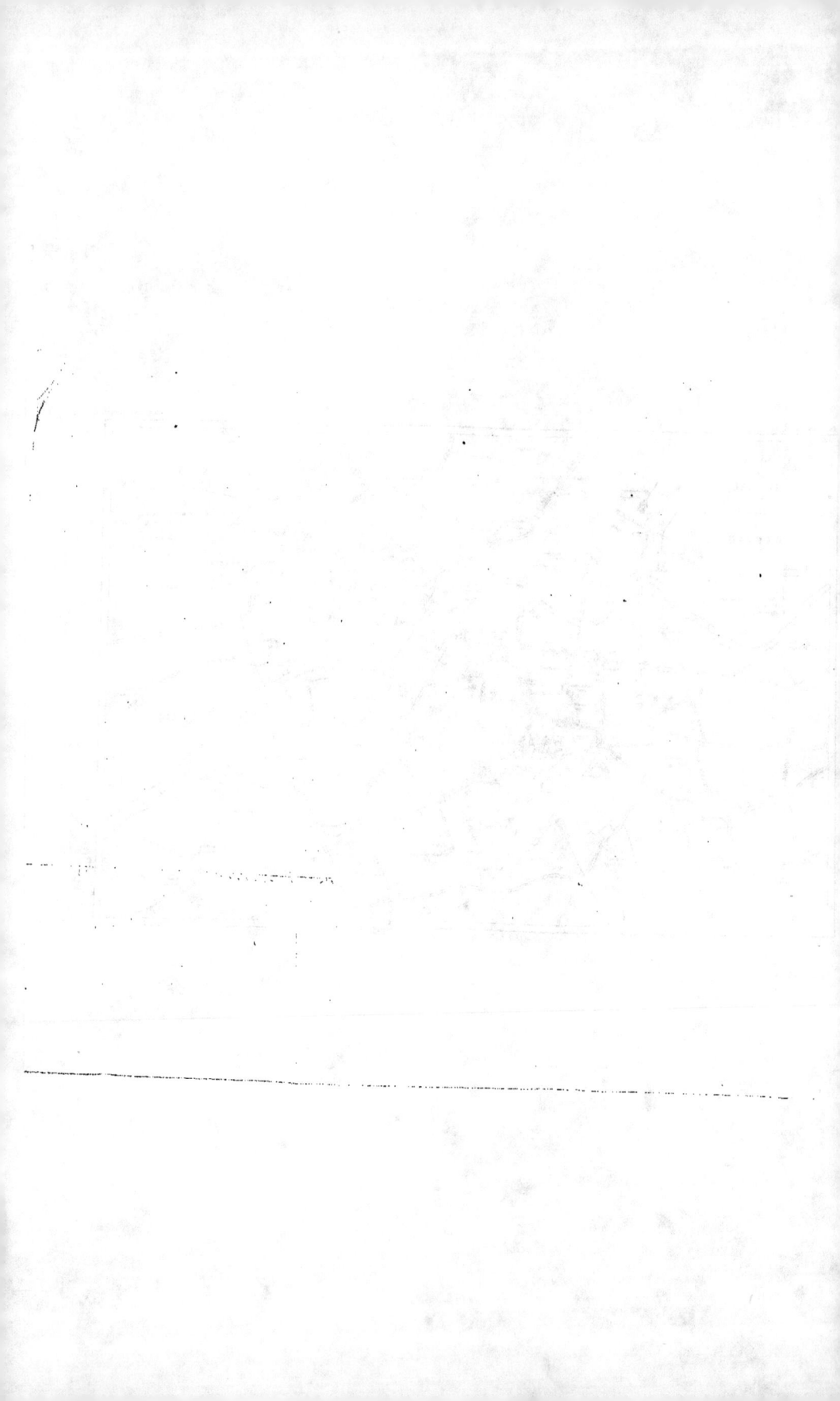

RÉSEAU PNEUMATIQUE DE PARIS

HACHETTE & Cie

MINISTÈRE DES POSTES ET DES TELEGRAPHES

LÉGENDE

- Station télégraphique
- Atelier de production d'air
- Canalisation pneumatique
- Canalisation d'air

Imp. Dufrénoy 34, rue du Four St Germain

BIBLIOTHÈQUE DES MERVEILLES

à 2 fr. 25 c. le volume in-18 jésus

La reliure percaline, tranches rouges, se paye en sus 1 fr. 25 c.

AUCÉ DE LASSUS. *Voyage aux Sept Merveilles du monde.* 24 vign.
BLADIN (A.). *Grilles et casernes.* 55 vign.
BATELL (L.). *L'électricité.* 71 vignettes.
BERNARD (Frédéric). *Les évasions célèbres.* 25 vignettes.
— *Les fêtes célèbres.* 25 vign.
BOCQUILLON (H.). *La vie des plantes.* 173 v.
BRÉVANS (de). *La migration des oiseaux.* 41 vign.
CASTEL (A.). *Les tapisseries.* 22 vign.
CAZIN (A.). *La chaleur.* 92 vignettes.
— *Les forces physiques.* 56 vign.
— *L'Étincelle électrique.* 76 vign.
COLLINEAU. *Les montbres.* 54 vignettes.
COLOMB. *La musique.* 100 vign.
DUMERM (E.). *La locomotion.* 77 vign.
DELERMIVION (C.). *Les merveilles de la chimie.* 54 vign.
DEPPING (G.). *Les merveilles de la force et de l'adresse.*
BIRDERPAILLET. . . . . pierres
. . . . 67 vign.
. . . . la gra-
. . . .
. . . .
. . . . monde
. . . . vign.
. . . . ou mi-
. . . . 18-
. . . . v.
. . . . nettes.
. . . . erres.
. . . . par-
. . . . vign.
. . . . eur-
. . . . v.
. . . . tie

LEFÈVRE (A.). *Les merveilles de l'architecture.* 60 vignettes.
— *Les parcs et les jardins.* 29 vig.
LE PILEUR (Dr). *Les merveilles du corps humain.* 45 vignettes.
LESBAZEILLES (E.). *Les colosses anciens et modernes.* 55 vignettes.
LÉVÊQUE (Ch.). *Les harmonies providentielles.* 4 eaux-fortes.
MARION (F.). *Les merveilles de l'optique.* 68 vignettes.
— *Les ballons et les voyages aériens.* 50 vignettes.
— *Les merveilles de la végétation.* 45 vignettes.
MARZY (F.). *L'hydraulique.* 55 vignettes.
MASSON (M.). *Le dévouement.* 14 vignettes.
MENAULT (E.). *L'intelligence des animaux.* 58 vignettes.
— *L'amour maternel chez les animaux.* 78 vignettes.
MEUNIER (V.). *Les grandes chasses.* 55 vignettes.
— *Les grandes pêches.* 85 vig.
MILLET. *Les merveilles des fleuves et des ruisseaux.* 66 vignettes.
MOITESSIER. *L'air.* 85 vignettes.
— *La lumière.* 121 vignettes.
MOYNET. *L'envers du théâtre.* 60 vign.
RADAU (R.). *L'acoustique.* 116 vignettes.
— *Le magnétisme.* 104 vign.
RENARD (L.). *Les phares.* 58 vignettes.
— *L'art naval.* 52 vign.
RENAUD (A.). *L'héroïsme.* 15 vignettes.
RETHARD (J.). *Les minéraux usuels.* 5 pl.
SAULZY (A.). *La verrerie.* 66 vignettes.
SIMONIN (L.). *Le monde souterrain.* 18 v. et 9 cartes.
— *L'or et l'argent.* 67 vign.
SONREL (L.). *Le fond de la mer.* 95 vign.
TISSANDIER (G.). *Les merveilles de l'eau.* 77 vign. et 6 cartes.
— *La houille.* 48 vign.
— *La photographie.* 76 vig.
— *Les fossiles.* 153 vign.
VITRBAT (L.). *La peinture.* 1re série. 24 v.
— *La peinture.* 2e série. 14 v.
— *La sculpture.* 63 vignettes.
ZURCHER ET MARGOLLÉ. *Les ascensions célèbres.* 59 v.
— *Les glaciers.* 45 vign.
— *Les météores.* 25 vign.
— *Les naufrages célèbres.* 59 vig.
— *Volcans et tremblements de terre.* 61 vign.
— *Trombes et cyclones.* 44 vig.

---

www.ingramcontent.com/pod-product-compliance
Lightning Source LLC
Chambersburg PA
CBHW052106230326
41599CB00054B/4066